Hanus
Der leichte Einstieg in die Elektrotechnik

Bo Hanus

Der leichte Einstieg in die
Elektrotechnik

FRANZIS

Bibliografische Information Der Deutschen Bibliothek

Die Deutsche Bibliothek verzeichnet diese Publikation in der Deutschen Nationalbibliografie; detaillierte Daten sind im Internet über **http://dnb.ddb.de** abrufbar

© 2004 Franzis Verlag GmbH, 85586 Poing

Alle Rechte vorbehalten, auch die der fotomechanischen Wiedergabe und der Speicherung in elektronischen Medien. Das Erstellen und Verbreiten von Kopien auf Papier, auf Datenträger oder im Internet, insbesondere als .pdf, ist nur mit ausdrücklicher Genehmigung des Verlages gestattet und wird widrigenfalls strafrechtlich verfolgt.

Die meisten Produktbezeichnungen von Hard- und Software sowie Firmennamen und Firmenlogos, die in diesem Werk genannt werden, sind in der Regel gleichzeitig auch eingetragene Warenzeichen und sollten als solche betrachtet werden. Der Verlag folgt bei den Produktbezeichnungen im wesentlichen den Schreibweisen der Hersteller.

Satz: Fotosatz Pfeifer, 82166 Gräfelfing
art & design: www.ideehoch2.de
Druck: Legoprint S.p.A., Lavis (Italia)
Printed in Italy

ISBN 3-7723-**5905-1**

Vorwort

Albert Einstein hat irgendwann gesagt, dass es zu den größten Herausforderungen gehört, eine komplizierte Sache einfach zu erklären. Dem dürfte man zustimmen. Und gerade bei Fachbüchern für Einsteiger ist es wichtig, dass die einzelnen Themen leicht verständlich erklärt werden.

Wir haben dieses Buch wie eine Erzählung verfasst, die man gemütlich Seite für Seite von Anfang an lesen sollte. Überspringen von Seiten kann Lücken zufolge haben, bei denen der Faden des Werkes leicht verloren gehen könnte, denn jedes neue Thema baut auf den vorhergehenden Informationen auf.

Wie so vieles, was der Mensch erlernt und ausübt, erhebt auch das Fachgebiet der Elektrotechnik einen gewissen Anspruch auf praktische Übungen in der Form von z.B. einfacheren Experimenten. Weder die Elektrotechnik, noch Kochen, Schlittschuhlaufen oder Klavierspielen lässt sich nur durchs Lesen lernen. Aus einem guten Buch kann man zwar in Erfahrung bringen, worauf es bei der Sache ankommt, wozu das eine oder das andere geeignet ist und wie man damit umzugehen hat, aber ohne etwas Praxis gerät das „erworbene Wissen" ziemlich schnell in Vergessenheit.

Dieses Buch wurde gezielt mit sehr vielen Abbildungen gespickt, die als greifbare Beispiele den Zusammenhang zwischen „Bekanntem" und „Unbekanntem" erläutern. Und Sie werden sehen: Das funktioniert prima!

Viel Spaß beim Lesen dieses Buches und viele Erfolgserlebnisse beim eventuellen Experimentieren wünschen Ihnen

Bo Hanus und seine Co-Autorin (& Ehefrau) **Hannelore Hanus-Walther**

6

Inhalt

1	**Die elektrische Energie**	11
1.1	Die elektrische Spannung	12
1.2	Der elektrische Strom	13
1.3	Die elektrische Leistung	16
1.4	Die Kilowattstunden	19
1.5	Elektrische Leitungen	20
2	**Batterien und Akkus**	23
2.1	Batteriespannung	27
2.2	Batteriekapazität	28
2.3	Das Laden	30
2.4	Selbstentladung	32
3	**Magnetismus**	34
3.1	Dauermagnete	34
3.2	Zungenschalter (Reed-Kontakte)	37
3.3	Elektromagnete	38
3.4	Hubmagnete	40
3.5	Elektromagnetisches Türschloss	41
3.6	Elektromagnetisch bediente Glocke	41
3.7	Elektromagnetischer Türgong	42
3.8	Elektromagnetische Türklingel	42
3.9	Zungenrelais (Reed-Relais)	43
3.10	Elektromagnetische Relais	45
3.11	Lautsprecher	49
4	**Elektrische Stromgeneratoren**	52
4.1	Strom aus dem öffentlichen Netz	59
5	**Energie erzeugende Mini-Generatoren**	60
5.1	Elektromagnetischer Gitarren-Tonabnehmer	60
5.2	Elektromagnetisches Mikrofon	63
5.3	Elektrodynamisches Mikrofon	64

6	**Solarstrom**	65
6.1	Fotovoltaik & Solarzellen	66
6.2	Temperaturabhängigkeit der Solarzellen	79
6.3	Mechanische Eigenschaften der Solarzellen	81
6.4	Kühlung der Solarzellen	82
6.5	Schutzdioden (Bypass-Dioden)	82
6.6	Solar-Wechselrichter	86
7	**Gleichspannung kontra Wechselspannung**	88
8	**Messgeräte**	90
8.1	Voltmeter	90
8.2	Amperemeter	92
8.3	Ohmmeter	93
8.4	Multimeter	93
8.5	Richtig messen ist einfach	94
8.6	Oszilloskope	100
9	**Der Ohmsche Widerstand**	102
9.1	Das Ohmsche Gesetz	106
9.2	Kodierung von Widerständen	111
9.3	Potentiometer	112
9.4	Fotowiderstände	114
10	**Kondensatoren**	116
11	**Spulen und Drosseln**	127
12	**Transformatoren**	132
13	**Halbleiterdioden**	137
13.1	Zenerdioden	143
14	**Gleichrichter**	146
15	**Netzgeräte & Netzteile**	152
16	**Elektrische Leuchtkörper**	160
16.1	Leuchtdioden (LEDs)	161
16.2	Infrarot-Dioden (IR-Dioden)	176
17	**Elektrische Heizkörper**	177

18	**Elektrische Ventilatoren**	179
19	**Elektrische Kühlkörper**	180
20	**Elektromotoren**	181
21	**Schalten in der Elektrotechnik**	184
21.1	Einfache Schalter	184
21.2	Schalten mit Relais	186
21.3	Bistabile Relais	189
21.4	Kontroll-Glimmlampen	190
21.5	Elektronische Lastrelais	191
22	**Sicherungen**	196
23	**Drahtloses Schalten**	200
24	**Transistoren**	204
25	**Integrierte Schaltungen – ICs**	209

10

1 Die elektrische Energie

Steckdosen und Batterien sind die bekanntesten Energiequellen, aus denen wir die elektrische Energie beziehen.

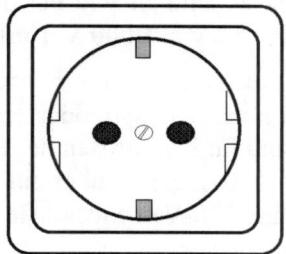

Steckdose
230 Volt ~

Batterien sind nur Energiekonserven mit einem beschränkten Vorrat an Energie. Sie sind wahlweise als *wieder aufladbare* Batterien (*Akkus*) oder als *nicht wieder aufladbare* Batterien *(Wegwerfbatterien)* erhältlich.

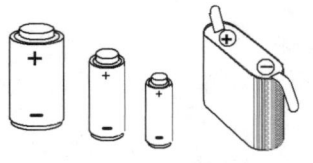

Batterien

Der elektrische Strom aus den Steckdosen, die an das öffentliche Stromnetz angeschlossen sind, steht einfach „auf Abruf" jederzeit bereit. Er wird überwiegend in großen Stromgeneratoren erzeugt, die vom Prinzip her ähnlich einem Fahrrad-Dynamo konstruiert sind. Sie sind zwar viel größer und aufwändiger, aber erzeugen den elektrischen Strom auf dieselbe Weise (darauf kommen wir noch zurück).

Wir wissen, dass die elektrische Energie in zwei Grundformen zur Verfügung steht: als **Wechselspannung** und **Wechselstrom** oder alternativ als **Gleichspannung** und **Gleichstrom**.

Als internationale Abkürzung für die *Wechselspannung* bzw. den *Wechselstrom* wird *„AC"* (alternativ das Symbol ~) verwendet.

Für *Gleichspannung* und *Gleichstrom* wird die Abkürzung *„DC"* (alternativ das Symbol =) gebraucht.

Beispiele: „230 V AC" oder alternativ „230 V~" bedeutet, dass es sich um eine 230-Volt-Wechselspannung handelt.

„12 V DC" oder alternativ „12 V =" bedeutet, dass es um eine 12-Volt-Gleichspannung geht.

1.1 Die elektrische Spannung

Wir wissen, dass jede Quelle der elektrischen Energie eine vorgegebene Spannung hat und dass jedes elektrische Gerät oder jede Glühlampe für eine – vom Hersteller bestimmte – *Betriebsspannung* ausgelegt ist.

Die elektrische Spannung wird in **Volt** *(abgekürzt V)*, manchmal auch in Kilovolt *(kV)* oder in Millivolt *(mV)* angegeben bzw. gemessen. Mit der Umrechnung ist es ähnlich wie bei den Längenmaßen *(Meter, Kilometer* oder *Millimeter)*: **1 kV = 1.000 V, 1 mV = 0,001 V.**

Abhängig von der Art der vorgesehenen Stromversorgung, werden elektrische Geräte in *netzbetriebene* oder *batteriebetriebene* eingestuft. Manche dieser Geräte sind für beide Arten der Stromversorgung vorgesehen. Zudem verfügen viele Batteriegeräte über ein zusätzliches „Netzteil", über das sie wahlweise an eine 230-Volt-Steckdose angeschlossen werden können.

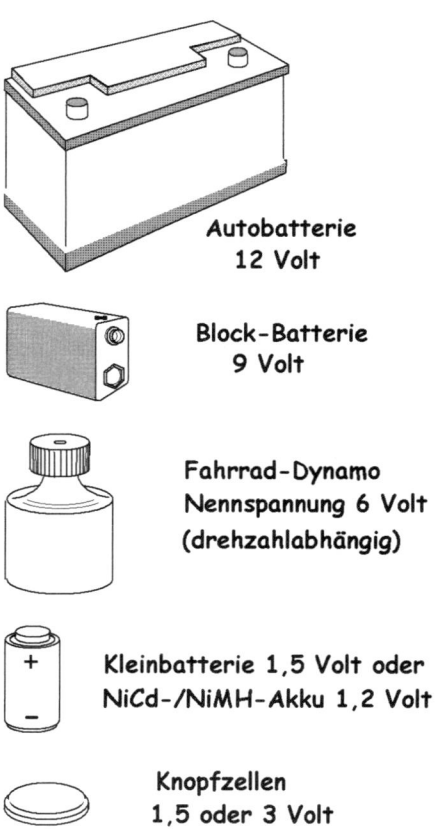

Autobatterie
12 Volt

Block-Batterie
9 Volt

Fahrrad-Dynamo
Nennspannung 6 Volt
(drehzahlabhängig)

Kleinbatterie 1,5 Volt oder
NiCd-/NiMH-Akku 1,2 Volt

Knopfzellen
1,5 oder 3 Volt

Die 230-Volt-Spannung beziehen wir in der Bundesrepublik als *Hausnetz-Normspannung (Licht- und Steckdosenspannung)* aus dem öffentlichen elektrischen Netz. Für diese Spannung sind fast alle Haushalts-Netzgeräte und die meisten elektrischen Vorrichtungen ausgelegt. Das ist uns aber bekannt, denn wenn wir eine „normale" Glühlampe oder Leuchtstofflampe kaufen wollen, müssen wir darauf achten, dass sie auch tatsächlich für „230 V" vorgesehen ist.

Dass eine PKW-Glühlampe für eine 12-Volt-Versorgungsspannung ausgelegt ist, wissen die meisten von uns. Dieselbe Spannung hat ja auch die *Autobatterie*. Eine Fahrrad-Glühlampe ist wiederum für eine Spannung von bescheidenen 6 Volt konzipiert, denn der Fahrrad-Dynamo – oder alternativ der Fahrrad-Akku – liefert mehr oder weniger nur diese Spannung. Der Dynamo erzeugt jedoch die volle 6-Volt-Spannung nur, wenn kräftiger in die Pedale getreten wird, denn die von ihm gelieferte Spannung hängt von der Drehzahl seines *Rotors* ab.

Mit einer Betriebsspannung von bescheidenen 1,5 Volt geben sich vor allem die meisten Funk- und Quarzuhren zufrieden. Armbanduhren beziehen diese 1,5 V aus kleinen Knopfzellen, Haushaltsuhren aus kleinen *(„Mikro-"* oder *„Mignon-")* Batterien. Einige Kleingeräte oder Spielzeuge geben sich sogar mit einer Betriebsspannung von 1,2 Volt zufrieden. Das kommt mit der typischen *Nennspannung* eines *NiCD-* oder *NiMH-Akkus* überein.

1.2 Der elektrische Strom

Der elektrische Strom wird oft mit dem Wasserstrom verglichen: Aus einem dünnen Gartenschlauch fließt ein schwacher, aus einem Feuerwehrschlauch kann bei Bedarf ein wesentlich kräftigerer Wasserstrom fließen. Dasselbe gilt auch für den elektrischen Strom: Je kräftiger der Strom ist, der durch einen Leiter fließt, desto größer muss der Durchmesser des Leiters sein.

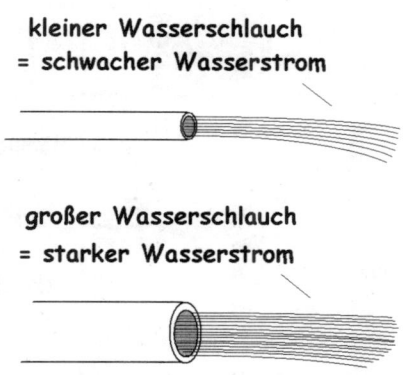

Und je stärker ein Strom ist, desto mehr kann er leisten. Das gilt sowohl für den Wasserstrom als auch für den elektrischen Strom.

Der elektrische Strom ist jedoch nicht sichtbar. Man kann daher eine Stromleitung in dieser Hinsicht mit einer Druckluft-Leitung vergleichen, in der die strömende Luft ebenfalls nicht sichtbar ist, aber dennoch erfahrungsgemäß z.B. pneumatische Handwerkzeuge antreiben kann.

Die Stromstärke wird in **Ampere (A)** bzw. in **Milliampere (mA)** angegeben bzw. gemessen. Auch hier ist es mit der Umrechnung von *Milliampere* in *Ampere* ähnlich wie bei der Umrechnung von Millimetern in Meter *(1 mA = 0,001 A).*

Der elektrische Strom fließt – in der Form von Elektronen – durch kompakte Leiter, die überwiegend als Drähte oder Kabel in diversen Durchmessern erhältlich sind. Genau genommen fließt der elektrische Strom durch alle Metalle (oder auch durch andere elektrisch leitende Materialien), ohne Rücksicht auf ihre Form.

Je kräftiger der Strom *(in Ampere)* ist, der durch einen Leiter fließt, desto größer muss der Durchmesser des Leiters sein.

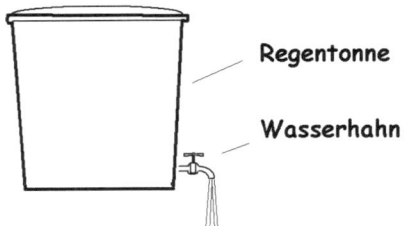

Aus einer Regentonne fließt das Wasser heraus, sobald der Wasserhahn aufgedreht wird. Das ist der Schwerkraft zu verdanken.

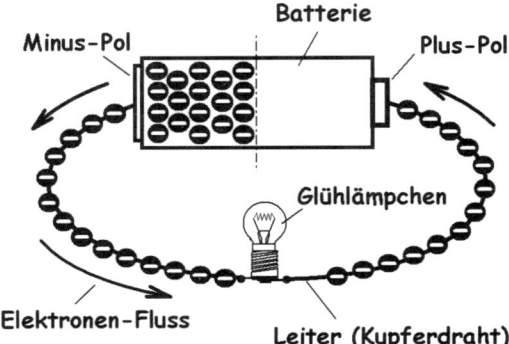

Der elektrische Strom kann nicht aus eigener Kraft aus der Steckdose oder aus der Batterie heraus fließen. Da jede elektrische Spannungsquelle aus zwei Polen besteht, kann der Strom immer nur erst dann von einem Pol *(Pluspol)* zum anderen Pol *(Minuspol)* fließen, wenn eine elektrisch leitende Verbindung erstellt wird.

In einer intakten (aufgeladenen) Batterie herrscht am Minuspol ein Überschuss von Elektronen und am Pluspol ein Mangel an Elektronen. Wird an die zwei Pole z.B. ein Glühlämpchen angeschlossen, fließen durch ihren Glühfaden die Elektronen vom Minuspol zum Pluspol. Allerdings nur so lange, bis sich ein Gleichgewicht einstellt (= bis die Batterie leer ist).

Bemerkung: Der Fluss der Elektronen bewegt sich – als fließende elektrische Ladung – zwar vom Minuspol zum Pluspol, aber der elektrische Strom fließt in der Gegenrichtung vom Pluspol zum Minuspol. Daher gilt in der Elektrotechnik (und Elektronik) als Faustregel, dass der elektrische Strom immer vom Pluspol zum Minuspol fließt. Darauf werden auch alle Schaltungen und Funktionen abgestimmt.

Der *hochohmige* Glühfaden des Glühlämpchens wirkt sich auf die strömenden Elektronen als eine Bremse aus. Würde man bei diesem Beispiel das Glühlämpchen weglassen und die Pole einer Batterie nur mit einem Kupferdraht verbinden,

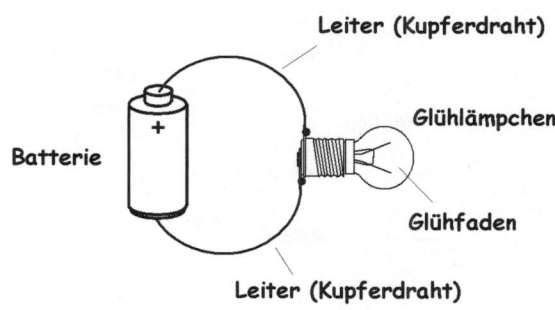

hätte das einen *Kurzschluss* zur Folge. Ein sehr dünner Kupferdraht würde dabei schmelzen (= wie eine Sicherung „durchbrennen"), ein dicker Kupferdraht würde einen explosionsartigen Ausgleich der Pol-Potenziale verursachen und dabei die Batterie vernichten.

Als Abhilfe gegen ein solches Risiko dienen Sicherungen, die z.B. auch bei einem Pkw zwischen der Autobatterie und den Zuleitungen zu allen Lampen und anderen „elektrischen Verbrauchern" eingegliedert sind. Auch ein jedes *Hausnetz* verfügt über Sicherungen oder Sicherungsautomaten, die bei einem Kurzschluss die geschützte Leitung vom Netz abschalten.

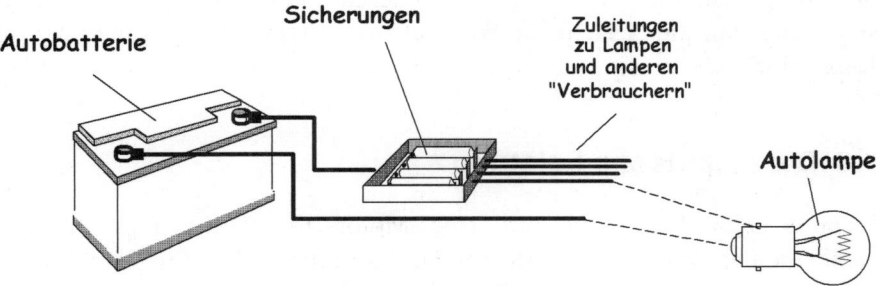

Die Strom-Maßeinheit heißt **Ampere** *(abgekürzt A)*. In der gängigen Praxis wird der Strom manchmal nur in Milliampere *(mA)* bzw. Mikroampere *(µA)* angegeben. Auch hier ist es mit der Umrechnung ähnlich wie bei den metrischen Maßeinheiten: 1 A = 1.000 mA bzw. 1.000.000 µA.

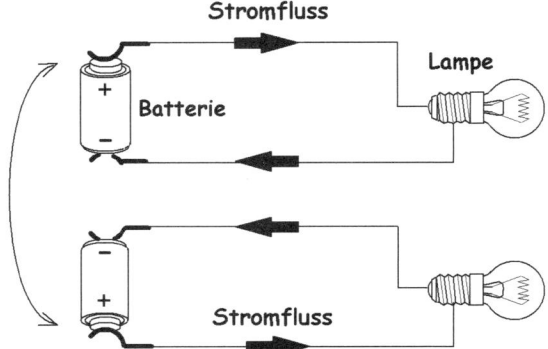

Der Unterschied zwischen Wechselstrom und Gleichstrom ist vom Prinzip her leicht zu erklären:

Wird eine Glühlampe an eine Batterie angeschlossen, fließt durch sie ununterbrochen ein konstanter Strom *(Gleichstrom)* nur in einer Richtung.

Eine improvisierte Wechselstromquelle könnten wir – wie abgebildet – z.B. mit Hilfe einer Batterie-Stromversorgung erstellen, bei der die Polarität der Stromzufuhr zu der Glühlampe durch ständiges *Umpolen* der Batterieanschlüsse gewechselt wird.

Auf die hier bildlich dargestellte Art wäre die *Frequenz* der Wechselspannung natürlich nur sehr niedrig. Man könnte jedoch einen solchen Polaritätswechsel z.B. mit Hilfe eines kleinen elektromagnetischen Umschalters beschleunigen, der wie ein Blinker hin und her wippt und das ständige Umdrehen der Batterie ersetzt. Auf den „tieferen Sinn" einer solchen Lösung, sowie auch auf die tatsächliche Wechselstrom-Erzeugung, kommen wir im Kap. 4 zurück.

1.3 Die elektrische Leistung

Wenn es heißt, dass die Leistung eines Motors z.B. **1 PS** beträgt, dürfte es stattdessen heißen, dass sie 736 Watt beträgt, denn 1 PS = 736 Watt. Soweit zum „greifbaren" Vergleich der zwei Leistungs-Maßeinheiten. Wir verzichten auf das Grübeln darüber, wie viele von uns sich unter dem Begriff *1 PS (eine Pferdestärke)* konkret vorstellen können, was für eine Leistung ein angemessen motiviertes Pferd tatsächlich aufbringen kann.

Macht nichts! Hauptsache man kann sich zumindest ungefähr vorstellen, dass ein Pferd kräftig genug ist, um mit so manchem Fettsack im Sattel durch die Gegend galoppieren zu können oder als Kutschenpferd seine tägliche Ration Hafer zu verdienen.

1.3 Die elektrische Leistung

Mit der elektrischen Leistung hat dieser Vergleich nur soviel zu tun, dass z.B. ein Elektromotor mit einer Ausgangsleistung *(Abgabeleistung)* von 736 Watt *(= 0,736 kW)* ungefähr dieselbe Leistung aufbringen müsste, wie ein kooperatives lebendiges Pferd. Dieser Vergleich reicht zwar aus, um sich die Größenordnung der elektrischen Leistung zumindest ungefähr vorstellen zu können. Elektrische Leistung kann jedoch leicht in Leistungen umgewandelt werden, die – wie z.B. Licht oder Wärme – mit einer rein mechanischen Leistung nur bedingt vergleichbar sind.

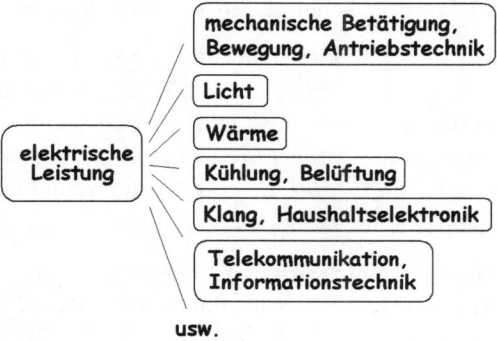

Mit der eigentlichen Berechnung der elektrischen Leistung ist es sehr einfach:

> **Spannung** (in Volt) × **Strom** (in Ampere) = **Leistung** (in Watt)
> Zwei weitere Konfigurationen dieser Formel lauten:
> **Leistung** (in Watt) : **Spannung** (in Volt) = **Strom** (in Ampere)
> **Leistung** (in Watt) : **Strom** (in Ampere) = **Spannung** (in Volt)

Es handelt sich hier um eine ähnliche Formel wie die, die uns von der Berechnung einer Fläche geläufig ist:
Länge × Breite = Fläche

Die elektrische Leistung ist an den Typenschildern der meisten elektrischen Geräte – sowie auch auf allen Glüh- und Leuchtstofflampen – aufgeführt und braucht nur selten berechnet zu werden. Dennoch kann sich der Zugriff auf diese Formel manchmal als ganz nützlich erweisen. Als ein einfaches Beispiel dürfte folgendes Anliegen dienen:

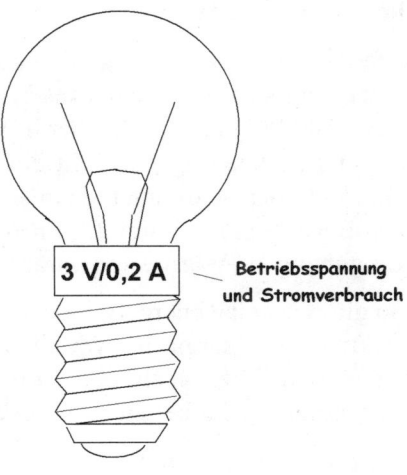

Im Waschraum eines Wohnhauses sind die Steckdosen für die Waschmaschine und den Wäschetrockner an einem gemeinsamen 16-Ampere-Sicherungsautomaten angeschlossen. Wenn beide Maschinen gleichzeitig betrieben werden, schaltet der Sicherungsautomat den Strom oft ab.

Warum? Ist der Sicherungsautomat vielleicht überlastet? Das lässt sich leicht auskundschaften. Auf den Typenschildern (und in den Bedienungsanleitungen) der Geräte sind jedoch jeweils nur die Betriebsspannung (230 V~) und die *„Anschlusswerte"* bzw. die *bezogenen Leistungen* als *3000 W (3 kW)* und *2500 W (2 kW)*, aber nicht der Stromverbrauch aufgeführt. Macht nichts, denn das rechnen wir uns leicht aus:

Die maximal bezogene Leistung beträgt 3000 Watt + 2500 Watt = 5500 Watt. Diese 5500 Watt teilen wir durch 230 Volt und erhalten einen Strom von stolzen 23,91 Ampere (5500 W : 230 V = 23,91 A).

Diese maximale Stromaufnahme kommt immer dann vor, wenn beide Maschinen (abhängig von der jeweiligen „Programmstufe") den maximalen Strom beziehen. Ein 16-A-Sicherungsautomat ist hier deutlich unzureichend und sollte durch einen 25-A- oder 32-A-Automaten ersetzt werden.

Bei der *„elektrischen Leistung"*, die bei Elektrogeräten oder Elektromotoren aufgeführt wird, muss zwischen der *„Abnahmeleistung"(d.h. der bezogenen bzw. verbrauchten Leistung)* und *Abgabeleistung (d.h. der tatsächlich erbrachten Leistung)* unterschieden werden. Diese zwei unterschiedlichen „Leistungen" geben z.B. Hersteller von Elektromotoren auf folgende Weise in den technischen Daten preis: **Abnahmeleistung 200 Watt**, **Abgabeleistung 108 Watt.**

Die Abnahmeleistung sagt also nur aus, was der Motor „frisst", die Abgabeleistung sagt aus, was er tatsächlich leistet. Ein Staubsaugermotor kann z.B. 1500 Watt „fressen", aber in Wirklichkeit dennoch nur einen Bruchteil dieser Leistung abgeben. Mit einer „normalen" Glühbirne ist es in dieser Hinsicht noch schlimmer, denn sie wandelt nur etwa 5 bis 6 % der bezogenen Energie in Licht um. Den Rest der bezogenen Energie strahlt sie in die Umgebung als Wärme ab (worauf man meist verzichten könnte).

So gut wie keine energetischen Verluste entstehen bei der Umwandlung der elektrischen Energie in Wärme: Elektro-Heizkörper (darunter auch Heizkissen und Heizdecken) oder Wasserkocher, deren Heizspirale vom Wasser voll umhüllt ist, arbeiten in dieser Hinsicht praktisch verlustfrei.

Wäre noch darauf hinzuweisen, dass die Leistung bei manchen induktiven Lasten (z.B. bei Transformatoren) nicht in **Watt (W)**, *sondern in* **Voltampere**

(VA) angegeben wird. Das hat etwas mit der „Phasenverschiebung" (mit dem so genannten Phasenwinkel „φ") zu tun, wir dürfen einfachheitshalber die „VA" und die „W" als dasselbe betrachten. Genau genommen müsste andernfalls für die Berechnung der „Wirkleistung" bei induktiven Lasten die Formel:

*Leistung = Spannung × Strom × **cos** (φ)*

angewendet werden.

*Das „**cos** (φ)" stellt eine Zahl dar, die immer kleiner als **1** ist und somit die Leistung etwas reduziert. Dieses **cos** (φ) wird in der Praxis bei induktiven Lasten jedoch nur selten angegeben (als z.B. **cos** φ = 0,95). In dem Fall bezieht man es – wenn man will – in die Formel ein. Man darf sich aber in der Praxis einfach damit zufrieden geben, dass man über die Existenz dieses komischen „Kosinus φ" im Bilde ist. Jedenfalls wirkt sich diese „Phasenverschiebung" auf die tatsächliche Leistung sozusagen als ein sanfter „Abspeckfaktor" aus. Gut zu wissen, dass es so etwas überhaupt gibt (und das genügt).*

1.4 Die Kilowattstunden

Der Stromzähler des Stromlieferanten zählt in jedem Haushalt laufend den Energieverbrauch in Kilowattstunden. Wie der Name des Zählers andeutet, handelt es sich hier um die Erfassung der bezogenen Energie in der Form von **Leistung** *(in Kilowatt)* **mal Zeit** *(in Betriebsstunden)*. Die Endsumme wird als **Kilowattstunde(n)** – abgekürzt **kWh** – bezeichnet. Eine Kilowattstunde = 1000 Wattstunden (1 kWh = 1000 Wh).

Einige Beispiele:
Bezieht eine 100-Watt-Glühlampe eine Stunde lang den elektrischen Strom, entsteht ein Stromverbrauch von 100 Wh (= 0,1 kWh).

Bezieht eine elektrische Kochplatte eine Stunde lang eine elektrische Leistung von 1500 Watt (1,5 kW), ergibt sich daraus ein Energieverbrauch von 1,5 kWh. Bleibt sie zwei Stunden lang eingeschaltet, verdoppelt sich der Energieverbrauch auf 3 kWh usw.

Eine 7-Watt-Energiesparlampe verbraucht erst nach ca. 142,8 Betriebsstunden eine einzige Kilowattstunde an elektrischer Energie (1000 Watt : 7 Watt = 142,8 Betriebsstunden).

1.5 Elektrische Leitungen

Als elektrische Leitungen werden bekanntlich Kupferleiter in der Form von isolierten Drähten und Kabeln verwendet. Auf nähere Einzelheiten kommen wir noch im Kapitel 9 zurück. Vorerst wäre jedoch erklärungsbedürftig, wie elektrische Leitungen, darunter auch leitende Verbindungen aller Art, in elektrischen Schaltplänen zeichnerisch dargestellt werden – was wir nun anhand von einigen Beispielen zeigen:

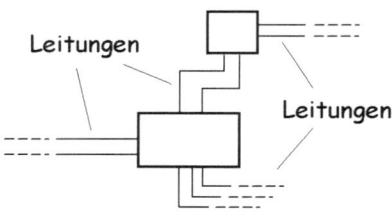

Grundsätzlich werden in einem elektrischen Schaltplan (in einem Schema) alle Verbindungen bevorzugt nur waagrecht und senkrecht angeordnet. Ausnahmen – in der Form von schrägen Linien oder Bögen – sind zwar zulässig, aber nur dann sinnvoll, wenn es der leichteren Verständlichkeit der Schaltung dient. Dies kann vor allem Anwendern mit wenig Erfahrung den Überblick erleichtern (was auch wir in diesem Buch bei manchen Beispielen handhaben). Wie eine schematisch dargestellte Verbindung im Schaltplan angeordnet ist (über wie viele „Ecken" sie sich um andere Bauteile schlingert), hat nichts damit zu tun, wie sie z.B. in einem Gerät tatsächlich verläuft bzw. wie sie beim Nachbau einer Schaltung verlegt wird. Ausnahmen werden üblicherweise nur bei Schaltplänen von elektrischen Hausnetzen gehandhabt, denn hier werden in der Regel die Lichtschalter, Steckdosen und Lampenanschlüsse „maßstabgerecht" in die Wände dort eingezeichnet, wo sie der Elektroinstallateur anbringen soll.

Wenn sich in einem Schaltplan zwei Linien kreuzen und diese Kreuzung **nicht** mit einem **Punkt** versehen ist, handelt es sich um zwei Linien, die miteinander **nicht verbunden** sind. Ist in einem Schaltplan die Kreuzung von zwei Linien – bzw. eine Abzweigung – mit einem **Punkt** versehen, handelt es sich um eine *leitende Verbindung*.

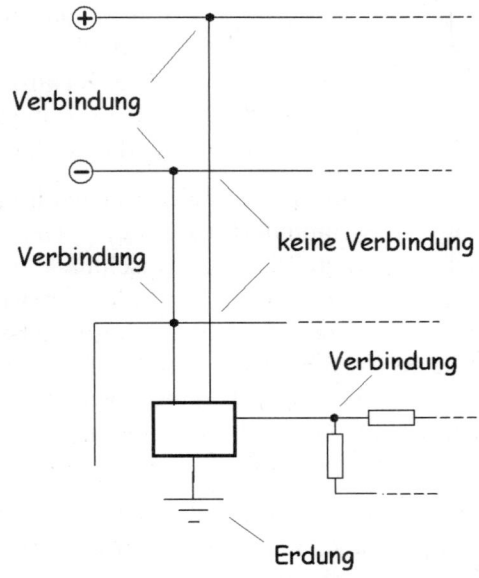

Alle solche Kreuzungen und Verbindungen verlaufen in Wirklichkeit in einem Gerät oder in einer Vorrichtung oft ganz woanders als schematisch dargestellt wird, denn bei einem Schaltplan geht es vor allem darum, dass die Funktionsweise der Schaltung leicht nachvollziehbar ist. Dem technischen Zeichner bleibt es dabei überlassen, wie er alles anordnet. Von Bedeutung ist nur, dass eine zeichnerisch dargestellte Leitung den *Ausgangspunkt* mit dem vorgesehenen *Zielpunkt* verbindet. Ein praktisches Vergleichsbeispiel geht aus der nebenstehenden Abbildung hervor.

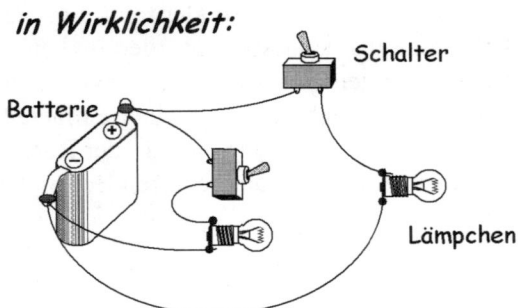

schematische Darstellung der vorhergehenden Schaltung mit Anwendung von Schaltzeichen:

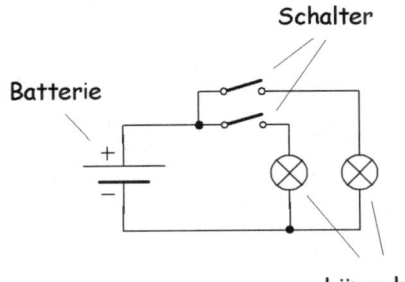

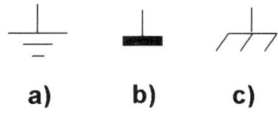

Das Schaltzeichen einer *Erdung (a)* oder *Masse (b)* spielt in der Elektrotechnik – und somit auch in der Elektronik – eine sehr wichtige Rolle. Das unter *(c)* abgebildete Schaltzeichen der Masse wird in ausländischen Schaltungen angewendet.

Ein Erdleiter (eine „Erdung") schützt im Hausnetz die Benutzer vor Verletzung. Dies zumindest bei Lampen, Geräten und Vorrichtungen, deren Gehäuse aus Metall ist. Das Anschlusskabel ist in dem Fall dreiadrig ausgeführt, und der Erdleiter mit grün-gelber Isolierung wird mit den elektrisch leitenden Metallteilen solcher Verbraucher verbunden. Sollte durch eine interne Beschädigung der metallische Körperteil des Verbrauchers in Berührung mit der Phase kommen, verursacht es einen Kurzschluss, der eine blitzschnelle Stromabschaltung zufolge hat – wodurch der Anwender vor einem elektrischen Schlag geschützt wird.

Bei elektronischen Schaltungen müssen zudem etliche Funktionsteile „geerdet" werden, um ihre Aufgabe optimal erfüllen zu können. Unter diesem Begriff versteht man hier jedoch nur ausnahmsweise eine echte Verbindung mit der „Mutter Erde", sondern nur eine Verbindung mit der „*Masse*". Mit ihr werden u.a. Chassis, Konsolen und Rahmen eines Gerätes, sowie auch Abschirmungen von Antennen-Koaxialkabeln und von Audioleitungen verbunden. Auch der Minuspol einer einfacheren Spannungsversorgung einer elektronischen Schaltung wird in der Regel mit der Masse verbunden (wie in diesem Buch noch an mehreren Beispielen gezeigt wird).

2 Batterien und Akkus

Die Bezeichnung „Batterie" wird gegenwärtig ziemlich wahllos sowohl für *aufladbare* als auch für *nicht aufladbare* Batterien angewendet. Unter dem Begriff „Akku" (Akkumulator) ist dagegen *nur* eine „aufladbare Batterie" zu verstehen.

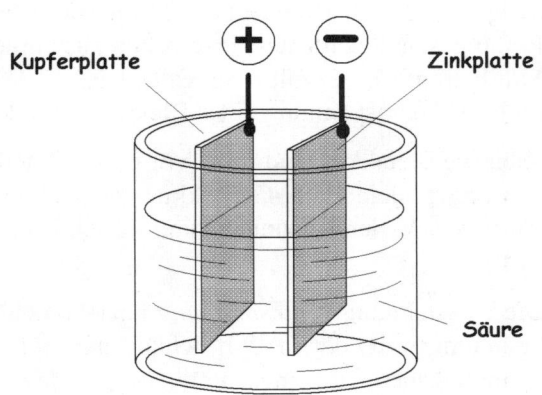

In Batterien entsteht die elektrische Energie durch chemische Vorgänge. Wird z.B. in ein Gefäß mit verdünnter Schwefelsäure (als Strom leitende Flüssigkeit) eine Kupferplatte und eine Zinkplatte getaucht, entsteht zwischen diesen zwei „Elektroden" ein *elektrisches Potential*. Die Kupferplatte (Kupfer-Elektrode) ist der Pluspol, die Zinkplatte (Zink-Elektrode) der Minuspol dieser Batterie.

Als Batterie-Elektroden werden auch andere Metalle bzw. Materialien verwendet, wie Aluminium, Eisen, Zinn, Gold, Silber, Quecksilber, Lithium, Wasserstoff, Natrium u.a.

Eines haben die meisten „normalen" Batterien gemeinsam: sie sind *nicht wieder aufladbar*. Der elektrische Strom kann nur so lange bezogen werden, bis nach Ablauf der chemischen Reaktion eine der Elektroden chemisch zersetzt wird. Die Batterie liefert dann keine Spannung mehr (ist „leer").

Batterie-Typ:	Abmessungen:
Micro	H 44 ⌀ 10 mm
Mignon	H 50 ⌀ 14 mm
Baby	H 50 ⌀ 25 mm
Mono	H 60 ⌀ 32 mm
Block 9 V	49 × 26 × 16 mm

Wieder aufladbare Batterien (Akkus) können die elektrische Energie nicht intern erzeugen, sondern nur speichern. Sie müssen daher bereits beim Hersteller aufgeladen, danach vom Anwender nach Bedarf nachgeladen werden.

Die gängigsten Akkus sind:

a) Bleiakkus (zu denen auch Autobatterien gehören)
b) Nickel-Cadmium-(NiCd-) Akkus
c) Nickel-Metallhydrid(NiMH-) Akkus
d) Lithium-Knopfzellen

Bleiakkus kennen wir vor allem als Autobatterien, die für eine *Nennspannung* von 12 Volt ausgelegt sind. Eine solche Batterie setzt sich aus sechs in Reihe geschalteten Blei-Einzelzellen zusammen, deren *Nennspannung* je 2 Volt beträgt (6 × 2 Volt = 12 Volt). Diese 2-Volt-Zellenspannung stellt eine typische Nennspannung eines Bleiakku-Gliedes dar.

Kleinere Bleiakkus sind für 6-Volt- und 12-Volt-Spannungen ausgelegt. Die hier abgebildeten Blei-Gel-Akkus verfügen über Kapazitäten zwischen 1,2 Ah (bei 6-V-Nennspannung) und 42 Ah (bei 12-V-Nennspannung). *(Foto: ELV.)*

Die Bezeichnung *Nennspannung* bezieht sich bei allen Batterien auf einen Spannungswert, der in Wirklichkeit nur stellvertretend für einen breiteren Spannungsbereich repräsentativ ist. So liegt z.B. in Wirklichkeit die tat-

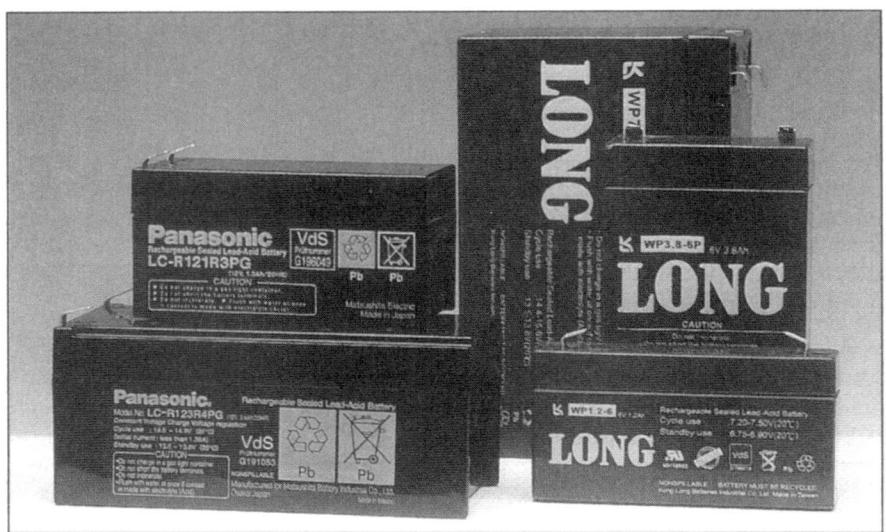

sächliche Spannung einer aufgeladenen Autobatterie bei etwa 13,8 Volt und einer „ziemlich leeren" Autobatterie in der Nähe von 10 bis 10,5 Volt (typenabhängig).

Dass man eine Autobatterie als „ziemlich leer" bezeichnen darf, obwohl ihre Spannung z.B. *nur* auf 10,5 Volt gesunken ist, hat folgende Gründe: Ein jeder Bleiakku ist sehr empfindlich auf die Entladung unterhalb einer so genannten *Tiefentladeschwelle*. Wenn seine Spannung einmal unter diese Schwelle (bei einem 12-Volt-Akku unterhalb von ca. 10 bis 10,5 Volt) sinkt, wird er intern stark beschädigt bzw. vernichtet.

Eine solche Beschädigung ist zwar nicht nach außen sichtbar, aber der Akku hält nach dem Aufladen die in ihm gespeicherte Energie nur noch relativ kurze Zeit (wobei von dem Ausmaß der Beschädigung seine Speicherfähigkeit bzw. „Selbstentladung" abhängt).

Als ziemlich irreführend wirkt sich dagegen der Anspruch auf den Umgang mit einem NiCd-Akku aus: Ein NiCd-Akku liebt es, wenn er mindestens einmal in drei Monaten bis in die Nähe von 0,9 Volt pro Zelle (= um ca. ¼ der Nennspannung) entladen und danach wieder aufgeladen wird. Geschieht dies nicht, wird dieser Akku im Laufe der Zeit faul und lässt sich nicht mehr „ordentlich" (auf seine volle Kapazität) nachladen.

Verantwortlich für diesen Spleen ist bei den NiCd-Akkus ein so genannter *Memory-Effekt*: der Akku merkt sich, dass er nicht allzu sehr beansprucht wird und stellt sich darauf ein. Das hat so ein NiCd-Akku mit uns Menschen gemeinsam.

Sowohl die NiCd- als auch die NiMH-Akkus sind für eine Spannung von 1,2 Volt pro Glied ausgelegt. NiMH-Akkus sind im Vergleich zu den NiCd-Akkus wesentlich strapazierfähiger, weisen eine höhere Kapazität wie auch eine längere Lebensdauer auf und leiden nicht unter dem erwähnten *Memory-Effekt*. Sie beinhalten zudem keine giftigen Stoffe und gelten daher als umweltfreundlich. Sie setzen sich trotzdem nur relativ langsam durch, da sie noch ziemlich teuer sind.

Wieder aufladbare Lithium-Knopfzellen sind für die Energieversorgung diverser Kleingeräte – wie Solar-Taschenrechnern, Armbanduhren, Film- und Fotogeräten – zuständig und weisen eine „hohe Energiedichte" (= hohe Speicherkapazität bei geringem Platzbedarf) auf. Ihre *Nennspannung* beträgt 3 Volt und ihre Kapazität liegt (größenabhängig) zwischen ca. 25 und 1000 Milliamperestunden (mAh).

Eine „aus dem Rahmen fallende Spezies" stellen die *limitiert aufladbaren* alkalischen 1,5-Volt-Batterien der Type „Rayovac" dar (Anbieter: Conrad Electronic). Diese Zellen können etwa 25-mal neu aufgeladen werden bzw. verkraften bis zu 100 Ladevorgänge bei regelmäßiger Ladung, die mit einem speziellen *Rayovac-Ladegerät* vorgenommen wird. Diese Batterien sind vor allem durch die 1,5-V-Zellenspannung interessant, da sie anstelle von *nicht wieder aufladbaren* 1,5-V-Batterien angewendet werden können.

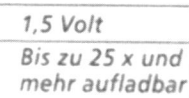

2.1 Batteriespannung

Wird eine höhere Batteriespannung benötigt, als eine einzige Zelle aufbringt, können beliebig viele Zellen in Reihe (in Serie) verschaltet werden. Der Pluspol der einen Batterie muss dabei jeweils mit dem Minuspol der nächsten Batterie verbunden werden.

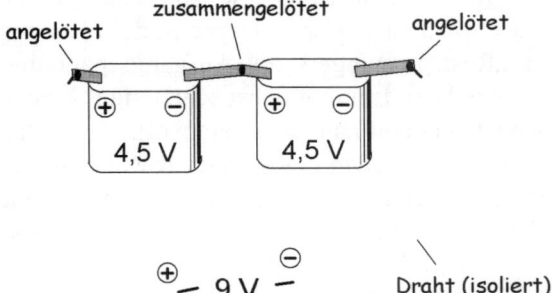

zwei 4,5 Volt-Batterien in Reihe

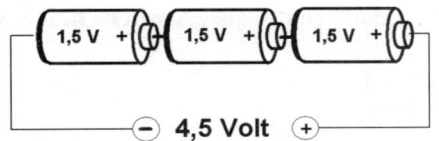

drei Batterien à 1,5 Volt in Reihe

In den meisten Kleingeräten werden die einzelnen Zellen jeweils – wie abgebildet – „gegengepolt" eingesetzt, wodurch sich die einzelnen Verbindungen „herstellungstechnisch" einfacher bewerkstelligen lassen.

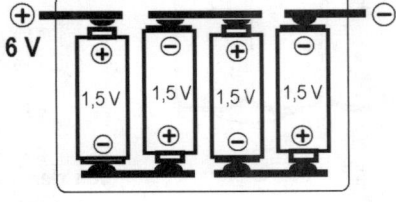

Anordnung der Batterien in einem Kleingerät

Nicht nur einzelne Zellen, sondern auch beliebig große Batterien – darunter z.B. Autobatterien – können in Reihe geschaltet werden, um eine höhere Ausgangsspannung zu erhalten.

Für eine Reihenschaltung sollten grundsätzlich jeweils Batterien

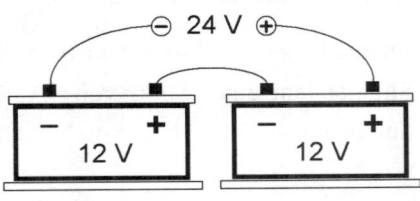

zwei Blei-Akkus in Reihe

derselben Type (bzw. zumindest derselben Kapazität) verwendet werden. Zur Not können zwar auch „halb leere" Batterien mit neuen Batterien kombiniert werden, wenn z.B. ein Gerät nicht mehr funktioniert und es sind nicht genügend neue Batterien vorrätig. Die Lebenserwartung der neuen Batterien wird durch so eine Kombination nicht beeinträchtigt, aber die altersschwachen Batterien tragen in dem Fall verständlicherweise nur mit ihren „Restspannungen" zur Ausgangsspannung der ganzen „Spannungsversorgung" bei. Ein möglichst schleuniges Ersetzen der einzelnen alten Batterien ist verständlicherweise sinnvoll. Andernfalls bleibt man am Improvisieren oder es werden eines Tages sowohl die noch intakten als auch die verbrauchten Batterien gemeinsam ausrangiert und entsorgt.

2.2 Batteriekapazität

Die Batteriekapazität stellt das Fassungsvermögen (den energetischen Inhalt) einer Batterie dar. Sie wird in **Amperestunden (Ah)** angegeben. Diese Angabe dürfte alternativ als **„Ampere mal Stunden"** formuliert werden.

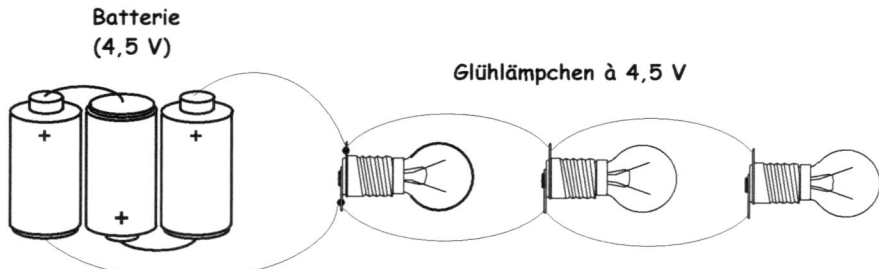

von der Intensität und Dauer der Stromabnahme
der angeschlossenen Verbraucher (Glühlämpchen)
hängt ab, wie schnell eine Batterie leer wird
(wann ihre Kapazität verbraucht ist)

Eine **60-Ah-Autobatterie** kann beispielsweise:

6 Stunden lang einen Strom von 10 A liefern (6 Stunden × 10 A = 60 Ah) oder
10 Stunden lang einen Strom von 6 A liefern (10 Stunden × 6 A = 60 Ah) oder
40 Stunden lang einen Strom von 1,5 Ah liefern (40 Stunden × 1,5 Ah = 60 Ah) usw.

Die Stromabnahme kann natürlich auch portionsweise in verschiedenen Konstellationen erfolgen. Die jeweiligen „Stromabnahmen mal Zeitspannen" verbrauchen einfach den *energetischen Inhalt* (die Energiereserve) einer Batterie auf dieselbe Weise, wie wenn einem Weinfass der leckere Inhalt entnommen wird.

Dasselbe Prinzip gilt auch für kleine Batterien und Akkus. Im Gegensatz zu den Autobatterien ist jedoch der tatsächliche energetische Inhalt an kleinen Batterien nur ziemlich selten auffindbar. Die Hersteller bevorzugen lieber „nichts sagende" Aufwertungen, wie „long-life" oder ähnlich.

In Katalogen des Elektronik-Versandhandels sind jedoch bei vielen Batterien die Kapazitäten aufgeführt und man kann sich bei Bedarf genauer ausrechnen, wie lange eine Batterie „mitgeht", wenn sie einen „Verbraucher" versorgen soll, dessen Stromabnahme bekannt ist.

Bei kleineren Batterien (darunter auch bei Knopfzellen) wird die Kapazität nicht in *Amperestunden (Ah)*, sondern in *„Milliamperestunden (mAh)* angegeben *(1 Ah = 1.000 mAh)*. Wie so etwas konkret aussieht, zeigen wir an einigen praktischen Teilauszügen aus dem Katalog von **Conrad-Electronic:**

Lithium-Knopfzellen

Typ	Abmessungen (Ø × H)	Spannung	Kapazität
CR 1216	12 × 1,6 mm	3 Volt	25 mAh
CR 1220	12 × 2 mm	3 Volt	38 mAh
CR 1616	16 × 1,6 mm	3 Volt	50 mAh
CR 1632	16 × 3,2 mm	3 Volt	125 mAh
CR 2430	**24,5 × 3 mm**	3 Volt	285 mAh

VARTA NiCd-Akkus

Typ	Abmessungen (Ø × H)	Spannung	Kapazität
Lady	11,5 × 28,5 mm	1,2 Volt	180 mAh
Micro	10 × 43,5 mm	1,2 Volt	300 mAh
Mignon	14,5 × 50,3 mm	1,2 Volt	750 mAh
Baby	26 × 49 mm	1,2 Volt	1500 mAh
Mono	**33,5 × 61 mm**	1,2 Volt	5000 mAh

2.3 Das Laden

Bei wieder aufladbaren Batterien (Akkus) muss die verbrauchte Energie jeweils nachgeladen werden.

Wie bereits an anderer Stelle angesprochen wurde, ist bei allen Bleiakkus darauf zu achten, dass sie rechtzeitig nachgeladen werden, bevor ihre Spannung unter die so genannte *Tiefentladeschwelle* sinkt.

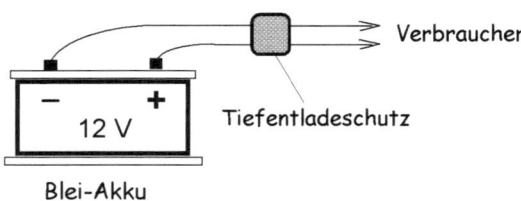

Bleiakkus, die nicht für Fahrzeuge im öffentlichen Verkehr verwendet werden, sollten bevorzugt mit einem *Tiefentladeschutz* versehen werden. Das ist ein kleines Gerät, das den Akku von dem angeschlossenen Verbraucher(n) automatisch abschaltet, sobald seine Spannung zu „gefährlich" sinkt und erst dann wieder einschaltet, wenn er „zumutbar" nachgeladen wurde.

Das Nachladen von einem NiCd-Akku sollte – im Gegensatz zu dem Nachladen von Bleiakkus – bevorzugt jeweils erst dann erfolgen, wenn er ausreichend entladen ist. Das hängt mit dem bereits angesprochenen *Memory-Effekt* zusammen: Wird der Akku oftmals jeweils nur teilweise entladen und danach wieder nachgeladen, registriert er diese Schwelle als „Leerstand" und ist anschließend nicht mehr bereit, die Restenergie zu liefern, die unterhalb von dieser Schwelle liegt. Danach verhält sich z.B. ein 1-Ah-Akku irgendwann nur wie ein 0,5-Ah-Akku und anschließend nimmt seine Leistungsfähigkeit weiter zu schnell ab. Ein solch „fauler Hund" kann jedoch bei etwas Glück mit Hilfe eines speziellen „Ladegerätes mit Pflegeprogramm" (Anbieter: Conrad Electronic) regeneriert werden.

Bei Autobatterien geschieht das Nachladen automatisch während jeder Fahrt. Zuständig dafür ist die so genannte Lichtmaschine. Das ist ein elektrischer Wechselstrom-Generator, der mit dem Automotor meist mittels eines Keilriemens verbunden ist. Sobald der Automotor läuft, erzeugt dieser Generator den benötigten Ladestrom für die Autobatterie. Da es sich um einen Wechselstrom-Generator handelt, wird der von ihm erzeugte Wechselstrom gleichgerichtet und somit zu einem Gleichstrom umgewandelt. Eine zusätzliche Spannungsregelung sorgt dafür, dass die Ladespannung nicht einen Höchstwert überschreitet, der für die Autobatterie zu gefährlich wäre.

2.3 Das Laden

Akku-Werkzeuge verfügen üblicherweise über eigene „Stecker-Ladegeräte", die das bedarfsgerechte Nachladen bewerkstelligen.

Ansonsten gibt es für das Nachladen von allen handelsüblichen Akkus (darunter auch für das Laden von Autobatterien) eine große Auswahl an Ladegeräten.

Zum Aufladen eines Akkus braucht man jedoch nicht unbedingt ein „echtes" Ladegerät, sondern einfach nur eine Spannungsquelle, die über die erforderliche *Ladespannung* verfügt und einen „brauchbaren" *Ladestrom* liefern kann.

Die *Ladespannung* sollte etwa 18 bis 22 % höher sein als die *Nennspannung* des geladenen Akkus, denn der elektrische Ladestrom kann in die Batterie nur dann hineinfließen, wenn die Ladespannung höher ist als die jeweilige Batteriespannung. Um z.B. eine 12-Volt-Autobatterie optimal aufladen zu können, müsste die Lade-

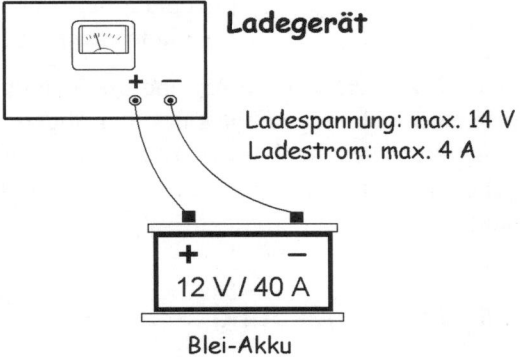

spannung ca. 14 Volt betragen (12 V × 1,18 ≈ 14 V). Der *Ladestrom* darf bei Bleiakkus und bei NiCd-Akkus höchstens 10 %, bei NiMH-Akkus höchstens 20 % von der offiziellen Akku-Kapazität betragen. Eine 40-Ah-Autobatterie darf also höchstens mit einem Ladestrom von 4 A, ein 600-mAh- (0,6 AH) NiCd-Akku darf höchstens mit einem Ladestrom von 60 mA geladen werden usw.

Eine minimale Grenze gibt es dagegen bei dem Ladestrom nicht. Je niedriger der Ladestrom ist, desto länger muss einfach geladen werden. Das verläuft nach demselben Prinzip wie das Einlassen einer Badewanne. Ist z.B. eine 40-Ah-Autobatterie „halb leer", müssen die verbrauchten 20 Ah nachgeladen werden. Da beim Laden bis zu etwa 20 % der zugeführten Energie durch Ladeverluste verloren geht, müssen nicht 20 Ah, sondern etwa 24 Ah nachgeladen werden. In die Batterie müsste demnach theoretisch etwa 6 Stunden lang ein Strom von 4 A oder 10 Stunden lang ein Strom von 2,4 A vom Ladegerät „hineingepumpt" werden (6 Std. × 4 A = 24 Ah; 10 Std. × 2,5 A = 24 Ah).

Batterie-Schaltzeichen:

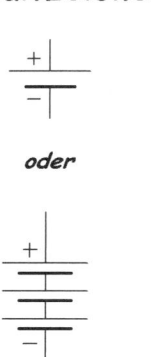

oder

In der Praxis bezieht jedoch der Akku einen kontinuierlichen Ladestrom nur bei Anwendung von sehr speziellen Ladegeräten, die so ausgelegt sind, dass ihre Ladespannung mit der Spannung des geladenen Akkus schrittweise steigt. Ansonsten sinkt der Ladestrom während des Ladens laufend – was damit zusammenhängt, dass der Spannungsunterschied zwischen der steigenden Akku-Spannung und der Ladespannung immer kleiner wird. Dieser Hinweis ist für die Praxis nur insofern von Bedeutung, dass die Dauer eines Nachladens entsprechend „großzügiger" einzuschätzen ist, falls kein Ladegerät verwendet wird, das die Vollendung des Nachladens anzeigt.

Ohne Rücksicht auf die Art und die Spannung einer Batterie, wird in technischen Zeichnungen eines der hier abgebildeten Schaltzeichen verwendet (das untere Schaltzeichen wird mit Vorliebe dann verwendet, wenn hervorgehoben werden soll, dass es sich um eine Batterie mit mehreren Gliedern handelt):

2.4 Selbstentladung

Alle Batterien weisen eine Selbstentladung auf, die sich als „Ruhestand-Energieverlust" auswirkt. Bei Bleiakkus liegt die Selbstentladung (typenbezogen) zwischen ca. 3 % und 8 % pro Monat. Bei manchen NiCd-Akkus verursacht die Selbstentladung sogar ca. 15 bis 30 % an Energieverlust pro Monat.

Auch bei *nicht wieder aufladbaren Batterien* – darunter z.B. auch bei Uhr-Knopfzellen – hat diese wenig bekannte (und nicht nachvollziehbare) Selbstentladung zufolge, dass eine neu gekaufte Batterie unter Umständen schon einen großen Teil ihrer „besten Zeit" hinter sich hat.

2.4 Selbstentladung

Die Selbstentladung sollte vor allem bei Akkus berücksichtigt werden, die z.B. im Außenbereich für die Energieversorgung eines Gerätes oder einer Anlage zuständig sind und deren Spannung nicht automatisch überwacht bzw. angezeigt wird. Bleiakkumulatoren – worunter sich auch Auto-, Motorrad- oder Rasentraktor-Batterien befinden – die z.B. während der Wintermonate nicht gebraucht werden, sollten während ihrer „Ruheperiode" zumindest einmal (z.B. im Januar) nachgeladen werden. Das schützt sie vor einer zu gefährlich tiefen Selbstentladung und zudem auch vor evtl. Vernichtung durch Frost (wenig aufgeladene Bleiakkus sind wesentlich frostempfindlicher als „volle" Akkus und ihr Gehäuse kann bei einem starken Frost ähnlich reißen wie ein Eimer, in dem das Wasser eingefroren ist).

3 Magnetismus

Dass ein Dauermagnet (Permanentmagnet) über eine unsichtbare und geheimnisvolle Kraft verfügt, wissen wir aus der Praxis. Es ist uns auch bekannt, dass ein Magnet nur „magnetisch leitende" Materialien (Eisen, Stahl, Nickel und Kobalt) anziehen und halten kann. Diese Anziehungskraft wird als *Magnetismus* bezeichnet. Magnetisch leitende Metalle bezeichnet man als *ferromagnetische Stoffe*.

In der Technik wird nicht nur die eigentliche Anziehungskraft des Magneten, sondern auch die Kraft des magnetischen Feldes genutzt, denn damit lassen sich wunderbare Dinge machen. Anstelle von Dauermagneten werden zu vielen Zwecken Elektromagnete verwendet oder die Fähigkeiten der *elektromagnetischen Felder und Wellen (darunter z.B. Radiowellen)* genutzt.

3.1 Dauermagnete

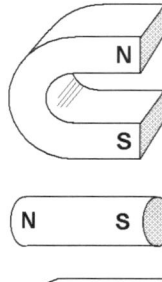

die bekanntesten Dauermagnet-Grundformen

Kleinere Dauermagnete (Permanentmagnete) sind in vielfältigen Formen erhältlich (oder als Bauteile auffindbar, die sich oft aus ausgedienten Haushaltsgütern herausmontieren lassen). Eines haben alle solche Dauermagnete gemeinsam: Sie sind vom Hersteller *zweipolig magnetisch polarisiert*. Das kennen wie aber bereits aus der Schule und wir wissen auch, dass der eine Pol des Magneten als *Nordpol (N),* der andere als *Südpol (S)* bezeichnet wird.

Zwischen diesen zwei Polen herrscht eine kräftige Anziehungskraft: ein so genanntes *magnetisches Kraftfeld* oder schlicht *Magnetfeld,* das bildlich als *magnetische Kraftlinien* dargestellt wird. Diese Kraft wirkt sich als eine Anziehungskraft aus, die im Prinzip versucht, die zwei Pole des Magneten (den Nordpol und den Südpol) zueinander zu ziehen.

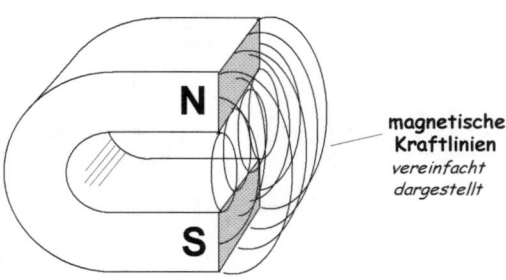

magnetische Kraftlinien
vereinfacht dargestellt

Der Magnet nimmt dabei dankbar jede zusätzliche *magnetisch leitende* Hilfsverbindung an, die in seine „greifbare" Nähe kommt. Sogar eine Nadel im Heuhaufen kann man mit Hilfe eines Magneten bei etwas Glück finden. Er zieht sie an und sie springt bereitwillig an ihn so heran, dass sie als Brücke die möglichst kürzeste magnetisch leitende Verbindung zwischen seinen zwei Polen bildet.

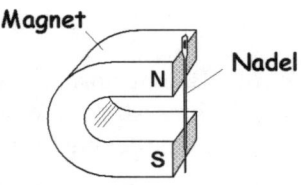

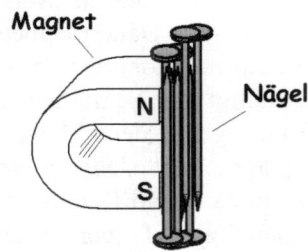

Ähnlich wie die Nadel (aus dem Heu) verhalten sich Nägel oder beliebige andere magnetisch leitende Gegenstände.

Ungleiche Pole zweier Magnete (Nord- und Südpol) ziehen sich an, gleiche Pole drücken sich mit aller Kraft voneinander weg (stoßen sich ab). Dies gilt sowohl für Magnete, bei denen jeweils beide Pole gegenüberstehen (wie bei U-förmigen Magneten) als auch z.B. für stabförmige Magnete, von denen sich jeweils nur ein Pol des einen Magneten dem Pol des anderen Magneten nähert. Die zwei Stabmagnete springen dann bei ungleichnamigen Polen (**N** & **S**) blitzschnell aneinander oder stoßen sich bei gleichnamigen Polen ab.

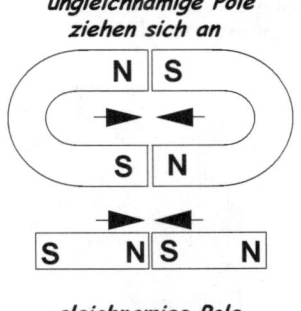

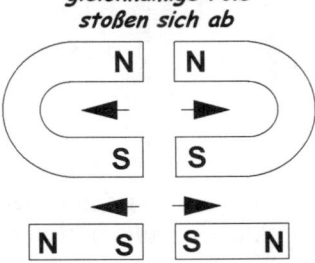

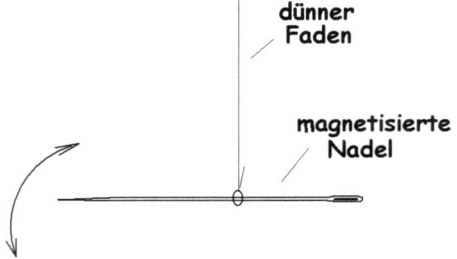

Eine Kompassnadel ist vom Prinzip her ebenfalls ein kleiner Dauermagnet, dessen Nordpol zum geografischen Norden und der Südpol zum geografischen Süden unserer Erdkugel zeigt – vorausgesetzt es gibt keinen störenden Magneten und keine zu massiv magnetisch leitenden Gegenstände in der Nähe.

Wird z.B. eine normale Stahlnadel (aus dem Nähkästchen) *vormagnetisiert* und in ihrer Mitte an einen dünnen Faden aufgehängt, verhält sie sich ähnlich wie eine „echte" Kompassnadel.

Dass auch stählerne Werkzeuge – darunter z.B. Schraubenzieher oder Pinzetten – zu Dauermagneten werden, wenn sie mit einem Dauermagnet in Berührung kommen, ist bekannt. In der Praxis geschieht dies oft auch nur zufällig: Der Schraubenzieher oder die Pinzette kommen z.B. kurz in Berührung mit dem Magneten eines Lautsprechers und prompt werden sie „magnetisch". Jeder Nagel, Stab oder andere Gegenstand aus hartem Stahl kann zu einem Dauermagneten werden, wenn er z.B. für eine angemessen lange Zeit auf einen Dauermagneten (zwischen seine Pole) gelegt wird.

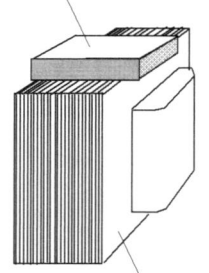

Geschieht so etwas versehentlich, wird es lästig, wenn danach an einem Schraubenzieher oder an einer Feile ständig Eisenspäne haften. Ein *Entmagnetisieren* kann in solchen harmlosen Fällen am einfachsten dadurch bewerkstelligt werden, dass das magnetisierte Werkzeug z.B. für eine kurze Zeit auf den Eisenkern eines (eingeschalteten) Transformators gelegt wird. Der magnetische Fluss im Eisenkern (und um den Eisenkern) ändert seine Richtung im Takt der 50-Hz-Netzfrequenz, und entmagnetisiert dabei kleinere Gegenstände, die von dem elektromagnetischen Feld erfasst werden.

Ein wesentlich gründlicheres *Entmagnetisieren* kann z.B. im hohlen Kern einer Magnetspule stattfinden, die an eine Wechselspannung angeschlossen ist:

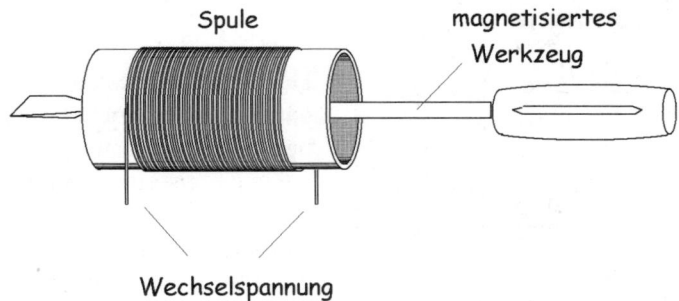

3.2 Zungenschalter (Reed-Kontakte)

Dauermagnete finden in der Elektrotechnik und in der Elektronik viele Anwendungen. Zu einem großen Teil sind jedoch diese Anwendungen mit Funktionen verbunden, die noch erklärt werden müssen.

Eine einfache praxisbezogene Anwendung dürfte aber schon jetzt angesprochen werden: die magnetische Betätigung der Zungenschalter (Reed-Schalter): Bei Annäherung eines Dauermagneten schaltet der Zungenschalter ein bzw. um.

Zungenschalter stellen eine ganz besondere Schaltergruppe dar. Sie bestehen aus zwei oder drei vormagnetisierten Metallzungen, die in einem kleinen Glasröhrchen „vakuumdicht" eingeschmolzen sind und von außen mittels Annäherung eines Dauermagneten betätigt werden. Zungenschalter mit zwei Metallzungen sind in der Regel als „Schließer", Zungenschalter mit drei Metallzungen sind als „Umschalter" ausgeführt.

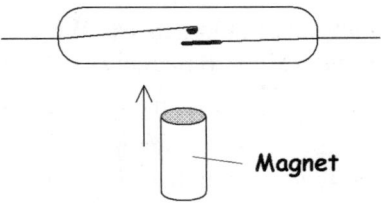

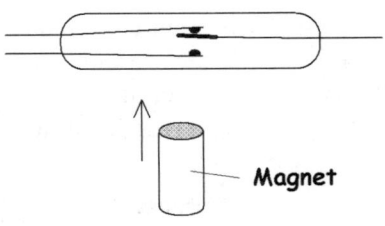

Diese Schalter sind wetterunempfindlich und können daher auch im Außenbereich (z.B. als einfache Einbruchsschutz-Signalschalter) verwendet werden.

3.3 Elektromagnete

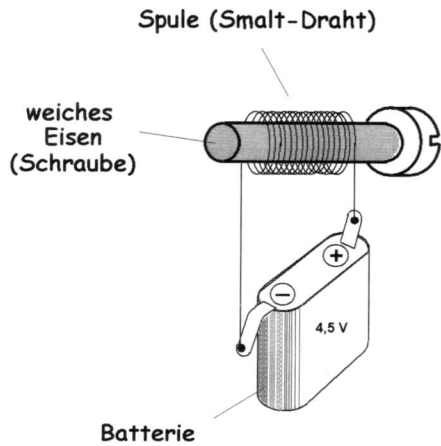

Das Prinzip eines einfachen Selbstbau-Elektromagneten zeigt die nebenstehende Lösung: Man nehme z.B. eine eiserne Schraube, wickelt um sie eine Art Spule aus dünnem Kupferdraht (Smalt-Draht), schließt diese Spule an eine Batterie an und ein Elektromagnet ist fertig. Ein solcher Elektromagnet verhält sich ähnlich wie ein Dauermagnet. Allerdings mit dem Unterschied, dass der Elektromagnet nur so lange eine magnetische Kraft besitzt, wie seine Spule an eine *Versorgungsspannung* angeschlossen ist. Wird die *Versorgungsspannung* abgeschaltet, verliert der Elektromagnet (jeder Elektromagnet) seine Anziehungskraft.

Würde man an Stelle einer Weicheisen-Schraube auf dieselbe Weise z.B. einen Stahlnagel magnetisieren, würde er nach Abschalten der *Versorgungsspannung* magnetisch bleiben (zu einem Dauermagneten werden). Eine solche Lösung eignet sich zwar für die Erstellung von Dauermagneten, aber nicht für Elektromagnete, von denen erwartet wird, dass sie nur bedarfsgerecht aktiv werden. Was man sich darunter konkret vorstellen dürfte, zeigen wir nun an einigen praktischen Beispielen.

Ob – und wo – ein elektromagnetisches Feld vorhanden ist, kann uns ein Kompass anzeigen. Seine Nadel ändert ihre Position, wenn neben ihr ein Elektromagnet oder auch nur eine Spule ohne einen magnetischen Kern an eine Spannung angeschlossen wird:

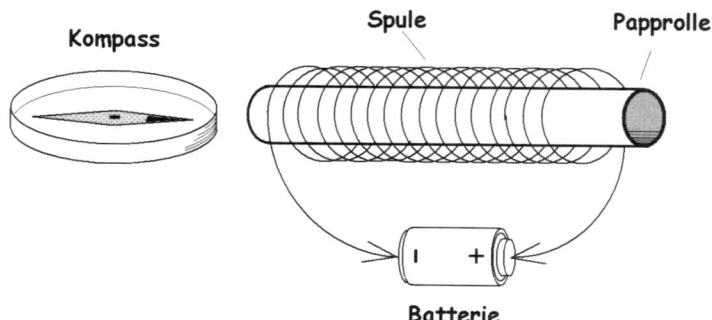

3.3 Elektromagnete

Ein elektromagnetisches Feld entsteht jedoch nicht nur um einen Elektromagneten, sondern um jeden elektrischen Leiter (Draht), durch den elektrischer Strom fließt. Auch dieses elektromagnetische Feld nimmt mit wachsender Entfernung von dem Leiter an Stärke ab.

Wird ein Leiter (z.B. 4-mm^2-Kupferdraht) zu einer Schleife geformt und über einen Verbraucher (Lämpchen) an eine Spannungsquelle angeschlossen, reagiert auch hier die Kompassnadel auf das elektromagnetische Feld der Schleife. Das Lämpchen fungiert hier nur als eine „Strombegrenzung", die die Batterie schützt (andernfalls würde ein direkter Anschluss der Schleife an die Batterie einen Kurzschluss zufolge haben).

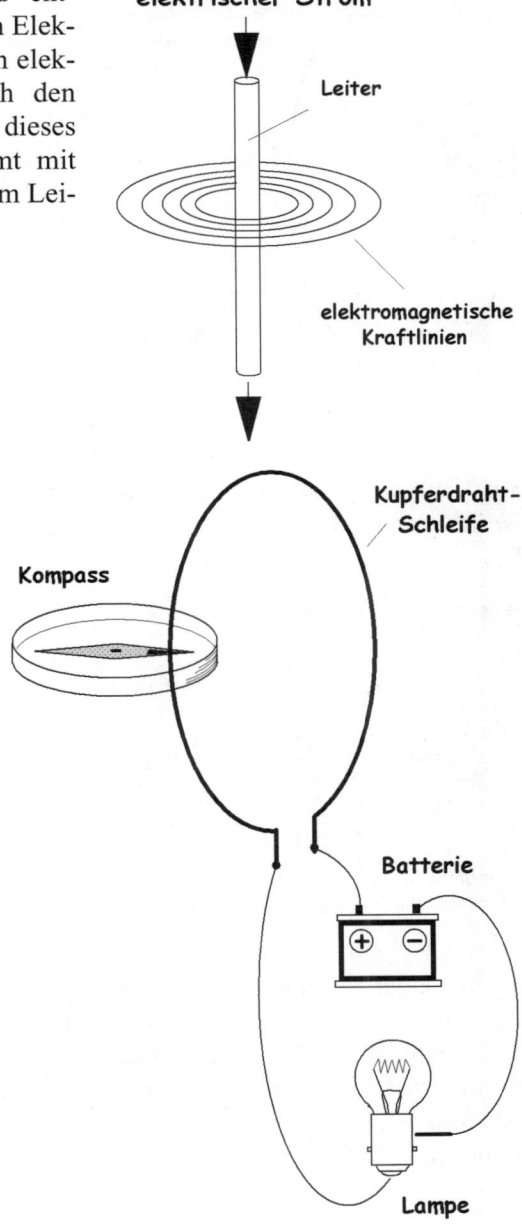

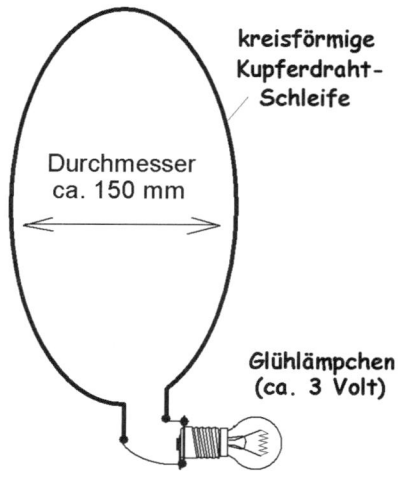

Wer die Möglichkeit hat, kann in die Nähe einer Senderantenne eine solche Schleife halten, an deren beiden Enden ein Taschenlampen-Glühlämpchen (ca. 3 Volt) oder eine Leuchtdiode (ca. 2 Volt) angelötet ist. Ist das elektromagnetische Feld des Senders stark genug, wird das Glühlämpchen bzw. die Leuchtdiode leuchten. Hier erzeugt das elektromagnetische Feld des Senders eine ziemlich hohe Spannung, die durch *Induktion* in der Kupfer-Schleife eine ausreichend hohe Spannung entstehen lässt. Anstelle eines Lämpchens kann an die Enden der Kupfer-Schleife ein Voltmeter (Multimeter) angeschlossen werden, das die jeweilige *induzierte* Spannung sensibler anzeigt.

3.4 Hubmagnete

Das Interessante an der eigentlichen Funktionsweise eines *Hubmagneten* ist, dass die Magnetspule einen magnetisch leitenden (gleitenden) Kern in sich hineinzieht, wenn sie an eine Spannung angeschlossen wird. Sie strebt dabei an, einen „Magnetkern" in ihre Mitte hineinzuziehen, in der die Intensität der magnetischen Kraftlinien am höchsten ist. Bei einem Hubmagneten, der – wie hier abgebildet – als „ziehend" ausgelegt ist (und somit als „Zugmagnet" funktioniert), drückt die eingezeichnete Druckfeder den Magnetkern aus der Spule wieder heraus, sobald die Spannungszufuhr zu der Magnetspule abgeschaltet wird.

Ein „drückender" Hubmagnet funktioniert ähnlich wie der „Zugmagnet". Sein Magnetkern ist z.B. nur mit einem längeren Stift versehen, der den Magneten zu einem Druckmagneten umfunktioniert.

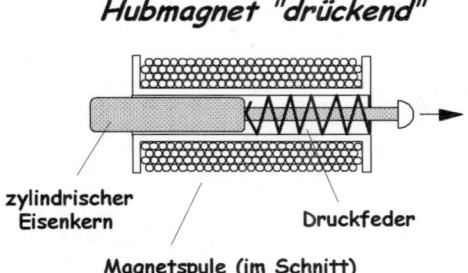

3.5 Elektromagnetisches Türschloss

Ein Zugmagnet kann zu einem elektromagnetischen Türschloss oder zu einer elektromagnetischen Türverriegelung gestaltet werden.

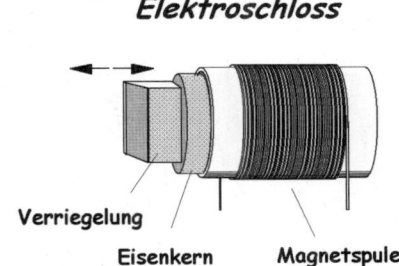

3.6 Elektromagnetisch bediente Glocke

Das eigentliche Funktionsprinzip der hier dargestellten elektromagnetischen Betätigung einer Glocke ist leicht durchschaubar: Wird der eingezeichnete Taster betätigt, zieht der Elektromagnet die schwenkbare Eisenplatte an, die somit an dem Strick der Glocke zieht.

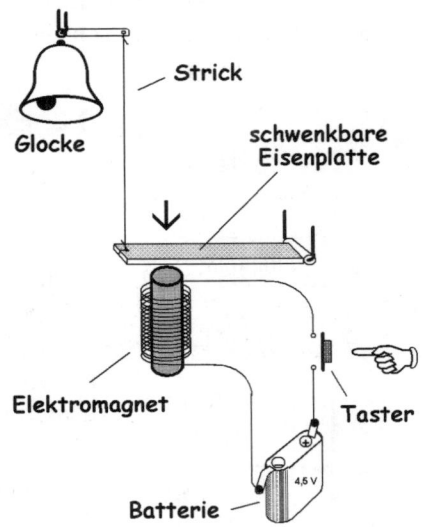

3.7 Elektromagnetischer Türgong

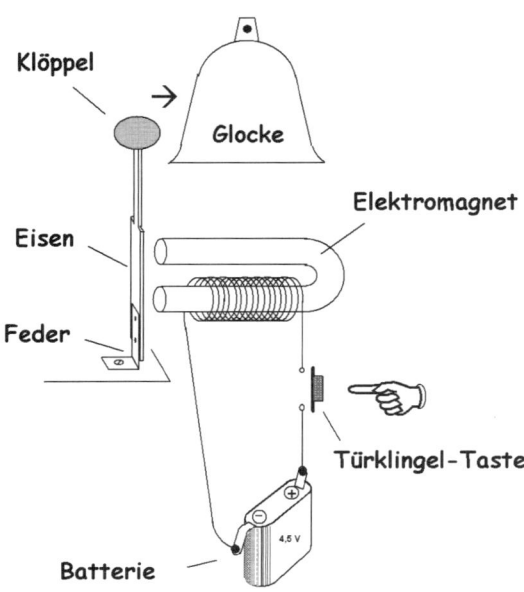

Auch hier ist die Funktion der elektromagnetischen Betätigung einer Glocke (eines Türgongs) leicht nachvollziehbar: Wird die Türklingel-Taste betätigt, zieht der Elektromagnet (die Magnetspule) den Klöppel an und die Glocke erklingt. Genau genommen ist es erforderlich, dass der Klöppel federnd so montiert ist, dass er die Glocke durch seine Massenträgheit nur kurz berührt und danach etwas abspringt (ansonsten würde er den Klang der Glocke dämpfen). Der eigentliche Elektromagnet ist hier U-förmig ausgelegt. Dadurch wird erzielt, dass der Magnet bei demselben Stromverbrauch wesentlich kräftiger den Klöppel betätigen kann. Seine magnetischen Kraftlinien werden nicht unnötig dadurch geschwächt, dass sie von dem einen Magnetpol zum anderen Magnetpol einen langen Weg durch die Luft nehmen müssen (die Luft ist für sie ein schlechter Leiter, in der das Magnetfeld viel von seiner Kraft einbüßt).

3.8 Elektromagnetische Türklingel

Die meisten elektromagnetischen Klingeln sind mit „Zweispulen-Elektromagneten" ausgelegt. Es handelt sich dabei nur um eine Alternative zu dem U-förmigen Magneten aus dem vorhergehenden Beispiel. Zwei kleinere Spulen bieten gegenüber einer einzigen größeren Spule hauptsächlich den Vorteil einer technisch eleganteren Platz sparenden Anordnung. Den Magnetkern bilden – je nach dem Ermessen des Herstellers – entweder massives weiches Eisen oder mehrere zusammengesetzte Eisenbleche.

Herkömmliche Türklingeln läuten bekanntlich so lange, wie die Klingel-Taste gedrückt wird. Erzielt wird diese Funktionsweise durch einen einfachen Trick: Die Spannungszuleitung zu der Magnetspule wird jeweils mittels eines federnden Kontaktes unterbrochen, sobald die Spule den Klöppel anzieht. Kaum schlägt der Klöppel gegen die Glocke, fällt er wieder in seine Ausgangsposition zurück. In dem Moment schaltet aber der federnde (einstellbare) Kontakt die Spannung zu der Magnetspule wieder durch und der ganze Vorgang wiederholt sich. Mit der Stellschraube des federnden Kontaktes kann die Frequenz des „Vibrierens" des Klöppels eingestellt werden.

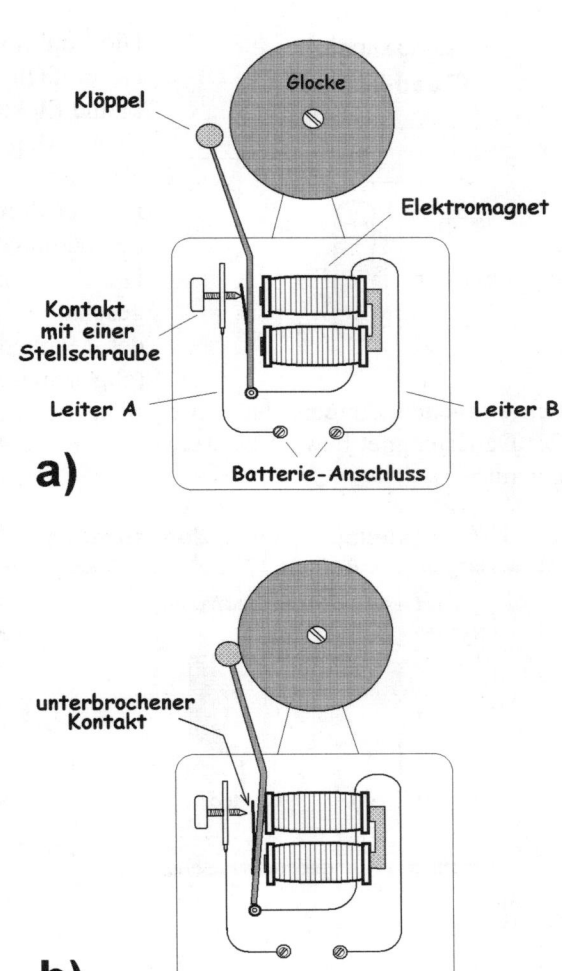

3.9 Zungenrelais (Reed-Relais)

Zungenrelais (Reed-Relais) unterscheiden sich von den bereits beschriebenen Zungenschaltern dadurch, dass ihre Kontakte nicht mittels eines Dauermagneten, sondern mittels eines Elektromagneten betätigt werden. Sie eignen sich daher für Anwendungen, bei denen ein fernbedientes bzw. elektrisch gesteuertes Schalten erforderlich ist bzw. bei denen ein „elektrischer Vorgang" das Schalten oder Umschalten steuert.

Zungenrelais (Reed-Relais)

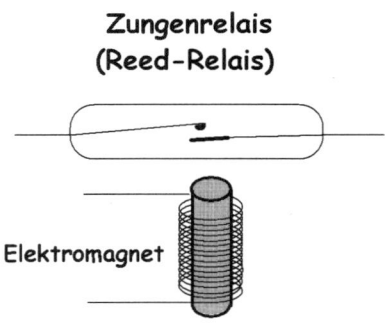

Die Funktionsweise eines Zungenrelais ist einfach: Wird der eingezeichnete kleine Elektromagnet aktiviert (wird an seine Magnetspule die erforderliche elektrische Spannung angeschlossen), zieht er durch seine magnetische Kraft den Kontakt des Zungenschalters an. Der Zungenschalter bleibt so lange eingeschaltet, bis die Spannungszufuhr zu der Magnetspule wieder unterbrochen (abgeschaltet) wird. Im Gegensatz zu den einfachen Zungenschaltern braucht hier der Elektromagnet nicht wie der Dauermagnet bewegt zu werden, sondern ist im Zungenrelais fest eingebaut.

Ausführungsbeispiel eines Zungenrelais
Abmessungen (L x B x H): 19 x 5,1 x 7,4 mm
(Anbieter: Conrad Electronic)

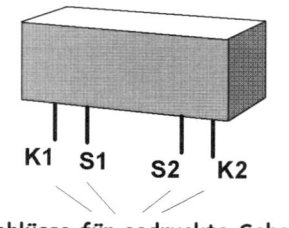

Anschlüsse für gedruckte Schaltung

Ausführungsbeispiel eines handelsüblichen Zungenrelais (Reed-Relais), das für eine Printmontage (gedruckte Schaltung) ausgelegt ist. Seine Schaltleistung beträgt 10 W, die Schaltspannung max. 200 V=, und der Schaltstrom max. 0,5 A. Abmessungen (L × B × H): 19 × 5,08 × 7,4 mm. Die Spule benötigt (typenbezogen) eine Betriebsspannung von 5, 12 oder 24 Volt *(Anbieter: Conrad Electronic)*.

Schaltplan eines Zungenrelais

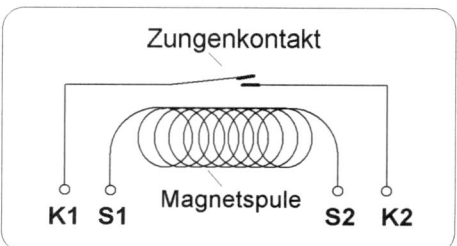

Der Schaltplan des vorhergehenden Zungenrelais ist leicht verständlich und die eingezeichneten Anschlüsse entsprechen der Anordnung am Relais.

Ausführungsbeispiel eines kleinen Zungenrelais, das die Form eines ICs hat, in einem „Dual-in-line"-Kunststoffgehäuse eingeschmolzen ist und in eine gängige I-Fassung (2 × 7 Pin) passt. Die Spulen-Betriebsspannung beträgt wahlweise 5, 12 oder 24 V, die Kontaktbelastbarkeit max. 0,5 A *(Anbieter: Conrad Electronic)*.

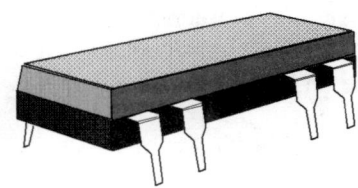

Wichtig: In einigen Zungenrelais ist eine Schutzdiode integriert, die parallel zu der Relaisspule angeschlossen ist. Hier muss die Relaisspule *polaritätsgerecht* angeschlossen werden. Ansonsten kommt es zu einem Kurzschluss, wenn die Spule – und somit auch die Diode – falsch gepolt angeschlossen werden. Dabei wird meist sowohl die Diode als auch eventuell noch das Bauteil vernichtet, das diesen Kurzschluss auslöst (das kann z.B. ein feiner Taster, ein Transistor bzw. eine integrierte Schaltung sein – je nachdem, wie die Schaltung ausgelegt ist). Der Spulenanschluss (in der nebenstehenden Abbildung als „S1" bezeichnet) ist üblicherweise mit einem Pluszeichen versehen – worauf beim Experimentieren mit einem neu angeschafften Zungenrelais geachtet werden sollte.

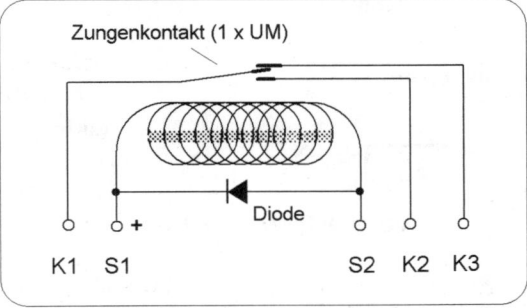

3.10 Elektromagnetische Relais

Elektromagnetische Relais unterscheiden sich von Zungenrelais dadurch, dass ihre Kontakte nicht magnetisch, sondern „elektromechanisch" betätigt werden. Ein Elektromagnet zieht hier eine magnetisch leitende Wippe (Anker) an, deren anderes Ende einen federnden Metallkontakt (links) gegen einen zweiten Kontakt (rechts) andrückt. Die Funktionsweise ist hier leicht nachvollzieh-

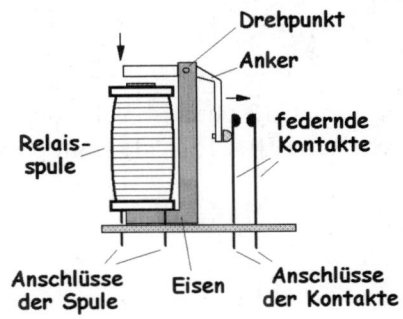

bar. Die einfachsten Relais verfügen nur über einen einzigen Einschalt- oder Umschalt-Kontakt. Viele Relais sind jedoch mit zwei oder auch mehreren Kontakten ausgelegt.

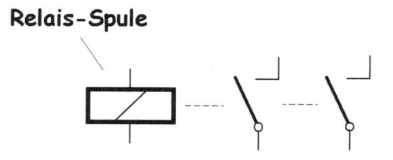

Schaltzeichen eines elektromagnetischen Relais mit zwei Einschalt-Kontakten („2 × EIN"):

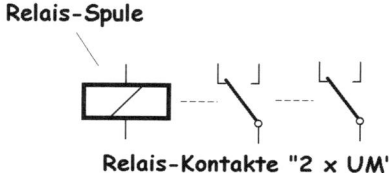

Schaltzeichen eines elektromagnetischen Relais mit zwei Umschalt-Kontakten („2 × UM"):

Ausführungsbeispiel eines „16 Ampere / 400 Volt"-Hochleistungs-Relais, dessen Magnetspule (als monostabil neutral) wahlweise für Gleichspannungen von 6, 12, 24 und 48 Volt oder für die Netz-Wechselspannung 230 V~ ausgelegt ist. Abmessungen: (L × B × H) 29 × 32 × 25,5 mm *(Foto/Anbieter: Conrad Electronic)*.

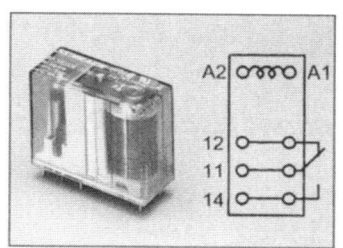

Ausführungsbeispiel eines kleinen elektromagnetischen „monostabil neutralen" Miniatur-Relais, das als „einpolig UM" für einen max. Dauer-Schaltstrom von 2 A, eine Schaltspannung von max. 28 Volt Gleichspannung (DC) oder 120 Volt Wechselspannung (AC) ausgelegt ist. Seine Magnetspule ist wahlweise für eine Betriebs-Gleichspannung von 6, 12 oder 24 Volt konzipiert und seine Abmessungen betragen bescheidene 10 × 15 × 11,5 mm *(Foto/Anbieter: Conrad Electronic)*.

3.10 Elektromagnetische Relais

In der Praxis werden elektromagnetische Relais oft dazu verwendet, dass eine Lampe, ein Elektromotor oder ein anderes Elektrogerät nur durch kurzes Antippen einer Taste *(grüne Taste)* eingeschaltet und danach durch das Antippen einer anderen Taste *(rote Taste)* wieder ausgeschaltet wird. Das Relais muss in dem Fall als selbsthaltend geschaltet werden – wie abgebildet. Der ganze „Trick" bei einer solchen Lösung besteht darin, dass der „aktivierte" Relaiskontakt nicht nur die eingezeichnete Lampe, sondern auch die Spannung zu

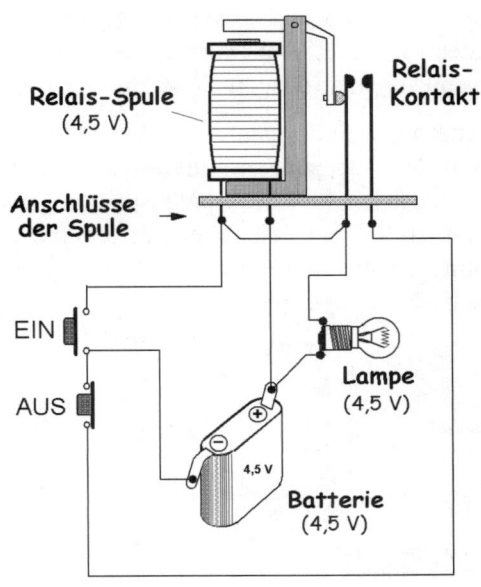

der Relaisspule einschaltet (wozu ihm ein kurzer Spannungsimpuls von der „EIN-Taste" genügt. Da jedoch (in diesem Fall) die Minus-Spannung der Batterie über die „AUS-Taste" zu dem Relais und der Lampe führt, schaltet das Relais ab, sobald die „AUS-Taste" betätigt wird und dadurch die Stromzufuhr unterbrochen wird.

Ist es erforderlich, dass auf die vorhergehende Weise z.B. unabhängig von der Relaisspule ein Audio-Signal oder eine andere Spannung geschaltet werden soll, ist zu diesem Zweck ein Relais mit zwei Kontakten (2 × EIN) erforderlich. An dem eigentlichen Prinzip der selbsthaltenden Funktion ändert sich dabei nichts.

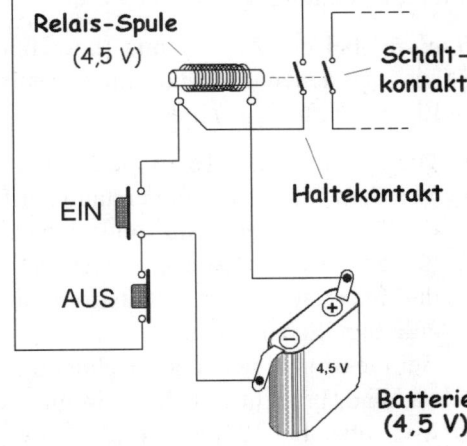

Die hier beschriebenen elektromagnetischen Relais werden offiziell als *„monostabil* **neutral***"* bezeichnet. Bei dieser Relaistype muss auf die Polarität der Magnetspulen-Spannung *nicht* geachtet werden. Einige der handelsüblichen Miniatur-Relais sind jedoch *„monostabil **gepolt**"* ausgelegt. Bei diesen Relais ist der Elektromagnet leicht vormagnetisiert und die Relaisspule zieht nur dann an, wenn sie polaritätsgerecht an die Versorgungsspannung angeschlossen wird.

Alternativ zu den *monostabilen Relais* gibt es auch *„bistabile Relais"*, die jeweils in der zuletzt aktivierten Schaltposition („AUS" oder „EIN") auch nach Abschalten der Spulenspannung bleiben (man könnte sagen „kleben bleiben"). Die Umschaltung erfolgt meist durch Umpolung der Spulenspannung (wobei jeweils ein kurzer Spannungsimpuls für das Auslösen des Schaltvorganges genügt).

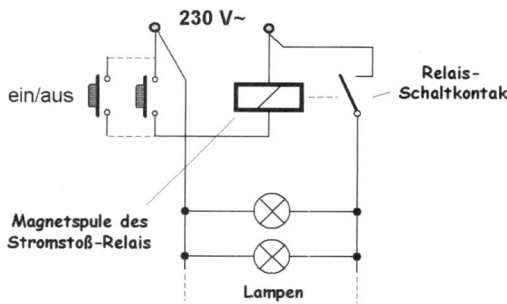

Stromstoß-Relais verhalten sich im Prinzip „bistabil", unterscheiden sich jedoch von den vorher beschriebenen *bistabilen Relais* dadurch, dass sie mit dem „Kugelschreiber-Prinzip" arbeiten: Sie benötigen daher nur eine einzige Bedienungstaste, bei der jedes erneute Antippen den Schaltzustand von „ein" in „aus" – oder umgekehrt – ändert. Diese Relais beziehen keinen Dauerstrom, geben sich mit einem kurzen Stromstoß zufrieden und werden mit Vorliebe anstelle von herkömmlichen Lichtschaltern überall dort angewendet, wo von mehreren Stellen aus die Raumbeleuchtung geschaltet werden soll.

Wichtig: bei der Anwendung (bzw. beim Kauf) von elektromagnetischen Relais – zu denen auch die Zungenrelais gehören – ist auf folgende wichtige Eigenschaften zu achten:

- Die Spannung der Relaisspule sollte auf das Vorhaben abgestimmt sein.
- Von dem Ohmschen Widerstand der Relaisspule hängt der Strom ab, den die Spule bezieht – und somit der Verbrauch des aktivierten Relais.
- Neben der erforderlichen Anzahl und Art der Relaiskontakte ist sowohl der max. zulässige Schaltstrom (als Dauerstrom) als auch die max. zulässige Schaltspannung und Schaltleistung zu beachten.
- Bei elektromagnetischen Relais, die als *„monostabil neutral"* bezeichnet sind, braucht auf die Anschlusspolarität nicht geachtet zu werden, wohl aber bei Relais, die als *„monostabil gepolt"* angeboten werden. Die Magnetspulen von *monostabil gepolten Relais* benötigen einen niedrigeren Betriebsstrom als die von *monostabil neutralen Relais*.

3.11 Lautsprecher

Es gab einmal... elektromagnetische Lautsprecher, die auf diesem Konstruktionsprinzip basierten. Interessant an dieser Lösung ist die Art der Anwendung des Elektromagneten. Als die ihm angelieferte „elektrische Energie" fungiert hier das angemessen verstärkte Tonsignal (in der Form von Musik oder Sprache):

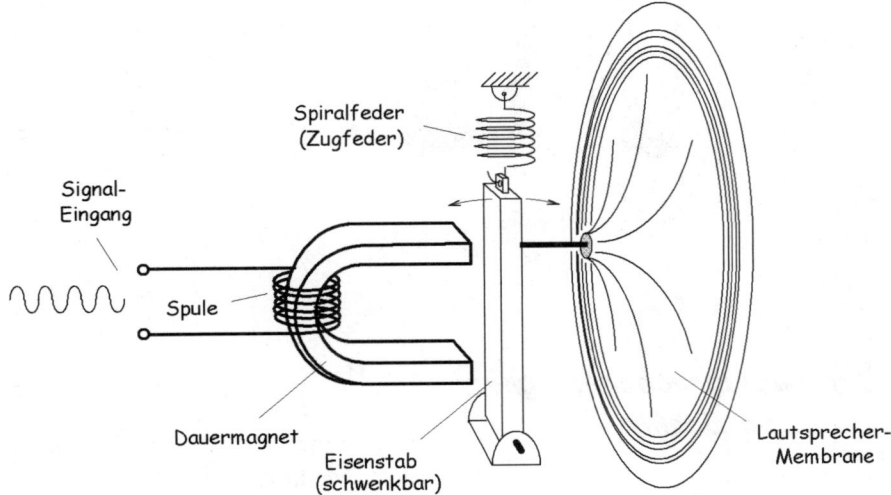

Der Nachteil dieser Lösung besteht darin, dass die Massenträgheit des Systems zu große Klangverzerrungen zufolge hat. Dennoch wurde (und wird immer noch) von dem eigentlichen Prinzip bei vielen elektroakustischen Wandlern Gebrauch gemacht.

Bei modernen Lautsprechern ist die eigentliche Magnetspule fest mit der Lautsprechermembrane verbunden und schwingt in der Luftspalte eines runden Magneten, der axial (achsengerecht) polarisiert ist. Die Magnetspule erhält ihr Tonsignal über dünne, flexible Litzen, die so angeordnet sind, dass sie sich für die schwenkende Lautsprechermembrane nicht als eine mechanische „Bremse" auswirken:

3 Magnetismus

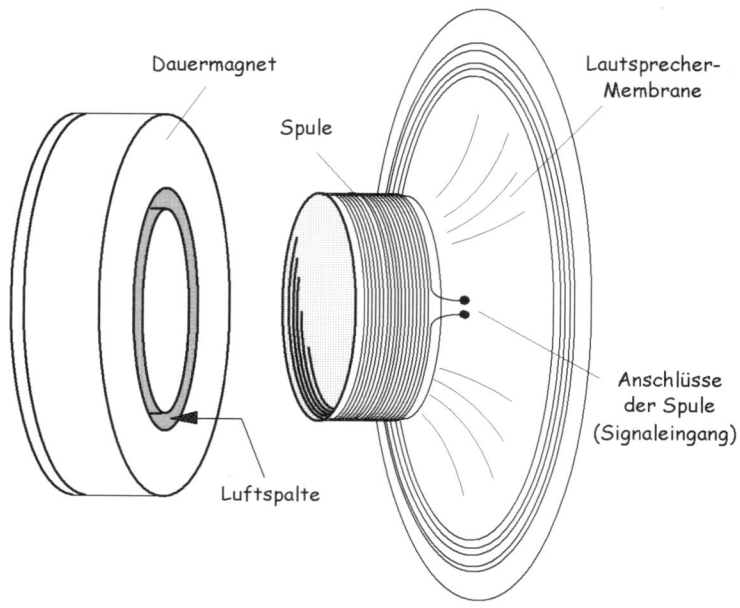

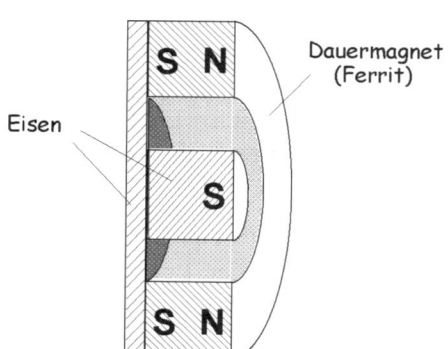

Der Lautsprecher-Magnet im Schnitt:

Der ringförmige Dauermagnet des Lautsprechers ist – wie aus dem Schnitt hervorgeht – axial polarisiert, wodurch der mittlere runde Eisenkern zu einer Verlängerung des Magneten-Südpols wird, der die Magnetspule der Membrane im Takt der Tonfrequenzen anzieht bzw. abstößt (je nachdem, in welcher Richtung in dem Moment die Magnetspule von den ihr zugeleiteten Tonfrequenzen polarisiert wird).

In gewisser Weise funktioniert ein solcher dynamischer Lautsprecher ähnlich wie ein Hubmagnet. Allerdings mit dem Unterschied, dass hier nicht die Magnetspule, sondern der Magnetkern fest ist und die Spule samt der Lautsprechermembrane beweglich (= vibrierend) montiert ist.

Dieselbe Bauweise wie bei diesem Lautsprecher, wird auch bei dynamischen Mikrofonen angewendet. Bei denen ist jedoch die Membrane nur sehr klein und auch das restliche elektromagnetische System ordnet sich dem Anspruch auf kleine Abmessungen unter. Zudem fungiert hier die Magnetspule nicht als „Treiber" der Membrane, sondern als „elektrischer Mini-Generator", der akustische Signale in elektrische Spannung umwandelt (ähnlich wie es z.B. der Gitarren-Tonabnehmer macht, auf den wir noch im folgenden Kapitel zurückkommen). Prinzipiell kann jeder solcher Lautsprecher auch als Mikrofon betrieben werden – was bei diversen einfachen Gegensprechanlagen gehandhabt wird. In dem Fall funktioniert jedoch der Lautsprecher nicht mehr als „Umwandler" von elektrischen Signalen (Tonfrequenzen) in akustische Schwingungen, sondern im Prinzip als ein kleiner elektrischer Generator.

4 Stromgeneratoren

Die meisten Stromgeneratoren erzeugen den elektrischen Strom auf eine ähnliche Weise wie der Fahrraddynamo: Sie sehen aus wie riesige Elektromotoren und bestehen aus einem *Stator* (dem unbeweglichen Körperteil) und einem *Rotor* (dem drehenden Körperteil).

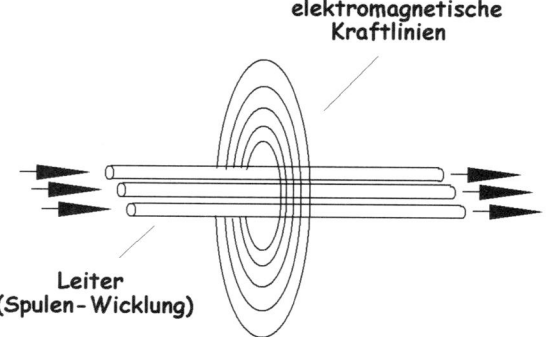

Das eigentliche Prinzip der Stromerzeugung macht sich die Energie der elektromagnetischen Felder zu Nutze. Wie wir bereits wissen: Wenn durch einen Leiter (Draht) elektrischer Strom fließt, entsteht rings um ihn ein kreisförmiges *elektromagnetisches Feld*, dessen „Kraftlinien" entlang des ganzen Leiters verlaufen. Dasselbe gilt auch für mehrere Leiter, die nebeneinander angeordnet sind – also auch für die Wicklung einer Spule.

Das Ganze funktioniert aber auch umgekehrt: Wird z.B. ein Dauermagnet in der Nähe eines Leiters gedreht, entsteht in dem Leiter elektrische Spannung (*Wechselspannung*). In diesem Fall handelt es sich aber um eine winzige Spannung. Wenn jedoch eine Spule z.B. an einem c-förmigen Eisenkern – wie rechts abgebildet – angebracht wird, und zwischen den Enden dieses Eisenkerns ein Dauermagnet gedreht wird, entsteht in der Spule elektrische Spannung, die sinusförmig verläuft. Am höchsten ist diese Spannung jeweils in dem Moment, in dem der Magnet in senkrechter Position ist und seine Kraftlinien durch den c-förmigen Eisenkern der Spule am stärksten fließen. In dem Augenblick, in dem der Magnet jeweils die waagrechte Position passiert, kommt es zu einem Wechsel der Spannungsrichtung (von positiver Halbwelle zu negativer Halbwelle oder umgekehrt). Die Sinusspannung sinkt bei Durchqueren der Nullachse auf Null und steigt oder sinkt danach in Abhängigkeit davon, ob sich der Nordpol des Magneten (bildlich gesehen) gerade nach oben oder nach unten dreht.

4 Stromgeneratoren   53

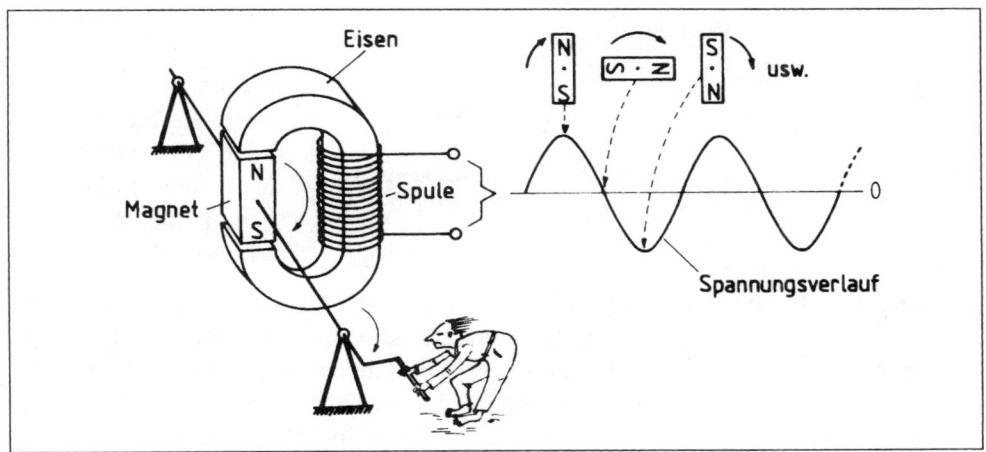

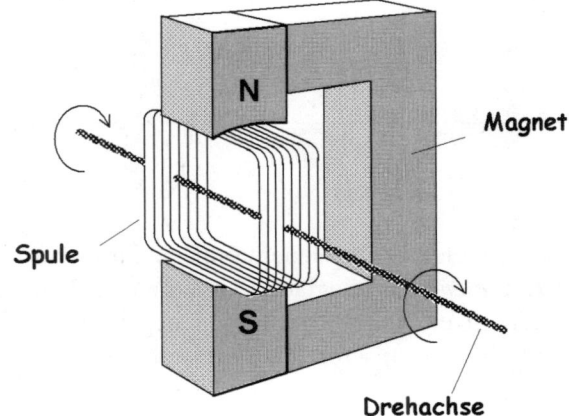

Alternativ kann bei so einem Generator der Magnet als *Stator* und die Spule als *Rotor* ausgelegt sein. Wir haben hier – der leichteren Übersicht wegen – die Spule nur vereinfacht dargestellt.

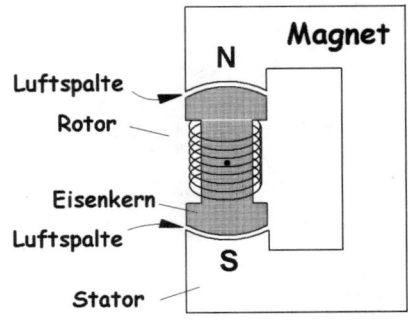

In der Praxis erhält die Spule (= die Rotorwicklung) einen massiven magnetisch leitenden Kern, wobei angestrebt wird, dass die Luftspalte zwischen dem Rotor und dem Stator möglichst minimal gehalten wird, um die Verluste des magnetischen „Kreislaufs" auf ein technisch machbares Minimum zu beschränken (die Luft ist ja ein lausiger magnetischer Leiter).

54 4 Stromgeneratoren

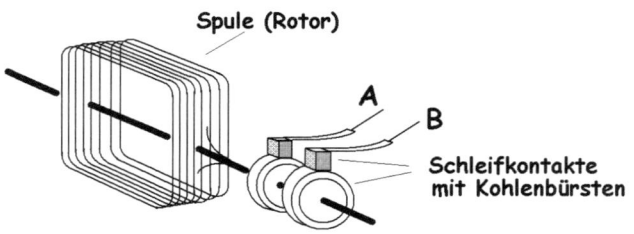

Die erzeugte Spannung wird von der drehenden Spule über Schleifkontakte bezogen und über die Leitungen *A* und *B* weitergeleitet.

Auch hier hat die Spannung einen sinusförmigen Verlauf – was durch die Anordnung und Form der Pole des Generators erzielt wird. Eine solche sinusförmige Spannung *("Sinusspannung")* besteht aus positiven und negativen Halbwellen. Für die Einspeisung der Wechselspannung in das öffentliche elektrische Netz ist es erforderlich, dass der Spannungsverlauf optimal sinusförmig ist und dass die Frequenz exakt 50 Hertz (50 Hz) beträgt. Das sind 50 positive und 50 negative Halbwellen pro Sekunde.

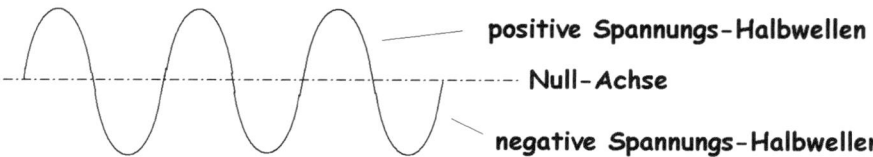

Größere elektrische Generatoren sind üblicherweise mit mehreren Wicklungen *(Polen)* ausgelegt und erzeugen in den meisten Fällen Drei-Phasen-Spannungen, deren Sinusoiden gegenseitig jeweils um 120° verschoben sind. Wie aus unserer vereinfachten bildlichen Darstellung hervorgeht, sind

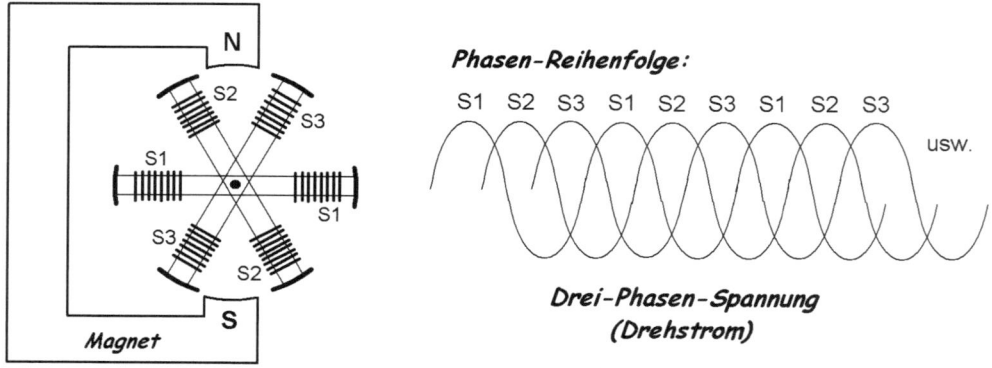

die einzelnen Spulensektionen (S1, S2, S3) am Rotor des Generators entsprechend angeordnet (3 × 120° ergeben einen geschlossenen Kreis von 360°).

In Wirklichkeit sind jedoch größere elektrische Generatoren mit einer „Unmenge" an Wicklungen ausgelegt, die sowohl am Rotor als auch am Stator angebracht sind. Nun wäre auch die Bemerkung fällig, dass bei größeren Generatoren anstelle von Dauermagneten üblicherweise nur Elektromagnete verwendet werden. Daher benötigen sowohl der Rotor als auch der Stator ziemlich aufwendige Wicklungen. Dabei liegt es nur im Ermessen der Konstrukteure, ob der Stator oder der Rotor als der eigentliche Elektromagnet konzipiert wird.

Ausführungsbeispiel der Statorwicklungen eines kleineren 5-kW-Generators, deren einzelne Anschlüsse noch nicht miteinander verbunden sind:

Die Verbindungen einzelner Wicklungen werden nach einem vorgegebenen Schema in Handarbeit gefertigt:

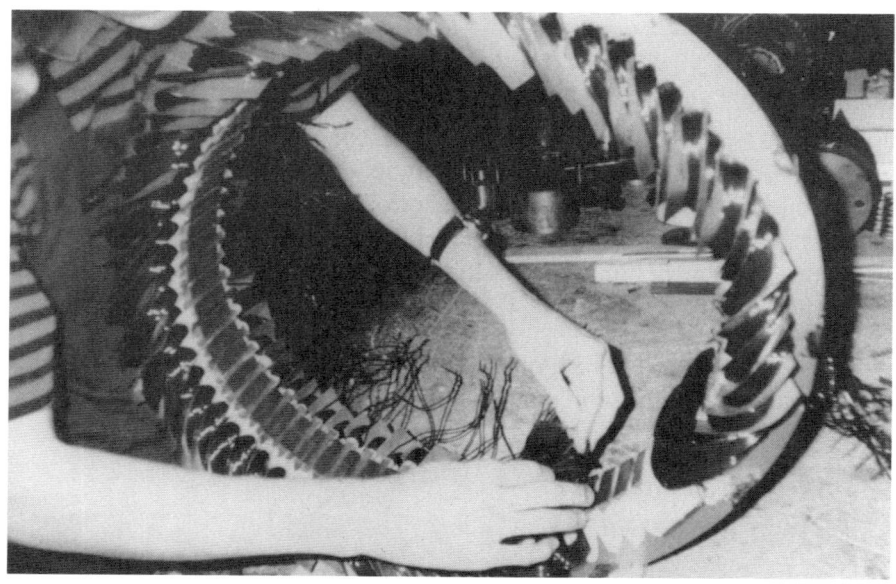

Montage eines kleineren elektrischen Windgenerators:

Für den Transport im Kofferraum einer „Familienkutsche" ist dieser 100-kW-Generator deutlich etwas zu groß geraten. Solche Generatoren lassen sich prinzipiell mit Dampf, mit Wasserkraft, mit Wind- oder Nuklearenergie betreiben, müssen allerdings für das jeweilige Vorhaben entsprechend an die Art des Antriebs angepasst werden: Für einen Antrieb mit der Windenergie benötigen sie z.B. nur zusätzliche Getriebe, für diverse „herkömmliche" Antriebe werden sie noch mit Turbinen kombiniert usw.

Bei Windgeneratoren werden die eigentlichen elektrischen Generatoren direkt in den oberen „Gondeln" angebracht und über ein Getriebe mit dem Windrad verbunden. Moderne Windgeneratoren werden oft für Leistungen von 1 bis 2 Megawatt gebaut. Die Abhängigkeit von der Windstärke stellt jedoch eine größere Schwachstelle dieser Energiequellen dar, als allgemein bekannt ist. Dies gilt vor allem für Windgeneratoren, die in der Bundesrepublik im Landesinneren stehen, wo die durchschnittliche Windgeschwin-

digkeit sogar an den „besseren" Standorten oft nur zwischen etwa 3 bis 4 m/s liegt. Bei dieser Windgeschwindigkeit dreht zwar das Windrad des Windgenerators ganz eindrucksvoll, aber die tatsächliche energetische Leistung ist jämmerlich: Ein 1-MW-(1000-kW)-Windgenerator liefert (laut Hersteller-Leistungskennlinie) unter Umständen bei einer Windgeschwindigkeit von 3 m/s nur eine Leistung von 2,9 kW und bei einer Windgeschwindigkeit von 4 m/s nur eine Leistung von ca. 23,5 kW.

Die Leistung von 2,9 kW (2900 Watt) reicht nur mit Mühe und Not für den Betrieb einer einzigen Waschmaschine aus. Dabei handelt es sich um einen „Riesen" mit einem Windrad-Rotordurchmesser von stolzen 54 m. So richtig kann so ein Windgenerator theoretisch nur dann sein Bestes geben, wenn der Wind „sehr stark bis stürmisch weht". Dazu kommt es jedoch im Inland sehr oft nur in Zusammenhang mit aufkommenden Stürmen, während denen sich die Windgeneratoren wiederum abschalten müssen, um nicht vernichtet zu werden. Derartige Probleme gibt es nicht bei Generatoren, deren Energiezufuhr (Wasserkraft, Dampf u. Ä.) geregelt dosiert werden kann. Kleine Windgeneratoren eignen sich dennoch gut als „alternative" Energiequellen an Standorten, die über keinen Stromanschluss verfügen (unter Umständen auch in Kombination mit Solargeneratoren und Dieselaggregaten).

4.1 Strom aus dem öffentlichen Netz

Die „Hausnetz-Anschlüsse" sind gegenwärtig in unserem Lande als *Drehstrom-Anschlüsse (Drei-Phasen-Anschlüsse)* ausgelegt. Für Steckdosen und Lichtleitungen wird jeweils nur eine der Phasen (in Kombination mit dem Nullleiter) verwendet. An den Drehstrom wird meistens nur der Küchenherd angeschlossen (und evtl. auch eine Drehstrom-Steckdose in der Garage oder in der Hobby-Werkstatt).

Die einzelnen Phasen des Drehstroms muss jedoch der Elektroinstallateur „vorschriftsmäßig" im Haus so verteilen, dass die vom öffentlichen Netz bezogene elektrische Energie möglichst ausgewogen alle drei Phasen in Anspruch nimmt. Das haut natürlich pro Haushalt nie optimal hin, aber der „Energie-Lieferant" strebt auf diese Weise an, dass seine drei Phasen möglichst gleichmäßig ausgelastet werden – was letztendlich durch die Summe der Haushalte zufrieden stellend klappt. Allerdings um den Preis, dass z.B. zwischen der Phase in der Steckdose und der Phase der Lichtleitung die Spannung „stolze" 400 V~ beträgt (diese unterschiedlichen Phasen befinden sich oft auch nebeneinander in den *Abzweigdosen*, die oben in den Wänden der Wohnräume angelegt sind).

5 Energie erzeugende Mini-Generatoren

Mit der Bezeichnung „Energie erzeugende Mini-Generatoren" soll nur darauf hingewiesen werden, dass die Elektrische Energie auch noch im Kleinformat erzeugt werden kann und dass der Nutzen solcher *Spannungsquellen* auf einer anderen Ebene liegt als bei den „normalen" elektrischen Generatoren. Dennoch handelt es sich hier um die Anwendung derselben Prinzipien, wobei die hier aufgeführten Beispiele den Fachinformationen eine leicht verständliche und „handfeste" Gestalt verleihen.

5.1 Elektromagnetischer Gitarren-Tonabnehmer

Ein elektromagnetischer Gitarren-Tonabnehmer funktioniert im Prinzip als ein kleiner elektrischer Generator. Die Veränderung der Intensität des magnetischen Flusses wird hier jedoch nicht durch Drehen, sondern durch das Schwingen (Vibrieren) der magnetisch leitenden Gitarrensaite(n) erzielt. Auf diese Weise wird in der Spule des Tonabnehmers eine Spannung von ca. 30 bis 50 Millivolt (mV) erzeugt, deren Frequenz der Tonfrequenz entspricht, in der die Gitarrensaite schwingt. Es können dabei verschiedene Tonabnehmer-Konstruktionen angewendet werden.

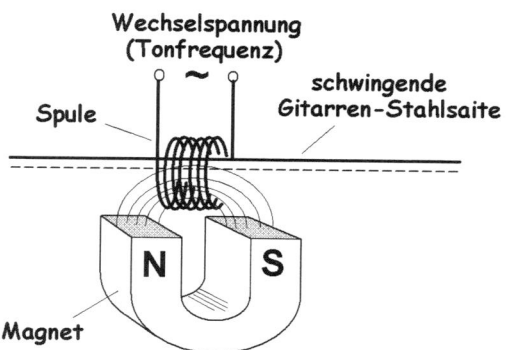

Wird beispielsweise auf die magnetisch leitende Gitarrensaite eine Spule aufgesetzt, entsteht in dieser Spule eine Spannung, sobald die Saite im Magnetfeld eines Magneten schwingt (im Hohlraum der Spule muss selbstverständlich ausreichend Platz für die schwingende Saite sein). Während des Schwingens ändert sich der Abstand zwischen der Saite und dem Magneten. Damit ändert sich ständig auch die Stärke des magnetischen Flusses in der Saite, die als ein magnetisch leitender Spulenkern anzusehen ist. Die Schwingungen der Gitarrensaite sind physikalisch bedingt identisch mit der Tonfrequenz der Saite. Somit ist auch die Spulen-Ausgangsspannung identisch mit diesen Schwingungen und ihre Frequenz entspricht der jeweiligen Tonfrequenz der schwingenden Saite.

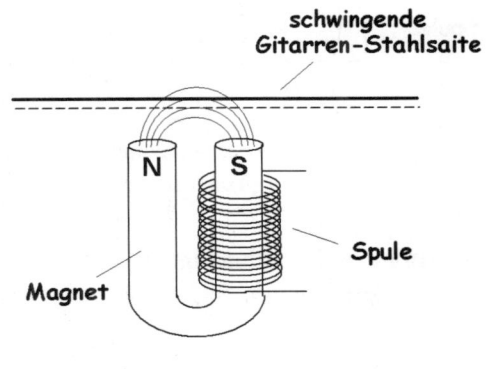

Alternativ zu der vorhergehenden Lösung kann die Tonabnehmer-Spule direkt an dem Magnet aufgesetzt werden. Das Ergebnis ist in Hinsicht auf die Spulen-Ausgangsspannung identisch mit dem vom vorhergehenden Beispiel. Diese Lösung hat jedoch den Vorteil, dass der Tonabnehmer nur unterhalb der Gitarrensaite montiert werden kann und somit weniger im Wege steht, als bei der vorangegangenen Lösung.

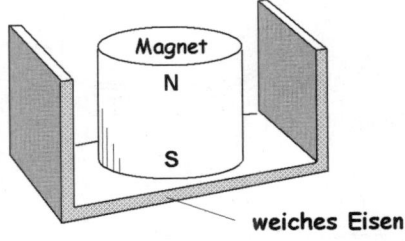

Handelsübliche Gitarren-Tonabnehmer werden gezielt so konstruiert, dass sie möglichst klein und flach sind. Der U-förmige Dauermagnet aus vorhergehenden Beispielen wird daher durch einen kleineren Magneten ersetzt, der mit einem zusätzlichen Weicheisen-Polaufsatz versehen wird.

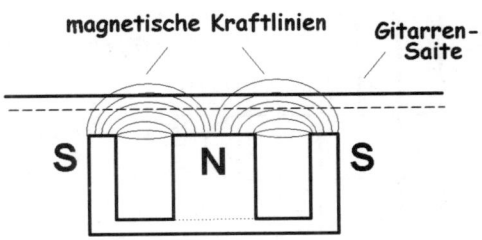

Die schematisch dargestellte Anordnung zeigt, wie sich die magnetischen Kraftlinien über die magnetisch leitende Gitarrensaite links und rechts vom Magneten verteilen.

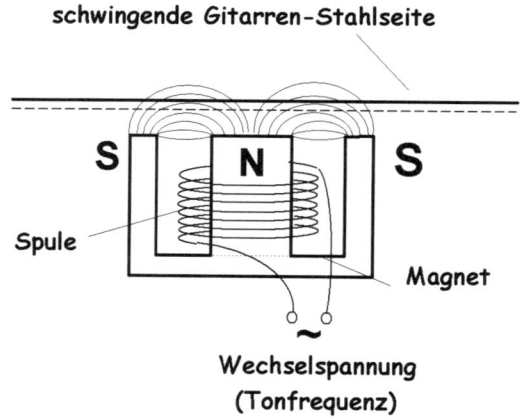

Gitarren-Tonabnehmer (Einzelelement)

Wird auf den Magnet eine Spule aufgesetzt, entsteht in ihr eine Wechselspannung, deren Verlauf eine exakte elektrische „Kopie" des jeweiligen Klangspektrums darstellt. Die Ausgangsspannung des Tonabnehmers wird in einem Audio-Verstärker (Gitarrenverstärker) verstärkt und über den Lautsprecher als Klang wiedergegeben.

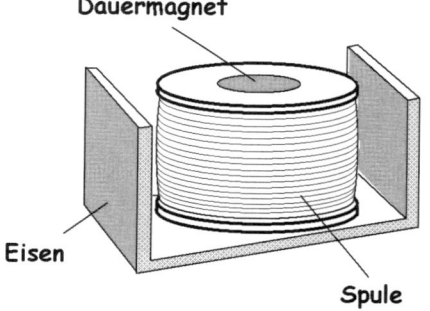

Ausführungsbeispiel eines Tonabnehmer-Elementes:

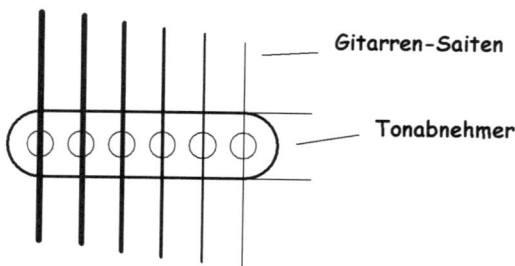

Gitarren-Tonabnehmer in Ansicht von oben

Der Tonabnehmer einer E-Gitarre (mit 6 Saiten) besteht aus 6 Elementen, der Tonabnehmer einer Bass-Gitarre (mit 4 Saiten) aus 4 Elementen, die oft als unabhängige Tonabnehmer in einem gemeinsamen Gehäuse untergebracht sind:

5.2 Elektromagnetisches Mikrofon

Eine Tonübertragung mit Hilfe von zwei Konservendosen und einer dazwischen gespannten Schnur gehörte irgendwann vor langer Zeit zu den beliebten Selbstbau-Kinderspielzeugen. Die Zeiten ändern sich zwar, aber das Prinzip eines solchen Telefons „Marke Eigenbau" bleibt interessant: Wird in so eine Dose hineingesprochen, vibriert ihr Boden mit den Schwingungen der Stimme, eine gespannte Schnur überträgt diese Vibrationen zum Boden der Empfänger-Dose, die der „Gesprächspartner" gegen sein Ohr andrückt und als Kopfhörer verwendet.

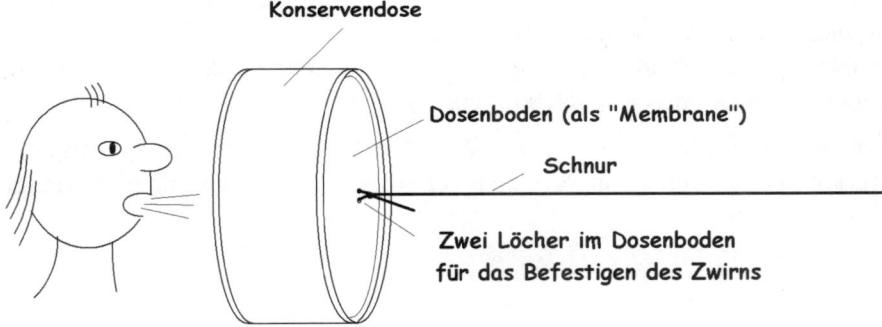

Wird gegen den magnetisch leitenden Boden einer solchen Dose ein „Tonabnehmer" gehalten, kann er die aufgenommenen Klänge auf dieselbe Weise übertragen wie ein Gitarren-Tonabnehmer.

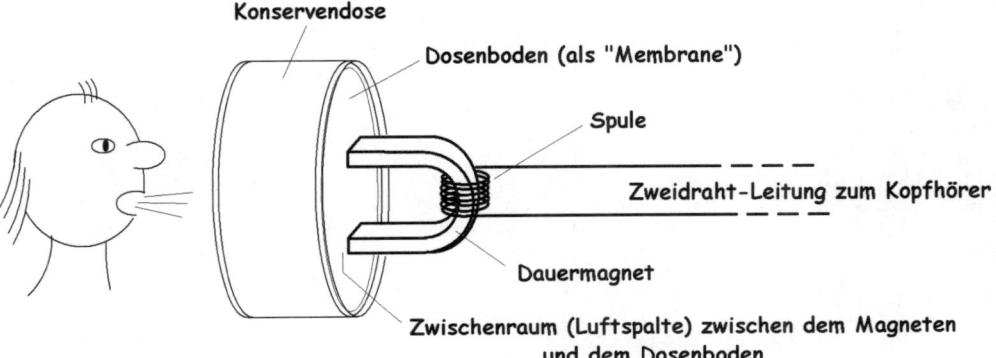

5.3 Elektrodynamisches Mikrofon

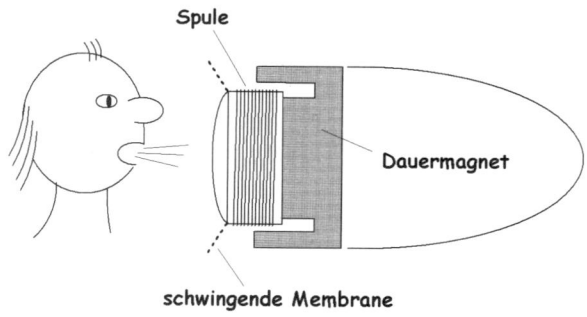

Das elektrodynamische Mikrofon ist zwar ähnlich konzipiert wie ein moderner Lautsprecher, aber seine Spule fungiert in diesem Fall als die Spule eines elektrischen Generators: Sie wandelt akustische Schwingungen in elektrische Schwingungen um, die mittels eines Audio-Verstärkers verstärkt und danach über einen Lautsprecher wieder in akustische Schwingungen zurück umgewandelt werden.

Die Frequenz und die Form der Mikrofon-Wechselspannung entspricht – bis auf geringe Verzerrungen – dem vom Mikrofon aufgenommenen Klang.

6 Solarstrom

Über den Solarstrom wird in letzter Zeit viel gesprochen, aber nur wenige Menschen können sich darunter etwas Konkreteres vorstellen. Die eigentlichen *Solargeneratoren (Solarzellen) haben sich* in letzter Zeit zunehmend sowohl als Energiequellen bei diversen Kleingeräten (darunter z.B. auch bei Taschenrechnern) als auch in der Form von größeren „Hausanlagen" durchgesetzt *(Foto: Siemens)*:

Handelsübliche Solarzellen – als Grundbausteine größerer Solarzellenmodule – teilen sich in zwei technologisch unterschiedliche Grundausführungen: in kristalline und amorphe (Dünnschicht-)Solarzellen.

Für die meisten langlebigen Anwendungen werden bevorzugt kristalline Silizium-Solarzellen verwendet. Amorphe Dünnschichtzellen weisen immer noch zu viele Nachteile auf: Abgesehen von dem relativ niedrigen Wirkungsgrad zeigen sich vor allem bei Anwendungen im Außenbereich gravierende „Ermüdungserscheinungen". Sie eignen sich somit eigentlich nur für kurzlebigere Produkte oder für einfachere Experimente.

Da es sich bei der Solarstromnutzung um ein noch ziemlich unbekanntes Fachgebiet der Elektrotechnik handelt, widmen wir diesem Thema angemessen mehr Spielraum.

6.1 Fotovoltaik & Solarzellen

Dem Anwender stehen Solarzellen sowohl als kleine gekapselte Solarzellen als auch in der Form von Solarmodulen zur Verfügung.

Kleine gekapselte Solarzellen oder Solarzellen-Minimodule eignen sich vor allem für einfachere Experimente. Sie sind für kleinere Spannungen und Leistungen ausgelegt *(Foto: Conrad Electronic)*.

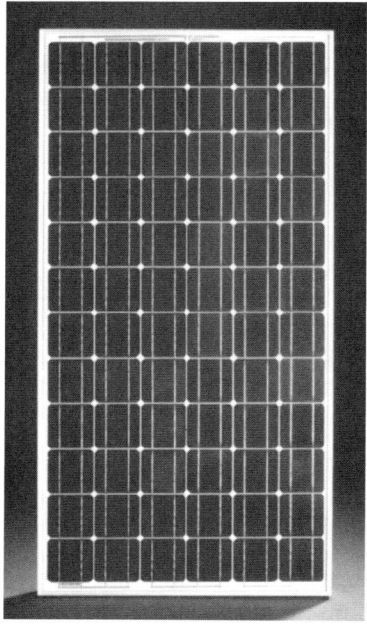

Große Solarmodule werden vor allem für Fotovoltaik-Dachanlagen verwendet. Sie sind in diversen Abmessungen und Leistungsstufen erhältlich *(Foto: Siemens)*.

Der Aufbau einer kristallinen Silizium-Solarzelle ist vom Prinzip her identisch mit dem Aufbau einer Siliziumdiode: Eine dünne *n-Schicht* (Negativschicht) und eine *p-Schicht* (Positivschicht) bilden – wie rechts abgebildet – zwei unterschiedlich dotierte Halbleiterteile, die bei Belichtung zu Potentialfeldern werden.

Die *n-Schicht* verhält sich dann ähnlich wie der Minuspol und die *p-Schicht* wie der Pluspol einer Batterie. Die Spannung und die Leistung der Zelle hängt von der Lichtintensität ab, der die obere Zellen-

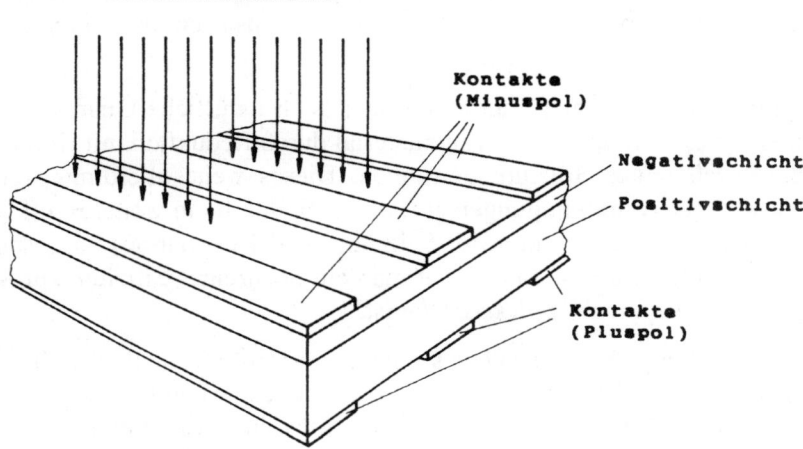

schicht ausgesetzt ist. Bei absoluter Dunkelheit weist die Solarzelle kein Potential auf und kann daher keine elektrische Energie liefern.

Theoretisch spielt es an sich keine Rolle, welche der Zellenschichten als die obere „Sonnenseite" präferiert wird. Auf jeden Fall muss aber die obere Schicht sehr dünn sein (ca. 0,02 mm), denn der funktionell wichtige n/p-Übergang darf nicht zu tief unter der vom Licht bestrahlten Oberfläche liegen.

Die „Sonnenseite" der Zelle wird üblicherweise mit einer zusätzlichen Antireflex-Schicht versehen (z.B. mit Titandioxyd), um Reflektionsverluste zu vermeiden. Für einen hohen Umwandlungswirkungsgrad der Solarzelle ist ja wichtig, dass möglichst viele Photonen (Sonnenstrahlen), mit denen die *n-Schicht* bombardiert wird, in den Halbleiter auch eindringen.

Es wurde bereits erwähnt, dass für eine langlebigere Nutzung nur kristalline Solarzellen anzuraten sind. Es gibt jedoch auch kurzlebigere Produkte, bei denen gegen den Einsatz von den wesentlich preiswerteren amorphen Dünnschicht-Zellen nichts einzuwenden ist. Daher werden wir diese Zellentype nicht völlig außer Acht lassen.

Handelsübliche **kristalline Solarzellen** gibt es in zwei Ausführungsarten: **monokristalline** Zellen und **polykristalline** (multikristalline) **Zellen**.

Bei der Herstellung von *monokristallinen* Zellen werden monokristalline Blöcke „gezogen" und mit etwa 0.5 mm dünnen Diamantsägen (oder Laserstrahlen) wie die Wurst beim Metzger in dünne Scheiben zersägt. Dasselbe monokristalline Grundmaterial wird bereits traditionell in der Halbleitertechnik bei der Herstellung von Dioden, Transistoren und integrierten Schaltungen (Chips) verwendet.

Ausgangsmaterial ist hier Quarzsand oder auch natürliche Quarzkristalle. In einem Ofen wird aus dem Grundmaterial durch Reduktion mit Kohle ein metallurgisch reines Silizium gewonnen. Dieses weist allerdings immer noch etwa 2 % Verunreinigungen auf, die noch durch ein weiteres aufwändiges Verarbeiten (Reduktion mit Salzsäure und Destillation) ausgeschieden werden müssen. Erst danach hat man ein hochreines Silizium zur Verfügung, das aber „noch" *polykristallin* ist.

Dies bedeutet, dass hier sehr viele kleine ungeordnete Kristalle die eigentliche Substanz des Siliziummateriales verunreinigen. Wenn man daraus eine monokristalline Struktur haben möchte, müssen diese polykristallinen „Barren" in einem Tiegel nochmals eingeschmolzen werden und unter langsamen axialem Drehen wird aus dieser Schmelze ein *monokristalliner* „Balken" gezogen. So ein Stab oder Balken besteht danach nur aus einem einzigen Kristall (daher die Bezeichnung *monokristallin*) und kann beispielsweise eine Länge von bis zu 2 m haben.

Bei der Herstellung der *polykristallinen* Zellen (die manche Hersteller als „*multikristalline*" bezeichnen) wird flüssiges Silizium nur in Stahlformen gegossen. Es bildet nach der Erstarrung die typische, bläulich marmorisierte Eisblumenstruktur. So entstehen auch hier Siliziumblöcke, die ebenfalls in dünne Scheiben zersägt werden.

Amorphe Dünnschichtzellen werden auf die Weise hergestellt, dass auf eine Glas- oder Kunststoffplatte eine nur wenige Tausendstel Millimeter dünne Siliziumschicht *aufgedampft* wird.

In den letzten Jahren wurden die eigentlichen Herstellungsverfahren bei den kristallinen Zellen weitgehend modernisiert und zum Teil vereinfacht. Die Vereinfachungen basieren u.a. auf der Tatsache, dass hier die ursprüngliche hochreine Siliziumstruktur bei weitem nicht so einen hohen Stellenwert hat wie beim Silizium für die Halbleiterindustrie.

Man kann sich ja gut vorstellen, dass bei der Siliziumscheibe eines Mikroprozessors auch eine einzige mikroskopisch kleine Verunreinigung eine Bahn- oder Bausteinunterbrechung und somit einen Totalausfall des Produktes zufolge haben kann. Bei einer Solarzelle spielt dagegen in Hinsicht auf die Flächengröße eine geringfügigere Verunreinigung keine derartig maßgebliche Rolle.

Aus diesen Überlegungen ergaben sich bei der Herstellung von *monokristallinen* Solarzellen diverse Vereinfachungen und Zugeständnisse. Bei den *polykristallinen* Solarzellen wurde dagegen die Herstellungstechnologie perfektioniert. Demzufolge sind die Unterschiede zwischen dem Wirkungsgrad der *mono-* und der *polykristallinen* Zellen etwas geringer.

So gibt es momentan hersteller- oder lieferantenbezogen so manche polykristalline Solarzellen, die es vom Wirkungsgrad her mit den monokristallinen Zellen aufnehmen können. Das muss nicht immer nur eine Frage des Herstellungsverfahrens, sondern auch einer kundenbezogenen Vorselektion sein.

Dennoch weisen auch „vorselektierte" Solarzellen gewisse parametrische Unterschiede auf. Bei etwas Glück halten sich die Parameter in Grenzen von 5 %, manche Hersteller geben sogar 10 % an. Oft hängt die Streuung der technischen Zellenparameter auch davon ab, ob der eine oder andere Hersteller die Möglichkeit hat, seine „minderwertigen" Zellen abseits des Standardangebotes abzustoßen. So gibt es z.B. in der fernöstlichen Spielzeugindustrie oder unter den fernöstlichen Kleinmodulen-Herstellern Abnehmer, denen es nichts ausmacht, wenn die preiswert erstandenen Zellen etwas schwächere Leistungen aufweisen. Anspruchsvollere Kunden können dann wiederum nur die qualitativ hochwertigeren Zellen erhalten.

Wie bei jeder anderen elektrischen Energiequelle auch, interessieren uns bei den Solarzellen vor allem die Spannungs- und Stromwerte, wie auch die Bedingungen, unter denen wir die elektrische Energie abnehmen können bzw. dürfen.

Alle technischen Angaben basieren bei Solarzellen – wie auch bei Solarzellenmodulen – auf folgenden internationalen Standard-Testbedingungen:

Sonneneinstrahlung $E = 1000$ W/m^2 (oder auch 100 mW/cm^2)
Zellentemperatur $T_c = 25$ °C
Spektralverteilung $AM = 1,5$

Das sind Bedingungen, die in Deutschland überwiegend nur an sonnigen Sommertagen vorzufinden sind. Allerdings kann es sogar auch im Dezember oder im Januar um die Mittagszeit sonnige Tage geben, an denen die Sonneneinstrahlung nur geringfügig unterhalb der Testbedingungen liegt.

Die Herstellerangaben der Zellenparameter beziehen sich auf diese technischen **Maximumwerte**, die oft auch als **„Nennwerte"** bezeichnet werden. Manche Hersteller und Anbieter benutzen auch noch die Bezeichnung

„**Werte bei max. Leistung**". Alle diese Bezeichnungen haben dieselbe Bedeutung und basieren auf Messungen, die also *nur unter optimalen Bedingungen* erreicht werden.

Die wichtigsten technischen Daten einer Solarzelle sind:

a) Nennspannung (Spannung bei max. Leistung)
b) Nennstrom (Strom bei max. Leistung)
c) Nennleistung (max. Leistung)
d) Leerlaufspannung
e) Kurzschlussstrom
f) Wirkungsgrad

Die Nennspannung liegt bei monokristallinen Zellen bei etwa **0,48 V** und bei polykristallinen bei etwa **0,46 V**. Sie ist im Prinzip unabhängig von der Zellengröße. Wenn Sie beispielsweise eine Zelle wie das Eis auf einer Pfütze zertreten, werden alle ihre Bruchstücke weiterhin annähernd dieselbe Spannung liefern, die ursprünglich die ganze Zelle hatte.

Der Nennstrom einer Solarzelle hängt von ihrer Größe, wie auch von ihrem Wirkungsgrad ab. Viele handelsübliche Solarzellen haben eine Solarfläche von nur etwa 1 dm² (100 cm²), sind nur etwa 0,4 mm dünn und ihr Nenn-

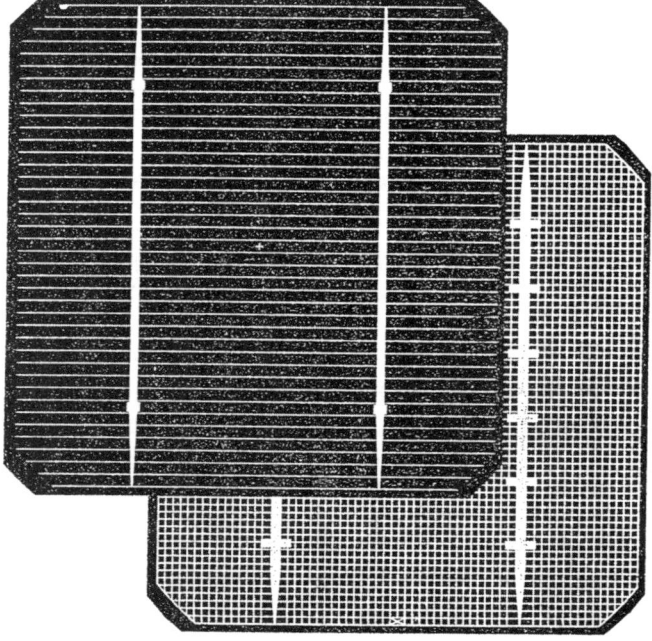

strom liegt bei etwa **2,9 A** bis **3,29 A** (typen- bzw. markenabhängig). In letzter Zeit mehren sich jedoch Angebote an größeren Solarzellen. Die momentan größten Abmessungen liegen bei ca. 150 × 150 mm. Solche Zellen können dann einen Nennstrom von über **5 A** liefern. Die nebenstehende Abbildung (auf Seite 70) zeigt links die Vorderseite („Sonnenseite") und rechts die Rückseite („Schattenseite") einer „kahlen" Solarzelle.

Die Nennleistung wird bei allen Solarzellen als reine Multiplikation von *Nennspannung* und *Nennstrom* errechnet: ***Nennspannung [Volt]*** × ***Nennstrom [Ampere] = Nennleistung [Watt]***.

Unter dem Begriff ***Leerlaufspannung*** versteht sich die Spannung an einer unbelasteten Zelle.

Bei den meisten kristallinen Zellen ist die Leerlaufspannung typenabhängig etwa 23 % bis 26 % höher als die Nennspannung. In der Praxis wird man mit einer Art „Leerlaufspannung" konfrontiert, wenn z.B. eine fast leere *unbelastete* Batterie eine gewisse Spannung am Voltmeter anzeigt, die sich jedoch nur als eine „Scheinspannung" erweist, solange eine Belastung angeschlossen wird.

Eine ähnliche Verhaltensweise trifft bei einer Solarzelle unter Umständen auch zu. Wenn an sie ohne jegliche Belastung ein hochohmiges Voltmeter angeschlossen wird, zeigt es auch bei einer geringeren Beleuchtung eine ziemlich hohe Leerlaufspannung an. In der Hinsicht ist die Leerlaufspannung als Indikator unbrauchbar. Die ***Leerlaufspannung*** weist jedoch auf die obere Spannungsgrenze der unbelasteten Solarzellen – und somit auch Solarmodule – hin.

Der ***Kurzschlussstrom*** ist bei den meisten kristallinen Zellen nur etwa 6 % bis 12 % höher, als der Nennstrom. Ein vorübergehender Kurzschluss an einer Solarzelle – oder an einem Solarzellenmodul – führt demzufolge nicht zu ihrer Vernichtung oder Beschädigung. Vorausgesetzt, wir geben ihr nicht die Zeit sich zu sehr aufzuheizen. Da jedoch eine Solarzelle üblicherweise Temperaturgrenzen zwischen ca. –40 °C und +125 °C verkraftet, kann sie sogar zu einer Art Kochplatte werden, ohne dass es dadurch zu einer Beschädigung kommen müsste.

Bei eingebetteten Zellen im Modul wird jedoch bei extremer Wärmeentwicklung die Vergussmasse in Mitleidenschaft gezogen, was zu Blasenbildung, Schleierbildung oder Verfärbung der Masse führen kann.

Der in den technischen Daten angegebene *Kurzschlussstrom* kommt natürlich **nur** bei einer Zelle vor, die laut Testbedingungen voll beleuchtet ist.

Wenn dagegen die Sonneneinstrahlung beispielsweise nur etwa 900 W/m² statt 1000 W/m² erreicht, liegt der *Kurzschlussstrom* bereits unterhalb des tabellarischen Zellen-Nennstromes und die Zelle wird sich in dem Fall bei einem Kurzschluss möglicherweise sogar weniger aufheizen, als während eines Normalbetriebs bei voller Leistungsabgabe.

Fazit: Durch den relativ niedrigen Kurzschlussstrom kann eine Solarzelle (bzw. ein Solarzellen-Modul) bei einem Kurzschluss nur dann beschädigt oder vernichtet werden, wenn sie bei Vollbelastung längere Zeit einer vollen Sonneneinstrahlung von 1000 W/m² ausgesetzt ist.

Der **Solarzellen-Wirkungsgrad** wird auch als **Umwandlungs-Wirkungsgrad** bezeichnet, weil er angibt, wie viel Prozent der einwirkenden Strahlungsenergie (Sonnenstrahlungsenergie) in der Form von elektrischem Strom abgegeben wird.

Die modernsten handelsüblichen Solarzellen weisen herstellerabhängig gegenwärtig (weltweit) folgenden Wirkungsgrad auf:

a) monokristalline Solarzellen: 13–16 %
b) polykristalline Solarzellen: 10,6–15 %
c) amorphe Silizium-Dünnschichtzellen: 3–8 %

Bemerkung: Die hier angegebenen Wirkungsgradbereiche der aufgeführten Zellentypen orientieren sich in unseren Publikationen an den jeweiligen Angeboten auf dem Weltmarkt, wie auch an den neuesten Datenblättern der fernöstlichen und amerikanischen Hersteller bzw. der westeuropäischen Anbieter.

Den Wirkungsgrad einer Solarzelle können Sie problemlos selbst ausrechnen, wenn Sie die in technischen Daten angegebene Nennleistung der Zelle auf ihre Fläche umrechnen und dieses mit den laut Testbedingungen aufgeführten 1000 W/m² (= 10 W/dm² oder 0,1 W/cm²) vergleichen.

Beispiel: Eine Solarzelle von 100 × 100 mm hat eine Fläche von 1 dm². Bei einem Wirkungsgrad von 14 % muss sie (unter Testbedingungen) 1,4 W/dm² liefern können.

Ist bei einer Solarzelle keine Nennleistung angegeben, kann sie durch einfaches Multiplizieren der Nennspannung (nicht der Leerlaufspannung!) mit dem Nennstrom ausgerechnet werden.

Beispiel: Die Nennspannung einer Solarzelle beträgt 0,46 V, der Nennstrom 3 A. Ihre Nennleistung ist 0,46 V × 3 A = 1,38 W. Wenn die Abmessungen dieser Zelle genau 100 × 100 mm betragen, ergibt es eine Zellenfläche von 1 dm² und der Wirkungsgrad wäre hier genau 13,8 %. Sollte beispielsweise diese Zelle bei derselben Leistung Abmessungen von 105 × 105 mm haben, ergibt sich daraus eine Zellenfläche von 1,07 dm² und der Wirkungsgrad liegt dann nur bei ca. 12,9 %.

Der Wirkungsgrad der mono- und polykristallinen Solarzellen bleibt während der ersten 20 Betriebsjahre praktisch unverändert. Mit dem Wirkungsgrad der amorphen Dünnschichtzellen geht es dagegen oft bereits nach einigen Jahren etwas bergab (vor allem, wenn sie im Außenbereich angewendet werden).

Bei einem kleinen Taschenrechner, der einen winzigen Stromverbrauch hat, kann so ein Handicap durch die Verdoppelung der Solarzellenfläche aufgefangen werden (was ja der Taschenrechner-Hersteller präventiv macht). Zudem kann der Hersteller davon ausgehen, dass hier der Kunde einerseits nur wenige Betriebsjahre in Kauf nimmt und anderseits ohnehin nicht dahinter kommt, inwieweit gerade die Solarzellen die Schuld daran haben, dass so ein Produkt nach einigen Jahren plötzlich nicht mehr funktioniert.

Inwieweit bei den kristallinen Solarzellen der Wirkungsgrad eine wichtige Rolle spielt, hängt vor allem von dem Einsatzgebiet ab. Im Grunde genommen muss hier dem Wirkungsgrad nicht immer ein zu hoher Stellenwert zugeordnet werden. Man braucht nur darauf hinzuweisen, dass unsere normalen Glühbirnen sozusagen in der Gegenrichtung oft nur einen Wirkungsgrad um die 5 bis 6 % aufweisen (den Rest der verbrauchten Energie wandeln sie in Wärme und nur die 5 bis 6 % in Licht um).

Bei aufwändigeren Anwendungen wäre es natürlich von Vorteil, wenn aus einer Solarzelle pro Quadratdezimeter (100 cm²) Fläche etwas mehr als die bisherigen **1,3** bis **1,6 Watt** an elektrischer Energie (bestenfalls) zu holen wären – was umgerechnet ca. **130 bis 160 Watt pro m² Zellenfläche** ergibt. Bei vielen Einsatzgebieten spielt dagegen die eigentliche Solarzellen-Flächengröße keine allzu große Rolle. Wichtiger ist hier eher das Preis-Leistungs-Verhältnis.

Der Solarzellen-Umwandlungswirkungsgrad ist allerdings keine Konstante, mit der sich bei Nutzung der Sonnenenergie fest rechnen ließe. Es kann ja nur dann umgewandelt werden, wenn die Sonne – oder zumindest genügend Tageslicht da ist. Die Ausgangsspannung und Ausgangsleistung einer Solarzelle – oder eines Solarmoduls – hängt dabei von der momentanen Zellen-Ausleuchtung ab.

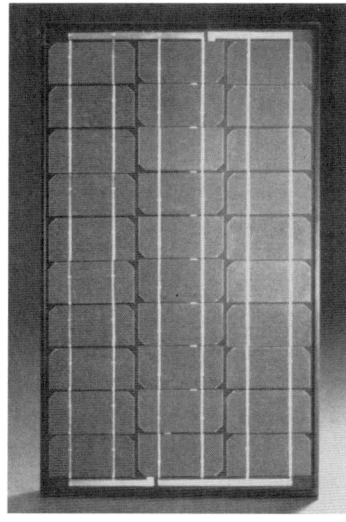

Solarzellen lassen sich mit Diamantsägen oder mit Laserstrahlen in beliebig kleine Stücke schneiden. Das ist für einen kleineren Leistungsbedarf sehr nützlich. Kleinere Solarmodule können – wie abgebildet – z.B. mit halben Zellen bestückt werden. Auf die Zellenspannung hat die Zellenteilung praktisch keinen Einfluss.

Zu den wichtigsten spezifischen Eigenheiten aller Solarzellen gehört ihr *naturabhängiges* Verhalten, das aus dem Rahmen aller anderen herkömmlichen Stromquellen fällt. Durch Einhalten aller Grundregeln können wir zwar der Solarzelle optimale Vorbedingungen verschaffen, aber der allerwichtigste Faktor – die Sonnenscheinintensität – entzieht sich unserem Einfluss.

Bei der praktischen Anwendung von Solarzellen, wie auch beim Experimentieren mit Solarzellen, kann man diese zwar ähnlich nutzen (und verschalten) wie Batterien, aber die von ihnen gelieferte Spannung und Leistung entspricht der jeweiligen Belichtung der Zelle. Die Zelle liefert elektrische Energie nur solange sie ausgeleuchtet ist. Es spielt dabei keine Rolle, ob die Zelle von der Sonne oder von einer künstlichen Lichtquelle (Glühbirne) beleuchtet ist.

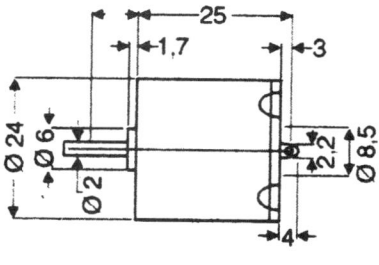

Einige spezielle Solar-Kleinmotoren geben sich mit einer Betriebsspannung zufrieden, die bei ca. 0,5 Volt liegt. So kann z.B. eine kleine Drehbühne oder ein kleines Solarspielzeug den Energiebedarf aus einer einzigen Solarzelle beziehen.

Für die meisten Anwendungen wird jedoch eine höhere Betriebsspannung benötigt, als eine einzige Solarzelle liefern kann. In dem Fall werden einfach mehrere Solarzellen in Reihe geschaltet, wobei sich die Ausgangsspannung ähnlich addiert wie bei Batterien.

Die Nennleistung einer Solarzelle nimmt ziemlich proportional mit der sinkenden Sonnenintensität ab. Bei einer belasteten Zelle hängt auch die Ausgangsspannung von der jeweiligen Bestrahlung der Zelle ab: wenig Licht = niedrige Spannung, niedrige Leistung; viel Licht = hohe Spannung, hohe Leistung.

Wird z.B. die Ausgangsspannung einer Solarzelle in Abhängigkeit von der Belichtung getestet, ist es erforderlich, dass sie dabei z.B. mit einem Widerstand belastet wird. Ansons-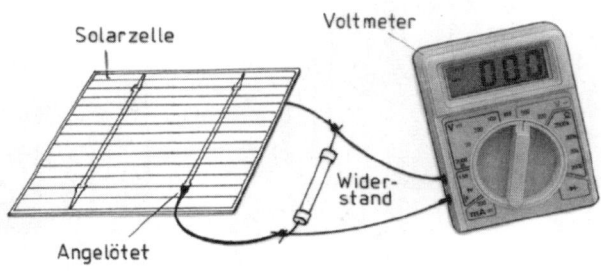
ten zeigt sie ihre Leerlaufspannung an, die sich mit der jeweiligen Belichtung nur wenig ändert und keinen verwertbaren Wert darstellt.

In der Fachliteratur wird immer darauf hingewiesen, dass die Belichtung einer im Freien installierten Solarzelle einerseits aus der direkten Sonnenbestrahlung und anderseits aus dem so genannten *diffusen Licht* besteht. Unter dem Begriff **diffuses Licht** versteht sich die Summe von verschiedensten Lichtreflektionen und von der Sonnenlichtstreuung in der Atmosphäre. Dieser Teil der Sonnenenergie kommt aus allen Richtungen und hängt nur geringfügig von der jeweiligen Position der Sonne ab.

Dem diffusen Licht ist zwar rein *theoretisch* fast die Hälfte der durchschnittlichen Jahresausbeute der Solarzellen zu verdanken, aber *ohne* eine Beimischung von direkter Sonnenbestrahlung ist es in der Regel zu schwach, um eine praktisch brauchbare Solarzellenspannung zu bewirken.

Erklärungsbedürftig ist nun der Begriff „praktisch brauchbare Spannung", denn hier handelt es sich um einen anwendungsbezogenen Wert.

Wird z.B. mit Solarstrom ein Gleichstrommotor (Ventilator, Pumpe) direkt angetrieben, der in einem Spannungsbereich von 3 bis 8 V arbeitet, kann er unter Umständen seine Aufgabe auch noch dann brauchbar erfüllen, wenn eine von vornherein großzügiger dimensionierte Solarspannung wetterbedingt z.B. von 8 auf 4 Volt (= um ca. 50 %) sinkt.

Der Solarzellen-Nennstrom muss ebenfalls mit entsprechender Großzügigkeit dimensioniert werden und die mechanische Belastung des Motors muss sich einer Leistungsminderung flexibler anpassen können. Der Ventilator

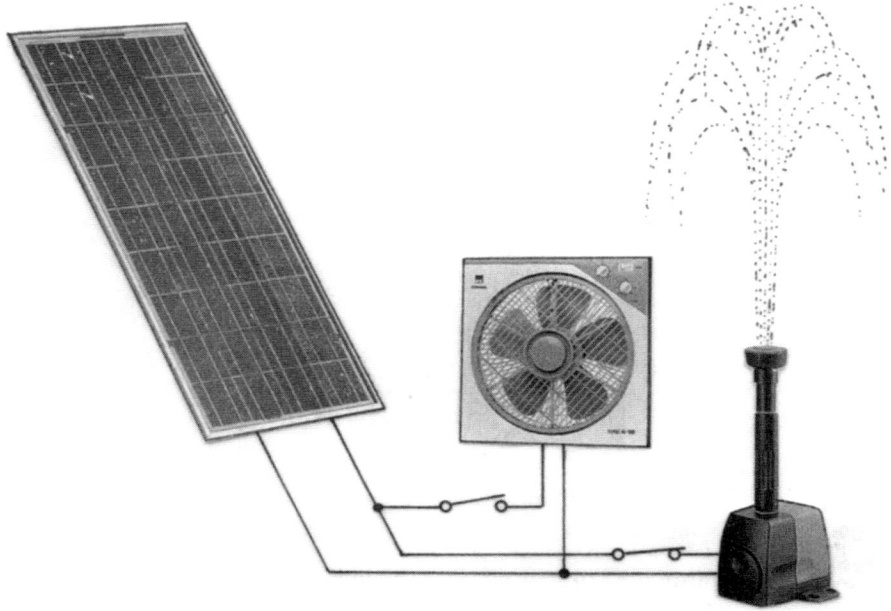

wird dann etwas langsamer drehen, der Pumpenmotor wird bei niedrigerer Solarspannung etwas weniger Wasser pro Minute pumpen, aber die Pumpe könnte dennoch laufen.

Ein direkter Solarantrieb – wie abgebildet – setzt voraus, dass sowohl die *Nennspannung* und der *Nennstrom* (somit auch die Nennleistung) auf den Bedarf des „Verbrauchers" möglichst optimal abgestimmt sind. Genau genommen darf der tabellarische *Solarzellen-Nennstrom* beliebig höher sein, als der Verbraucher benötigt, denn dieser bezieht automatisch *nur* den Strom, den er benötigt – und dieser sinkt ebenfalls automatisch mit evtl. sinkender Solar-Versorgungsspannung.

Wird ein Verbraucher über einen Zwischenspeicher (einen wieder aufladbaren Akku) solarelektrisch betrieben, fungieren die Solarzellen nur als Quellen der Ladeenergie (= als ein Ladegerät). Dies ist vor allem dort von großem Vorteil, wo kein Netzanschluss vorhanden ist. Es spielt dabei keine Rolle, ob auf diese Weise nur kleine Akkus von Kleingeräten oder große Akkus von z.B. Schrebergarten- oder Wochenendhäusern geladen werden. Die Kapazität der eingeplanten Akkus – und natürlich auch die Leistung der Solarmodule – muss allerdings auf den vorgesehenen Bedarf der Energieversorgung abgestimmt werden.

Beim solarelektrischen Laden von größeren Bleiakkumulatoren wird zwischen die Solarzellen und den Akku ein Solar-Laderegler geschaltet, der dafür zuständig ist, dass die Ladespannung die erlaubte Höchstgrenze (die bei 12-Volt-Bleiakkus ca. 13,6 Volt beträgt) nicht überschreitet. Der bereits an

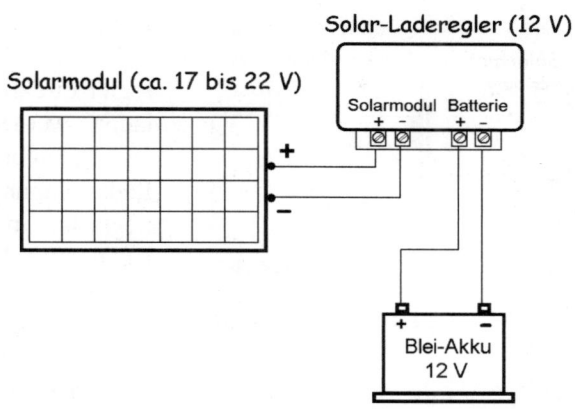

anderer Stelle angesprochene Tiefentladeschutz sollte bei Bleiakkus nicht fehlen. Die *Solar-Nennspannung* ist hier großzügiger zu wählen, um z.B. auch bei einem leicht bewölkten Himmel noch eine brauchbare Ladespannung (= eine höhere Spannung, als der geladene Akku gerade hat) beziehen zu können.

Die Laderegelung kann bei Bleiakkus auch mit einem speziellen Lade-IC „BP 137" *(Anbieter: Conrad Electronic)* erfolgen. Der Selbstbau eines solchen Ladereglers ist sehr einfach (wir haben hier die zwei Elkos bildlich dargestellt, um auch den weniger erfahrenen Lesern den Nachbau zu erleichtern). Dieses Laderegler-IC verkraftet jedoch nur einen Ladestrom von maximal 1,5 A (das angewendete Solarmodul darf daher bei Anwendung für einen Nennstrom von maximal 1,5 A ausgelegt sein).

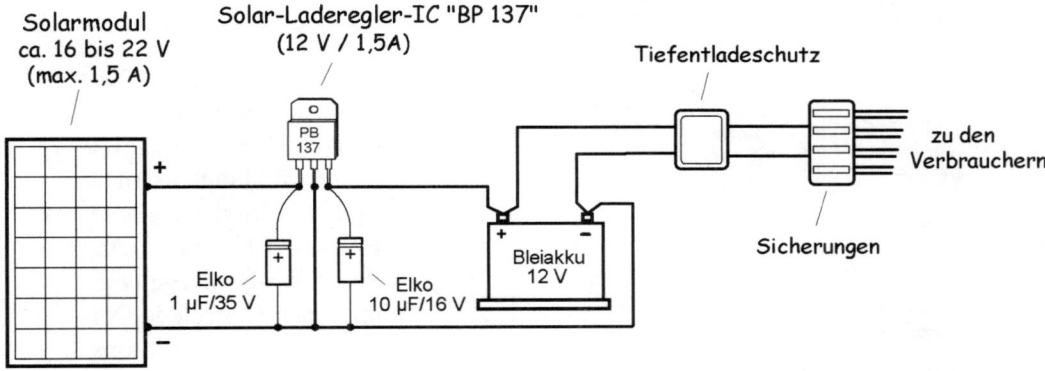

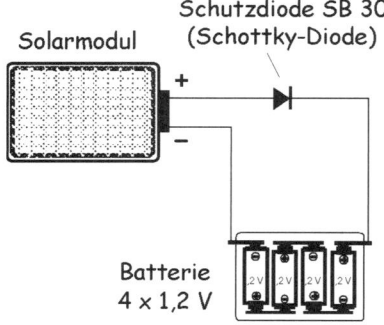

Kleinere NiCd- oder NiMH-Akkus können auch *ohne* einen zusätzlichen Laderegler direkt von einem Solarmodul geladen werden, wenn seine offizielle Nennspannung unterhalb der zulässigen Ladespannung der angewendeten Akkus liegt (bzw. maximal etwa um 20 % höher ist als die Akkuspannung). Der Ladestrom (= der Nennstrom des Solarmoduls) darf bei NiCd-Akkus 10 % der Akkukapazität, bei NiMH-Akkus 20 % der Akkukapazität nicht überschreiten.

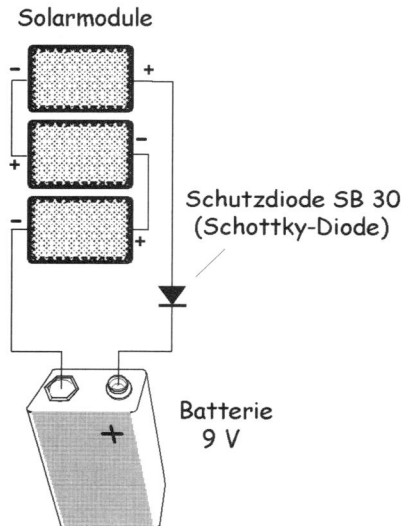

Für das Laden von kleineren wieder aufladbaren Akkus können auch z.B. mehrere kleine „gekapselte Solarmodule" in Reihe geschaltet werden, um eine ausreichend hohe Ladespannung (Akkuspannung × 1,2) liefern zu können. Ihre einzelnen Spannungen addieren sich bei einer Reihenschaltung ähnlich wie die Spannungen von Batterien. Bei einem 9-V-Akku dürfte die Ausgangs-Nennspannung der drei eingezeichneten Module höchstens 10,2 Volt (9 V × 1,2 = 10,2 V) betragen.

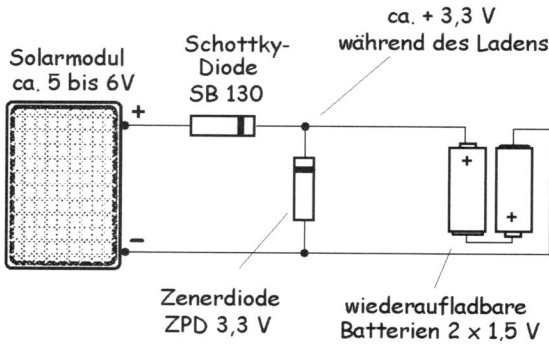

Mit der Anpassung der Solarmodulen-Nennspannung auf den exakten Ladebedarf klappt es nicht immer zufrieden stellend. Eine Abhilfe bietet eine Selbstbau-Laderegelung mit einer Zenerdiode (Näheres über die Funktionsweise der Zenerdioden finden Sie im Kapitel 13).

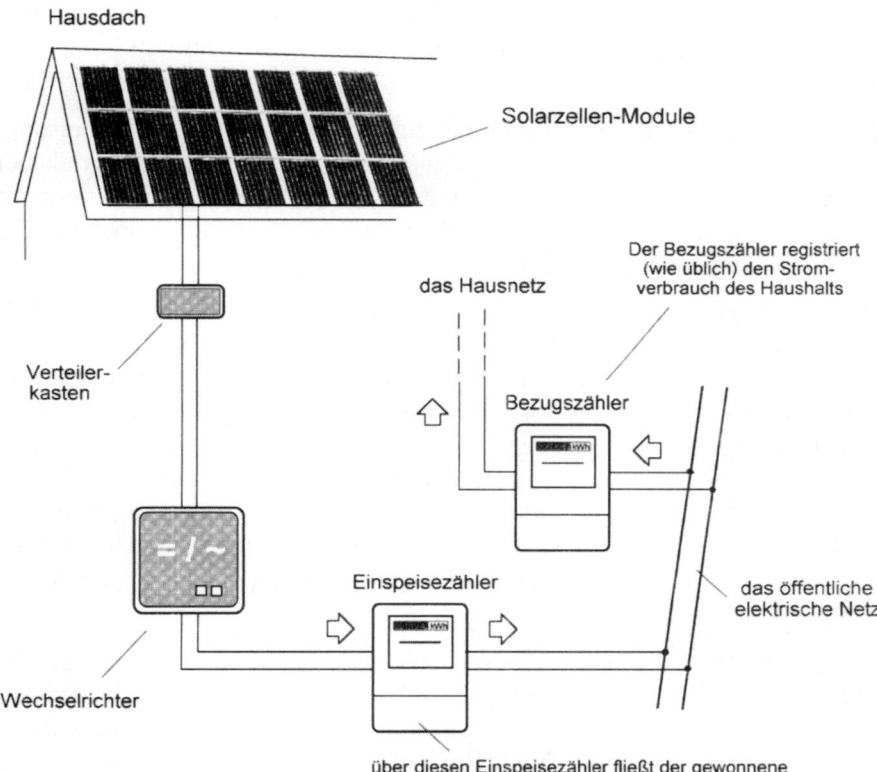

Bei netzgekoppelten Fotovoltaik-Anlagen wird die gewonnene Solarenergie nicht zwischengespeichert, sondern über einen (hauseigenen) Wechselrichter in das öffentliche Netz eingespeist. Hier muss jedoch der Wechselrichter auf die Leistung und Spannung der ganzen Solarzellen-Fläche optimal abgestimmt werden.

6.2 Temperaturabhängigkeit der Solarzellen

Wie alle anderen Silizium-Halbleiter weisen auch die modernsten Silizium-Solarzellen eine gewisse Temperaturabhängigkeit auf, die sich auf die theoretischen Parameter *(darunter Nennspannung, Nennstrom und Nennleistung)* auswirkt. Die so genannte Testtemperatur von 25 °C bildet hier eine Art Kreuzpunkt, an dem sich sozusagen alle Wege trennen.

Der Zellenstrom nimmt mit zunehmender Temperatur zu, die Spannung nimmt dagegen derartig prägnant ab, dass die *Leistung* ebenfalls *mit zunehmender Temperatur abnimmt.*

Diese Eigenschaft der Solarzellen hat zufolge, dass die Solarzellenleistung bei 0 °C etwa 13 % höher, bei 50 °C wiederum ca. 13 % tiefer liegt als bei 25 °C. Alle technischen Daten, die in den Katalogen oder Datenblättern der Solarzellen und Solarmodule angegeben sind, beziehen sich jedoch auf die *Testbedingungen bei einer Temperatur von 25 °C.*

Der wenig bekannte „Pferdefuß" liegt dabei darin, dass voll belastete Solarzellen einer gängigen netzgekoppelten fotovoltaischen Anlage ziemlich heiß werden, vor allem an warmen sonnigen Tagen, bei denen man sich von der Energieausbeute den größten Gewinn verspricht. Konkret kann hier die Solarleistung bei voll belasteten – und dabei auf ca. 73 °C „aufgeheizten" – Solarzellen bis um ca. ¼ unterhalb der Werte sinken, die als offizielle „Nennwerte" in den technischen Daten aufgeführt sind. Diese Eigenheit der Solarzellen ist bei Planungsüberlegungen zu berücksichtigen, denn sie hat vor allem für die Berechnung der Jahresausbeute von netzgekoppelten Anlagen einen wichtigen Stellenwert.

Abgesehen davon hängt die Solarzellenleistung nicht nur von der eigentlichen Intensität der Sonnenstrahlen, sondern auch von ihrem Einfallswinkel ab. Je senkrechter hier die Photonen die Zellenfläche bombardieren, desto geringer sind die Verluste durch Reflektionen und desto höher ist – auch geometrisch bedingt – die **Strahlungsdichte**.

Die eigentliche Solarzellenoberfläche wird zwar von den meisten Herstellern mit einer Antireflektionsschicht versehen, aber die im Modul einlaminierten Zellen sind noch mit einer Glas- oder Kunststoffscheibe abgedeckt, deren Reflektionseigenschaften für die Endleistung mitbestimmend sind.

Ein gewisses Dilemma besteht dabei darin, dass entspiegelte Materialien zwar geringfügiger reflektieren, aber optisch bedingt wiederum auch eine etwas niedrigere Lichtdurchlässigkeit aufweisen. Somit bleibt es immer nur bei einem Kompromiss, mit dem die Solarzellen- und Solarmodulenhersteller konfrontiert werden.

Die Problematik der Reflektionsverluste hat für die Anwendungsüberlegungen bei weitem nicht so einen wichtigen Stellenwert, wie die Frage der Ausrichtung zu der ständig „herumwandernden" Sonne.

Die Bahn der Sonne verläuft bekanntlich jahreszeitbezogen sehr unterschiedlich und ändert sich geringfügig sogar täglich. Im Sommer zieht die

Sonne fast senkrecht über uns hinweg, im Winter liegt ihre Bahn tief im Süden. Die Bahn der Sonne verläuft im Winter nicht nur tiefer, sondern ist auch wesentlich kürzer. Die Sonne geht ja im Winter spät auf und bald unter.

Demnach wäre es optimal, wenn sich die Solarzellenfläche immer nach der Sonne drehen könnte. Technisch ist eine derartige automatische Nachführung an sich unproblematisch und wird sogar bei einigen größeren Fotovoltaikanlagen angewendet. Mit Hilfe von zwei Elektromotoren, von denen der eine für die Drehung und der andere für die Neigung zuständig ist, lässt sich diese Aufgabe bewältigen.

In der Praxis handelt es sich dennoch um eine ziemlich kostenintensive und komplizierte Konstruktion, die sich bei kleineren Fotovoltaikanlagen erstens nicht rentieren würde und zweitens auch vom Volumen her in Wohngebieten – auch aus ästhetischen Gründen – kaum realisierbar ist. Hypothetisch könnte zwar so ein Gestell, ähnlich wie z.B. eine große Satellitenschüssel, im Garten oder auf einem Flachdach aufgestellt werden, aber bei den gegenwärtig auftretenden kräftigen Stürmen wäre so eine Vorrichtung sehr kritisch.

Abgesehen davon hat auf unserem Breitengrad eine Nachführung keine umwerfende Leistungssteigerung zufolge. Im Süden Deutschlands dürfte man bei einer Nachführung nur mit einer durchschnittlichen Leistungssteigerung von ca. 26 bis 33 % rechnen; im Norden vielleicht mit etwa 22 bis 24 %. An sich respektable Werte, aber für eine vollautomatische Nachführung sind Elektromotoren erforderlich, die wiederum zusätzliche elektrische Energie verbrauchen.

In der Sahara kann allerdings mit Hilfe von einer Nachführung die Solarzellenausbeutung um ca. 50 %, im Süden der USA um ca. 40 % gesteigert werden. Das kann bei einer größeren Solarzellenfläche wohl ein Argument für die Nachführung sein.

6.3 Mechanische Eigenschaften der Solarzellen

Die mechanischen Eigenschaften der kristallinen Solarzellen sind annähernd mit den Eigenschaften von entsprechend dünnen Glasscheiben bzw. von sehr dünnen Scheiben aus Naturstein vergleichbar. Sie sind als „kahle Zellen" ziemlich hart und sehr leicht zerbrechlich. Bis zu einem Radius von etwa 1200 mm bis 1500 mm lassen sich kristalline Solarzellen auch biegen, was bei den so genannten flexiblen Solarzellenmodulen" genutzt wird.

Die Strapazierfähigkeit der kristallinen Solarzellen wird durch das Einbetten (Eingießen) in Module derartig gesteigert, dass sie normalerweise auch einem mittelschweren Hagel widerstehen. Etwas kritischer sind in der Hinsicht die flexiblen Solarzellenmodule. Hier werden die Solarzellen üblicherweise nur zwischen zwei relativ dünnen Folien einlaminiert, die keinen allzu hohen mechanischen Schutz bilden. Flexible Solarzellenmodule sind jedoch nicht für Dachanlagen vorgesehen bzw. geeignet.

6.4 Kühlung der Solarzellen

In guten Solarmodulen sollten die Zellen optimal wärmeleitend eingebettet sein. Die Wärme, die einerseits von der belasteten Zelle und anderseits durch das Aufheizen des Moduls durch die Sonne entsteht, verwandelt oft während einiger heißer Sommermonate (Mittagshitze) das ganze Modul in eine Kochplatte.

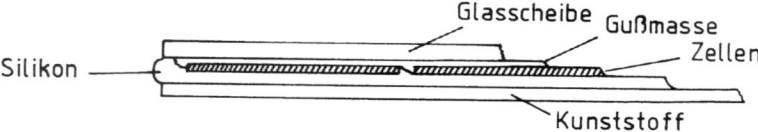

Wie bereits an anderer Stelle erklärt wurde, sinkt der Zellen-Wirkungsgrad mit dem Temperaturanstieg. Daher wird von Modulenherstellern empfohlen, dass die Rückseite (Unterseite) der am Dach montierten Module einen Abstand von ca. 20 bis 50 mm von der Dachhaut haben sollte. Je steiler das Dach, desto kleiner darf der Lüftungsabstand sein.

6.5 Schutzdioden (Bypass-Dioden)

Wird während des Betriebes eine Solarzelle beschattet, sinken automatisch ihre Spannungs- und Stromwerte (somit auch die Leistungswerte) auf ein Niveau, das mit der Abnahme der Bestrahlungsintensität übereinkommt (also bis in die Nähe der Nullspannung). Die Beschattung bzw. Teilbeschattung einer einzigen Zelle wirkt sich ähnlich aus wie eine Rohrverstopfung (bzw. Teilverstopfung) bei einer Wasserleitung und hat bestenfalls einen Leistungsrückgang der ganzen Zellenkette (des ganzen Solarzellenmoduls) zufolge.

6.5 Schutzdioden (Bypass-Dioden)   83

In der Praxis kann so etwas am leichtesten dann vorkommen, wenn die einzelnen Zellen der Solarzellenfläche nicht einheitlich gegen die Sonne ausgerichtet sind – wie z.B. bei einem Solar-Fahrzeug.

In einem solchen Fall werden z.B. jeweils Solarzellen-Trios mit zusätzlichen *Bypass-Dioden* überbrückt. Wird in so einem Trio eine der Zellen beschattet, bildet die dafür zuständige *Bypass-Diode* eine überbrückende Umleitung. Die Ausgangsspannung des Solargenerators verringert sich dabei zwar vorübergehend um den Spannungsanteil des Solarzellen-Trios, aber das ist in der Praxis akzeptabel, da es sich z.B. nur um einen Spannungsverlust von maximal 3 × 0,46 Volt (= 1,38 Volt) handelt.

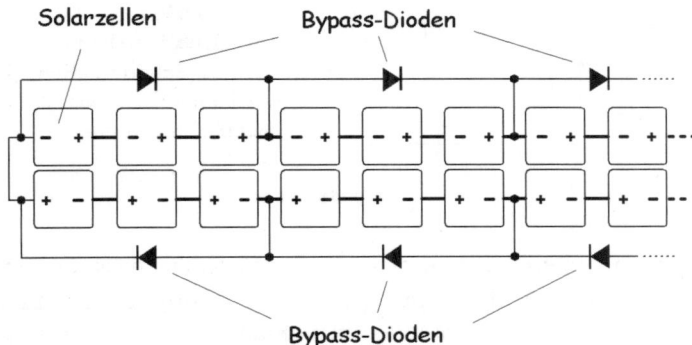

Auch bei Solar-Dachmodulen kann eine – oder auch mehrere Zellen – z.B. durch angewehtes Laub oder durch einen Zweig beschattet werden. Abhängig von der Stärke dieser Beschattung, sinkt proportional die Leistung des ganzen Moduls oder das Modul kann unter Umständen sogar zerstört wer-

Auf diese Weise werden in manchen Solarmodulen die Zellenreihen mit Bypass-Dioden überbrückt:

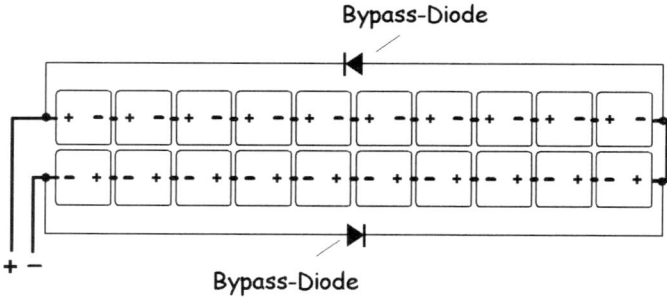

den (weil sich bei intensivem Sonnenschein eine belastete beschattete Solarzelle zu sehr aufheizt). Um dieser Gefahr zuvorzukommen, werden oft einige der Zellenreihen im Modul mit *Bypass-Dioden* überbrückt.

Beispiel einer schematischen Darstellung der vorhergehenden Lösung, wie sie – mit gängigen Schaltzeichen – in diversen Prospekten aufgeführt ist:

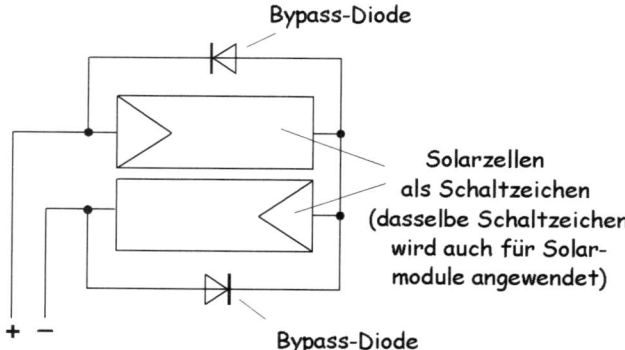

Viele Modulenhersteller geben sich damit zufrieden, dass sie jeweils nur eine Bypass-Diode am Modul (ausgangsseitig) anbringen. Damit wird das Modul als Ganzes gegen eventuelle Vernichtung bei Beschattung geschützt (aber vorübergehend außer Betrieb gesetzt). Die restlichen unbeschatteten Module können unter Umständen trotzdem noch weiterhin ihre Aufgabe erfüllen – soweit das gesamte System noch die niedrigere Solarspannung nutzen kann:

6.5 Schutzdioden (Bypass-Dioden)

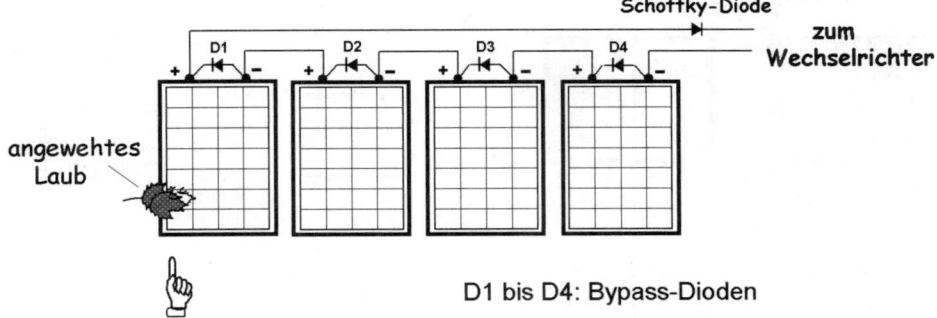

D1 bis D4: Bypass-Dioden

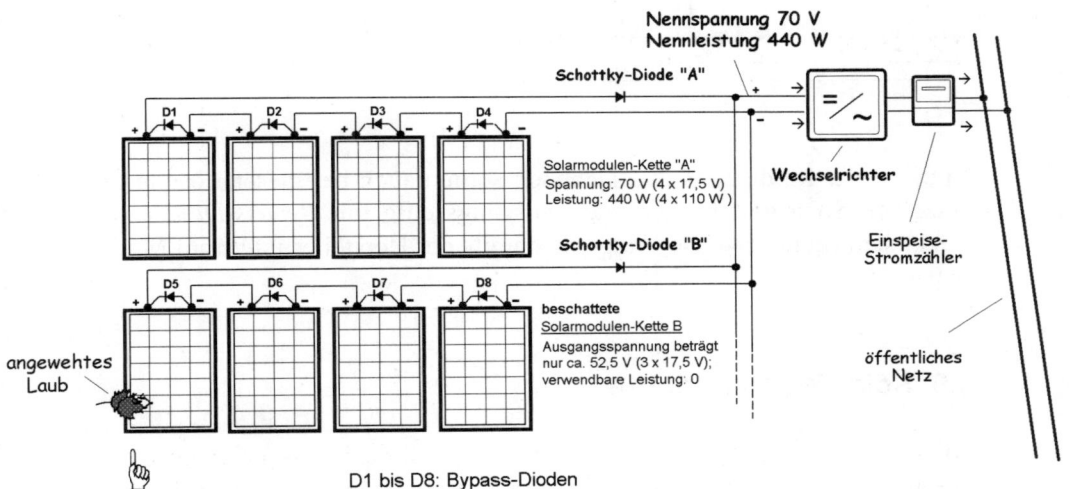

D1 bis D8: Bypass-Dioden

Sind bei einer Solaranlage (Dachanlage) z.B. zwei Modulen-Reihen parallel an einem gemeinsamen Wechselrichter angeschlossen – was oft getan wird – dann kann eine einzige beschattete Zelle eine ganze Modulen Reihe außer Betrieb setzen. Die Ursache ist einfach: In einem solchen Fall ist die Spannung an der *Anode* der *Schottky Diode „B"* niedriger als die Spannung an ihrer *Kathode*. Dadurch ist die *Diode „B"* gesperrt (siehe hierzu auch Kap. 13).

Dieses Risiko lässt sich damit vermeiden, dass anstelle eines gemeinsamen Wechselrichters jede Modulen-Reihe (Sektion) einen eigenen Wechselrichter erhält – wie auf der folgenden Seite gezeigt wird. Solche Wechselrichter werden als *„String-Wechselrichter"* bezeichnet. Sie bieten zusätzlich den Vorteil einer besseren Ausgewogenheit des Systems und somit eine bessere

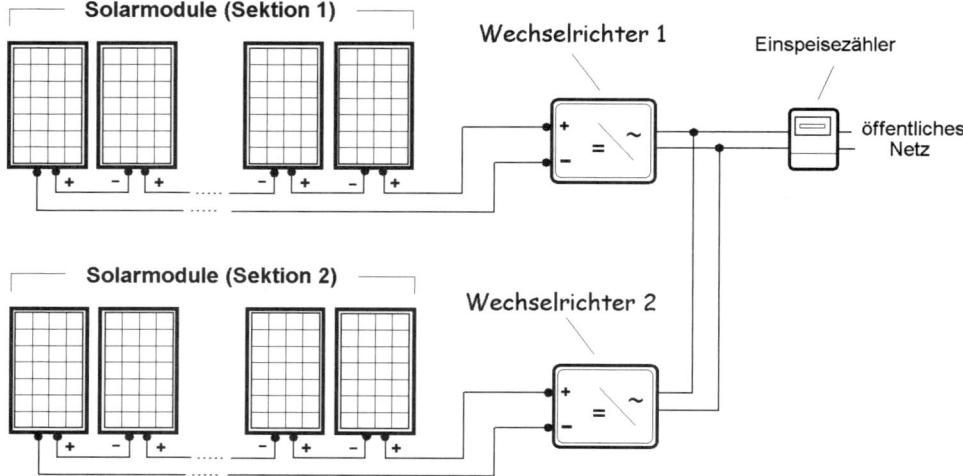

Nutzung der Modulen-Kette. Dennoch sollten auch bei dieser Lösung die einzelnen Solarmodule zumindest ausgangsseitig mit *Bypass-Dioden* bestückt sein (üblicherweise bringt sie bereits der Hersteller intern im Modul an).

6.6 Solar-Wechselrichter

Solar-Wechselrichter wandeln die ihnen zugeführte Solar-Gleichspannung in eine „netzidentische" Wechselspannung um, die sie über einen *Einspeisezähler* in das öffentliche Netz einspeisen. Sie müssen auch variierende Gleichspannungen (zwischen z.B. 50 und 250 Volt) in eine perfekt sinusförmige Netz-Wechselspannung umwandeln können – und dies mit möglichst kleinen Verlusten (mit hohem Wirkungsgrad, der bei guten Geräten oberhalb von 95 % liegt).

6.6 Solar-Wechselrichter 87

Ausführungsbeispiel eines Siemens-Wechselrichters:

Hinweis: **Wenn Sie mehr über diese Themen in Erfahrung bringen möchten, empfehlen wir Ihnen noch folgende Bücher von Bo Hanus/Franzis-Verlag, die in demselben, leicht verständlichen Stil verfasst sind:**

- **Wie nutze ich Solarenergie in Haus und Garten (119 Seiten)**
- **Solar-Dachanlagen selbst planen und installieren (128 Seiten)**
- **Spaß & Spiel mit der Solartechnik (112 Seiten)**
- **Wie Sie Solarstrom für Camping, Caravan und Boot nutzen (97 Seiten)**

7 Gleichspannung kontra Wechselspannung

Dass aus unseren Steckdosen Wechselstrom (und somit auch Wechselspannung) herauskommt und aus Batterien dagegen nur Gleichstrom (und somit auch Gleichspannung) bezogen werden kann, dürfte den meisten von uns zumindest „mehr oder weniger" bekannt sein.

Zu klären bliebe noch, dass eine *Gleichstrom-Energiequelle* genauso gut als *Gleichspannungs-Energiequelle* bezeichnet werden kann – und dasselbe gilt auch für die Bezeichnung *Wechselspannungs- und Wechselstrom-Energiequelle.*

Die bekanntesten *primären* Gleichstrom- & Gleichspannungsquellen elektrischer Energie sind Batterien, Solarzellen und Gleichstrom-Generatoren. Zu sekundären Gleichstrom- & Gleichspannungsquellen gehören vor allem *Gleichrichter,* die aus einer Wechselspannung eine Gleichspannung machen (siehe hierzu Kap. 9).

Wechselstrom und Wechselspannung wird normalerweise in elektrischen Generatoren erzeugt, deren Funktionsweise bereits im Kap. 4 erklärt wurde.

Das eigenartige an einer jeden Wechselspannung ist, dass bei ihr der angegebene Spannungswert nicht ihre „echte" Höhe, sondern nur einen „Nennwert" angibt, bei dem z.B. eine 10-Volt-Wechselspannung dieselbe „energetische Leistung" erbringt, wie eine 10-Volt-Gleichspannung.

Die *Amplitude* („Bergspitzen-Höhe") einer sinusförmigen Wechselspannung ist genau **1,41**-mal höher als die tatsächliche Höhe einer vergleichbaren Gleichspannung. Das ist nicht nur elektrisch, sondern auch rein geometrisch bedingt. Zwei identisch große Flächen stellen in der Elektrotechnik auch gleiche „energetische Inhalte" dar, wie aus der zeichnerischen Darstellung hervorgeht:

7 Gleichspannung kontra Wechselspannung 89

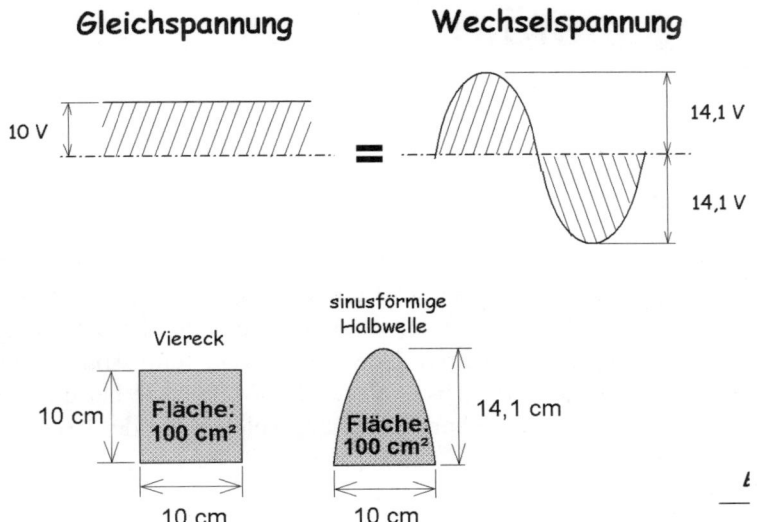

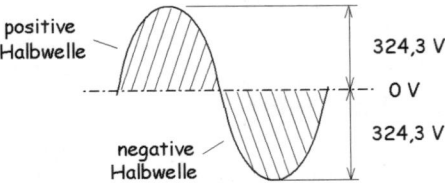

Eine 230-Volt~-Netzspannung variiert in Wirklichkeit zwischen 0 und **324,3** Volt, denn 230 Volt × 1,41 ergibt 324,3 Volt. Auch bei allen niedrigeren Wechselspannungen sind die Spannungs-Halbwellen immer 1,41-mal höher, als die Nennspannung andeutet. Weshalb auf diese Tatsache geachtet werden muss, wird noch im Kap. 14 erläutert.

Spannungsverlauf der 230 Volt-Wechselspannung

8 Messgeräte

Früher waren alle elektrischen Messgeräte nur als Analog-Messgeräte (Zeiger-Messgeräte) ausgelegt, gegenwärtig überwiegen Messgeräte mit digitaler Anzeige. In der Hinsicht handelt es sich um eine ähnliche Entwicklung der Anzeigenarten, wie bei Uhren. Und ähnlich wie beim Ablesen der Zeit bei Uhren, liegt es auch mit dem Ablesen der Messwerte bei elektrischen Messgeräten nur im persönlichen Ermessen, welcher Art der Anzeige Vorrang gegeben wird.

Bei den Messgeräten kommt es jedoch auch oft darauf an, was – oder wie – gemessen wird. In vielen Fällen kann z.B. die Häufigkeit eines gewissen Messanliegens das eine oder das andere System befürworten (was noch an konkreten Beispielen erläutert wird).

Generell stellt bei allen „normalen" Messgeräten die Messgenauigkeit den wichtigsten Parameter dar. Sie bewegt sich bei den meisten Messgeräten zwischen ca. 0,05 und 5 %.

8.1 Voltmeter

Einige Voltmeter sind für Spannungsmessungen in einem einzigen Bereich vorgesehen, andere verfügen über mehrere umschaltbare Spannungsbereiche.

In Schaltplänen wird das Voltmeter mit folgendem Schaltzeichen (Schaltsymbol) dargestellt:

Die meisten der Analog-Einbaumessinstrumente sind als Paneelgeräte für Schalttafeleinbau bzw. Frontplatteneinbau ausgelegt. Der Zeiger dieser Messgeräte ist an einer Drehspule befestigt, die präzise in einem Magnetfeld gelagert ist und auf Spannung durch

Ausschwenken reagiert. Das hier abgebildete „Drehspul-Einbauinstrument" verfügt über eine Doppelskala und ist für Spannungs- oder Strommessung umschaltbar.

Der maximale Spannungsbereich eines Analog-Voltmeters sollte den tatsächlich erforderlichen Messbereich nicht allzu sehr überschreiten, denn dies erschwert das Ablesen. Anderseits darf jedoch bei einem preiswerteren Analog-Messgerät (Zeigerinstrument) der maximale Messbereich nicht überschritten werden, denn dies hat eine Beschädigung bzw. Vernichtung des Messinstrumentes zufolge (teurere Messinstrumente sind manchmal gegen derartige Fehlanwendungen geschützt).

Ausführungsbeispiel eines kleinen digitalen Gleichspannungs-Einbau-Voltmeters, das für Messbereiche von 0 bis 200 mV, 2 V, 20 V, 200 V und 600 V ausgelegt ist und über eine Messgenauigkeit von 0,5 % verfügt *(Foto: Conrad Electronic)*.

Bei digitalen Messinstrumenten ist es *nicht* hinderlich, wenn der maximale Spannungsbereich etwas höher liegt, als erforderlich wäre. Auf das Ablesen hat es jedenfalls keinen Einfluss. Es kann nur zufolge haben, dass der Messwert etwas „abgerundeter" angezeigt wird. So zeigt beispielsweise ein Voltmeter eine Spannung von 3,17 V an, wenn es für den Messbereich von 10 V ausgelegt ist, aber es zeigt stattdessen nur 3,1 V oder sogar nur 3 V an, wenn sein Messbereich 600 V beträgt.

Handelsübliche Voltmeter sind meistens als Lab-Tischgeräte, als Spannungsprüfer oder als Paneel-Einbaumessgeräte erhältlich.

Rechts: Ausführungsbeispiel eines handlichen Elektriker-Spannungsprüfers mit drei Digitalanzeigen, der für eine schnelle Spannungskontrolle vorgesehen ist.

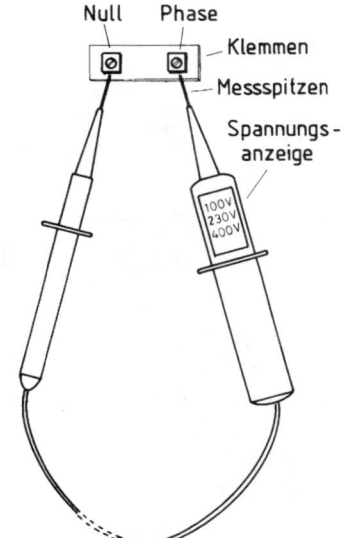

8.2 Amperemeter

Ähnlich wie die Voltmeter, sind auch Amperemeter in verschiedensten Ausführungen erhältlich.

In Schaltplänen wird das Amperemeter mit folgendem Schaltzeichen (Schaltsymbol) dargestellt:

Das kleine Analog-Einbau-Amperemeter *(von Conrad Electronic)* ist wahlweise für einen Messbereich von 1 A, 5 A, 10 A, 15 A und 25 A erhältlich (Abmessungen 70x 60 mm).

Digitale Einbau-Amperemeter werden oft als „Einbau-Strommodule" bezeichnet und sind wahlweise als „AC"-(Wechselstrom-) oder als „DC"-(Gleichstrom-) Messgeräte erhältlich *(Foto: Conrad Electronic)*.

Amperemeter sind auch als so genannte *Stromzangen* ausgeführt, die eine berührungslose Messung von Wechselströmen ermöglichen. Ein isolierter elektrischer Leiter (bzw. Kabel) wird mit der Stromzange nur berührungslos umklammert und braucht nicht aufgetrennt zu werden *(Foto: Conrad Electronic)*.

8.3 Ohmmeter

Ohmmeter sind zwar auch als selbstständige Geräte erhältlich, aber für die gängige Praxis wird zur Widerstandsmessung nur das Multimeter verwendet (geschaltet auf den entsprechenden Messbereich).

In Schaltplänen wird das Ohmmeter mit folgendem Schaltzeichen (Schaltsymbol) dargestellt:

8.4 Multimeter

Multimeter sind universale Messgeräte, die wahlweise als Voltmeter, Amperemeter, Ohmmeter bzw. auch noch als Frequenzmesser, Dioden- und Transistorentester, usw. ausgelegt sind. Auch diese „multifunktionellen" Messinstrumente sind wahlweise als Analog- oder Digitalinstrumente erhältlich.

Ausführungsbeispiel eines Digital-Multimeters *(Foto: Conrad Electronic)*:

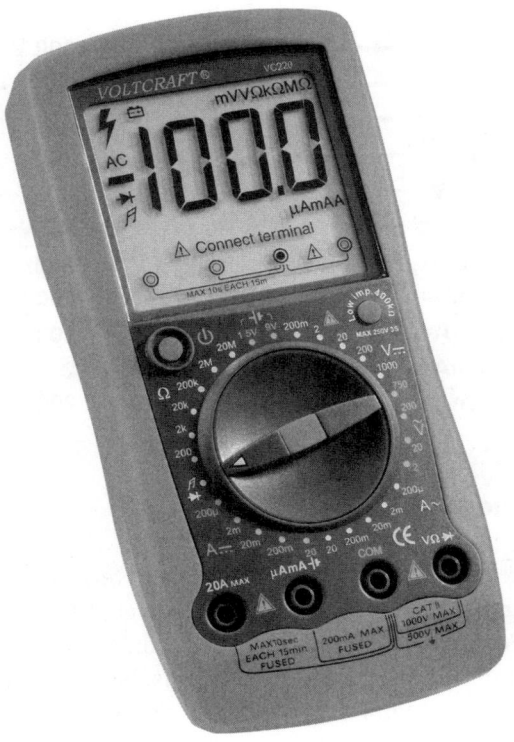

Ausführungsbeispiel eines Analog-Multimeters, das mit einer sehr gut ablesbaren Spiegelskala versehen ist *(Foto: Conrad Electronic)*:

Die Wahl des Messbereichs wird bei den meisten einfacheren Multimetern mittels eines großen Drehknopfes vor jedem Messen eingestellt. Dieser Drehknopf befindet sich in der Mitte des Gerätes und ist in beiden Richtungen stufenweise verstellbar. Wie aus der hier vereinfacht dargestellten Abbildung hervorgeht, befinden sich um den Drehknopf Sektionen mit der Messbereich-Vorwahl. Bevor eine Messung vorgenommen wird, müssen die Messart (Spannung, Strom, Widerstand) und der Messbereich (von z.B. 120 V= oder 12 V~) sorgfältig eingestellt werden. Dies ist vor allem bei preiswerteren Multimetern „lebenswichtig", denn sie sind nicht gegen Vernichtung durch eine zu hohe Spannung oder einen zu hohen Strom abgesichert (und gehen blitzschnell kaputt).

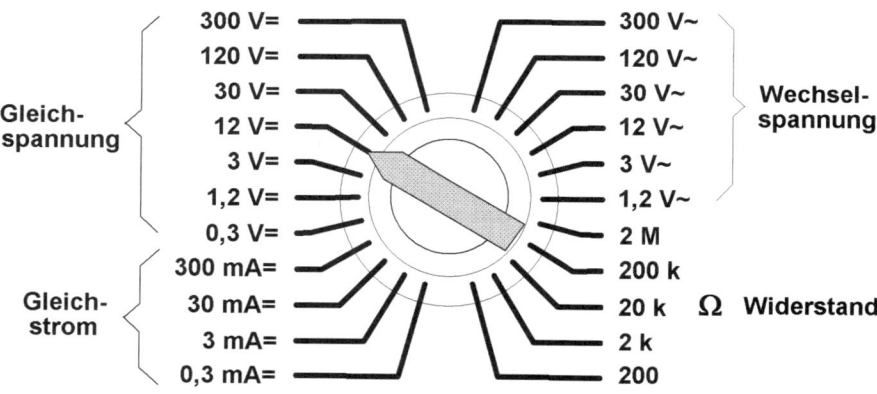

8.5 Richtig messen ist einfach

Da jedem neu gekauften Multimeter eine leicht verständliche Bedienungsanleitung beiliegt, ist es nicht schwer, Spannungen, Ströme oder Widerstände zu messen. Geduld, Ruhe und Sorgfalt sind dabei vor allem beim Messen mit einem Multimeter angesagt, denn eine falsche Einstellung des Messbereiches kann zu einer prompten Vernichtung des Multimeters führen.

Bei Analog-Multimetern (Zeiger-Multimetern) ist bei Gleichspannungs- und Gleichstrommessungen jeweils auch auf die richtige Polarität der Anschlüsse zu achten. Bei einer verkehrten Polarität schlägt der Zeiger – samt seiner Drehspule – in die falsche Richtung (nach links) aus, was zufolge haben kann, dass er sich dabei etwas verbiegt. Das Multimeter verfügt zwar über einen kleinen Einstellknopf, mit dem sich (mittels eines kleinen Schraubenziehers) der Zeiger genau auf die Null-Ausgangsposition einstellen lässt, aber ein verbogener Zeiger wird danach nicht mehr optimal messen.

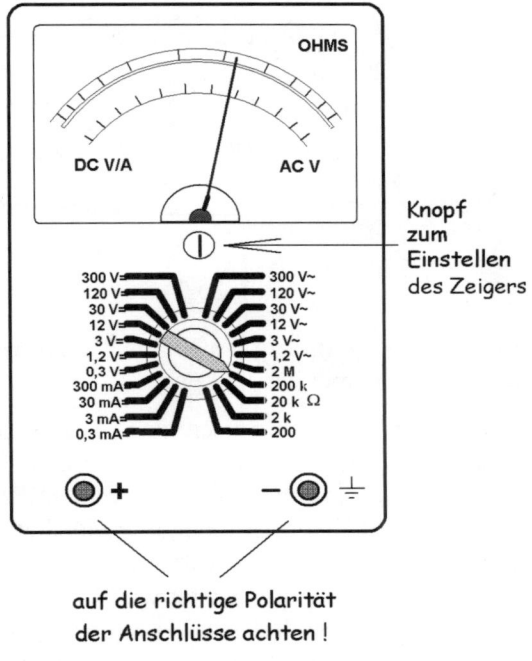

auf die richtige Polarität der Anschlüsse achten!

Digital-Multimeter sind in jeder Hinsicht strapazierfähiger als Analog-Multimeter und das Ablesen von „festen" Messwerten ist vor allem für Anfänger genauso unproblematisch wie das Ablesen der Tageszeit auf einer Digitaluhr. Etwas irritierend kann dabei sein, dass die meisten Digital-Messgeräte länger hin und her rechnen, bevor sie sich auf einen Messwert einigen – falls sie es überhaupt fertig bringen. Hier muss man sich oft damit zufrieden geben, dass auf dem Display der Messwert um den Mittelwert herumspringt, ohne bei einem eindeutigen Festwert zu landen, wie wir es beispielsweise von einem Taschenrechner gewohnt sind.

Bei einem Analog-Multimeter zeigt der Zeiger gleitende Veränderungen oder Bewegungen von Spannung, Strom oder Widerstand eindeutiger an, als bei einem Digital-Multimeter. Sein Zeiger schwenkt einfach zu der jeweiligen Position ähnlich gleitend aus, wie der Tacho eines Kraftfahrzeuges, bzw. bewegt sich z.B. mit der ansteigenden oder sinkenden Spannung „optisch nachvollziehbar" gleitend mit.

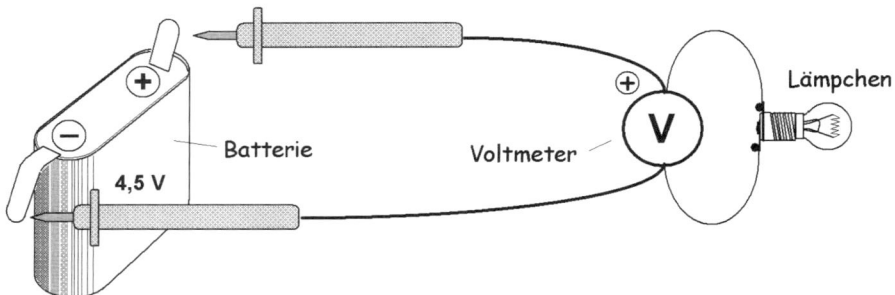

Elektrische Spannung wird mittels eines Voltmeters parallel zu der Spannungsquelle gemessen.

Unbelastete Batterien weisen eine „Scheinspannung" auch noch dann auf, wenn sie ziemlich leer sind. Sie sollten daher grundsätzlich immer mit einer zusätzlichen Belastung gemessen werden. Bei einer Fahrzeugbatterie sollte die Spannung der Batterie bei eingeschaltetem Lichtern gemessen werden. Kleinere Batterien können während der Messung mit einem Lämpchen oder mit einem Widerstand belastet werden. Am besten auf die Weise, dass die Belastung nicht parallel zu der Batterie, sondern nur parallel zu dem Messgerät angeschlossen wird, um die Batterie nicht länger als unbedingt notwendig zu strapazieren.

Auch die Ladespannung der Fahrzeug-Lichtmaschine sollte grundsätzlich unter Belastung (= bei eingeschalteten Fahrzeuglampen) gemessen werden. Die Spannung wird einfach an den Klemmen der normal angeschlossenen Auto- oder Motorradbatterie gemessen: ist die Lichtmaschine intakt, dann wird bei Betätigung des Gaspedals die erhöhte „Ladespannung" die Batteriespannung etwas anheben. An einer 12-Volt-Autobatterie wirkt es sich mit einer Erhöhung der Spannung auf ca. 13,5 Volt aus (solange Gas gegeben wird):

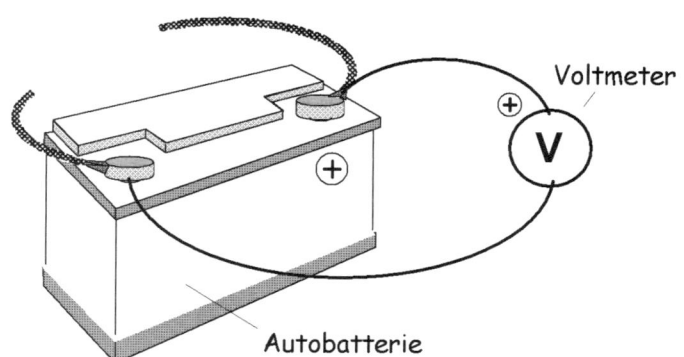

Hinweis: Vor jeder Spannungsmessung muss der richtige Messbereich am Multimeter vorgewählt werden. Soll eine Spannung gemessen werden, deren Höhe im Voraus nur annähernd bekannt ist, wird für die Messung ein Messbereich vorgewählt, der außer jedem Zweifel höher ist als diese Spannung. Erst nachdem das Multimeter zumindest grob anzeigt, um welche Größenordnung es sich bei der Spannung handelt, kann es auf den optimalen Messbereich umgeschaltet werden. Dieser Hinweis bezieht sich jedoch nicht auf „intelligente" Multimeter, die sich den optimalen Messbereich selber aussuchen.

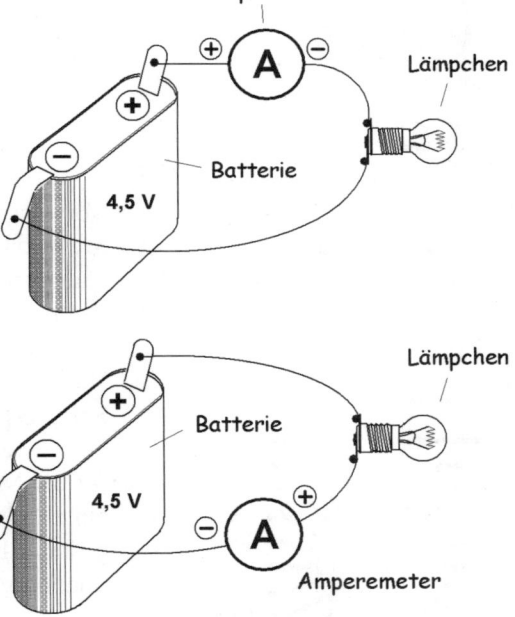

Der **elektrische Strom** wird immer in Reihe zu der „Belastung" mit einem Amperemeter gemessen. Hier bietet sich ein Vergleich mit der Messung eines Wasserstromes an: Der Wasserstrom muss das Messgerät (den Wasserzähler) durchfließen.

Es spielt keine Rolle, an welcher Stelle des eigentlichen Strom-Kreislaufes der Strom gemessen wird, denn die angeschlossenen „Verbraucher", durch die der Strom durchfließt, verändern seine Stärke nicht. Der Strom, der z.B. am Pluspol einer Batterie in den elektrischen „Schaltkreis" hineinfließt, *kehrt in derselben Stärke* über den Minuspol in die Batterie zurück. Das gilt auch für alle anderen Stromquellen.

Ähnlich wie bei der vorher angesprochenen Spannungsmessung, muss auch vor einer Strommessung das Multimeter auf einen Strombereich geschaltet werden, der außer Zweifel höher ist als der gemessene Strom.

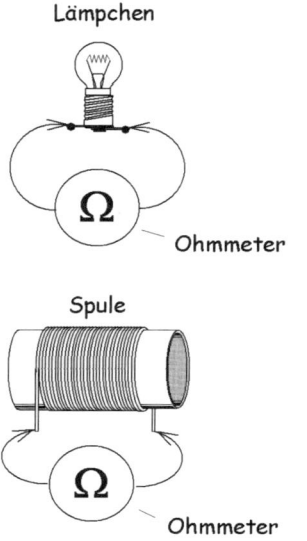

Lämpchen

Ohmmeter

Spule

Ohmmeter

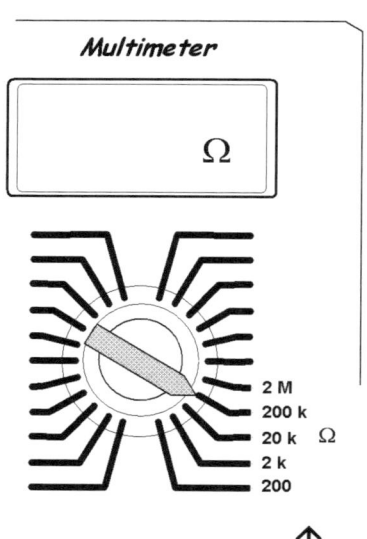

Multimeter

2 M
200 k
20 k   Ω
2 k
200

↑
Widerstands-
Messbereiche

Der **Ohmsche Widerstand** wird immer an Anschlüssen des gemessenen Bauteiles bzw. zwischen beiden Enden einer Leitung gemessen. Die gemessenen Gegenstände dürfen bei dieser Messung *nicht unter Spannung* sein – dies würde das Ohmmeter bzw. das Multimeter vernichten.

Vor der Messung eines Widerstandes muss das Multimeter auf die „Widerstandsmessung" geschaltet werden. Bei Multimetern, die mit einem großen Drehknopf ausgelegt sind, geht aus der Beschriftung der Felder hervor, welche Schalterpositionen sich für die vorgesehene Messung am besten eignen. Wird für die Messung eines Widerstandes z.B. ein zu niedriger Widerstandsbereich eingestellt, hat dies – im Vergleich zu einer Spannungs- oder Strommessung – *keine Beschädigung* des Multimeters zufolge.

Bei Zeiger-Multimetern (Analog-Multimetern) ist es erforderlich, dass vor jeder Widerstandsmessung nach dem Einschalten, sowie auch nach jeder Veränderung des Widerstands-Messbereichs, erst der Zeiger des Multimeters *justiert* wird: Die zwei Messspitzen der Messleitung werden – wie auf S. 99 oben abgebildet – erst miteinander verbunden (kurzgeschlossen), was einen Widerstand von „null Ohm" ergibt und dabei wird mit dem Stellknopf, der z.B. als „*Ω-ADJ*" bezeichnet ist, der Zeiger genau auf „null Ohm" eingestellt.

8.5 Richtig messen ist einfach

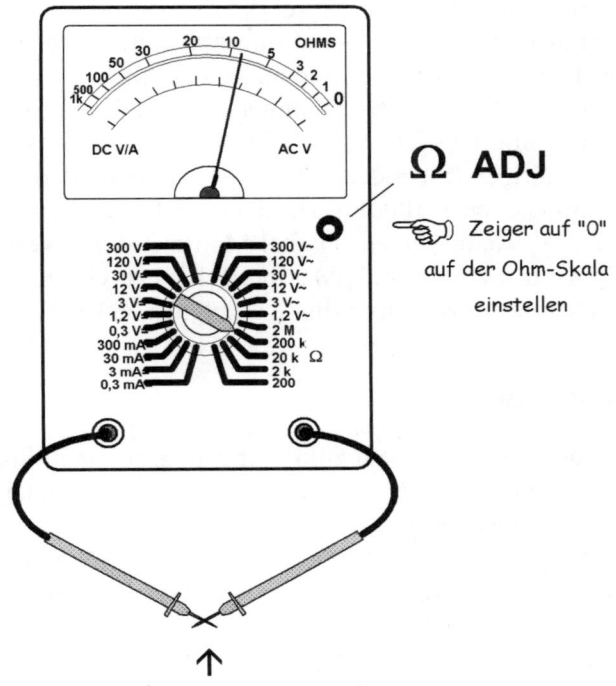

Ω **ADJ**

☞ Zeiger auf "0" auf der Ohm-Skala einstellen

Messspitzen kurzgeschlossen halten

die Suche nach der "richtigen" Kabel-Ader mit einem Zeiger-Ohmmeter

Eine solche Einstellung ist nicht erforderlich – bzw. braucht nicht allzu genau vorgenommen zu werden – wenn mit dem Ohmmeter nur kontrolliert wird, ob eine leitende Verbindung vorhanden oder nicht vorhanden ist. Hier genügt es, wenn der Zeiger des Ohmmeters einfach nur „wahrnehmbar" ausschlägt und damit anzeigt, dass die Verbindung besteht bzw. dass man bei einem mehradrigen Kabel den richtigen Leiter gefunden hat. Für derartige Kontrollzwecke reicht allerdings auch ein einfacher Piepser aus. Der ist ohnehin angesagt, wenn nur ein Digital-Multimeter zur Verfügung steht, denn bei dem ist der Widerstands-Messbereich meist viel zu träge, um solche Kontrollmessungen zumutbar flink vornehmen zu können.

8.6 Oszilloskope

Ein Oszilloskop zeigt an seinem Bildschirm optisch einen Spannungsverlauf, Spannungsschwankungen, sowie auch normale Spannungswerte usw. an. Man kann sich da beispielsweise näher ansehen, wie gut eine gleichgerichtete Spannung tatsächlich ist (ob sie keine Reste von Wechselspannung in der Form von kleinen Rillen hat, oder ob der Gleichrichter intakt ist und alle Spannungs-Halbwellen liefert – und Ähnliches). Wertvolle Dienste leistet ein Oszilloskop vor allem bei der Arbeit mit Frequenzen, die u.a. entweder als Frequenzen diverser Taktgeber oder als Audio-Frequenzen nur mit Hilfe eines Oszilloskops sichtbar gemacht werden können. Oszilloskope sind wahlweise als größere Geräte mit (überwiegend) Bildröhren-Bildschirmen oder auch als kleine „aufgemöbelte" Multimeter mit größeren LCD-Displays erhältlich.

Ausführungsbeispiel eines preiswerten Oszilloskops (*Foto: Conrad Electronic*):

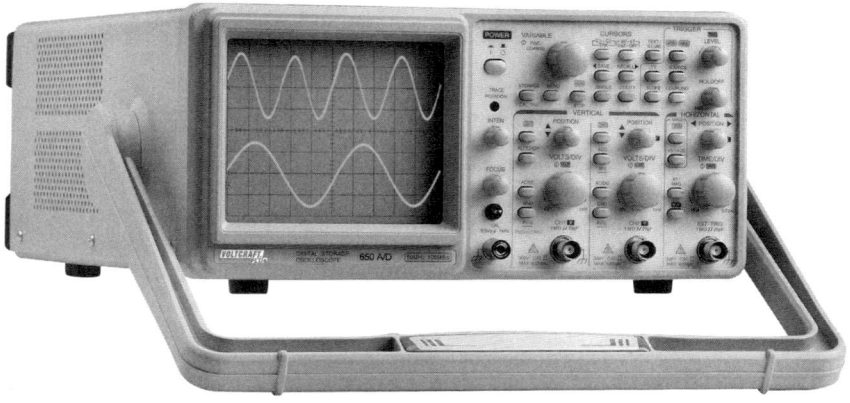

8.6 Oszilloskope

Ausführungsbeispiel eines „Display-Multimeters", das als Mini-Oszilloskop ausgelegt ist (*Foto: Conrad Electronic*):

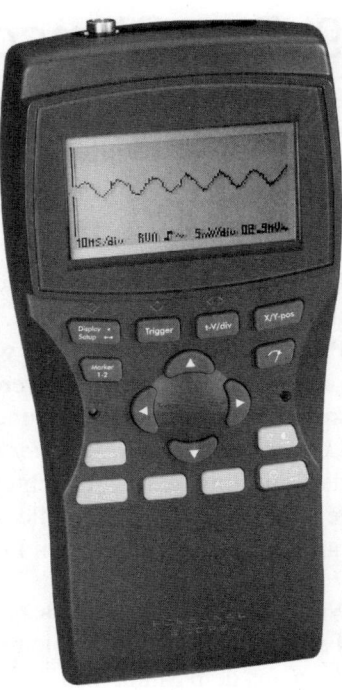

9 Der Ohmsche Widerstand

Unter dem Begriff „Ohmscher Widerstand" ist der Widerstand eines elektrischen Leiters zu verstehen, der für seine Leitfähigkeit bestimmend ist. Im Prinzip wäre es sinnvoller, wenn diese Eigenschaft der Leiter einfach als *„Leitfähigkeit"* definiert werden könnte. Stattdessen fungiert in der Elektrotechnik für die Bewertung (bzw. Berechnung) der Leitfähigkeit eines Leiters sein *Ohmscher Widerstand* – obwohl er eigentlich als eine „Bremse" der Leitfähigkeit zu betrachten wäre. Diese Lösung hat jedoch viele Vorteile und ermöglicht schnelle und einfache Berechnungen von z.B. Spannungsverlusten in längeren Leitungen.

Nebenbei: Anstelle der Bezeichnung *„Ohmscher Widerstand"* wird in der Technik oft nur die Bezeichnung *„Widerstand"* verwendet. Das genügt ja, denn aus dem Sinn eines Fachthemas geht meist automatisch hervor, dass es sich bei diesem Wort um keinen Widerstand gegen die Regierung oder gegen die Öko-Steuer, sondern um die Eigenschaft eines Leiters handelt. Es gibt hier aber ein gewisses Dilemma: Als *Widerstand* wird in der Elektrotechnik sowohl der Widerstand eines Leiters als auch der Widerstand eines Widerstandes (als elektrotechnisches Bauteil) bezeichnet.

Es klingt dann etwas verwirrend, wenn man z.B. schreibt, dass *der Widerstand des Widerstandes* (als Bauteil) fünf Ohm beträgt. Da sieht es wesentlich „technisch eleganter" aus, wenn man schreibt, dass der Ohmsche Widerstand des Widerstandes fünf Ohm beträgt. Handelt es sich nicht um einen Widerstand als elektrotechnisches Bauteil, sondern um einen Leiter (oder eine Leitung), genügt die Bezeichnung *„Widerstand"* völlig.

Da Kupfer der beste „bezahlbare" elektrische Leiter ist, werden praktisch alle elektrischen Leitungen (in der Form von Drähten und Kabeln) aus Kupfer hergestellt. Je größer der Durchmesser – und somit auch der Querschnitt – eines Leiters, desto niedriger ist sein Widerstand. Für elektrotechnische Installationen sind die handelsüblichen Standard-Querschnitte der Leiter (und Kabel) in Stufen eingeteilt, die aus der nachfolgender Tabelle ersichtlich sind.

Die Maßeinheit des Widerstandes ist das Ohm (Ω). Ähnlich wie bei den Volt, Ampere oder Watt wird in der Elektrotechnik bzw. Elektronik z.B. auch mit Kiloohm (kΩ) oder Megaohm (MΩ) gerechnet (1 kΩ = 1000 Ohm, 1 MΩ = 1 Million Ohm).

Leiter-Querschnitt	Leiter-Durchmesser	Widerstand pro 10 m Länge
0,75 mm²	0,98 mm	0,232 Ω
1 mm²	1,13 mm	0,178 Ω
1,5 mm²	1,38 mm	0,117 Ω
2,5 mm²	1,78 mm	0,070 Ω
4 mm²	2,25 mm	0,045 Ω
6 mm²	2,75 mm	0,030 Ω
10 mm²	3,60 mm	0,018 Ω
16 mm²	4,50 mm	0,012 Ω
25 mm²	6,45 mm	0,0071 Ω
35 mm²	7,50 mm	0, 0528 Ω
50 mm²	9,25 mm	0,0357 Ω

Widerstände als Bauteile werden als Drahtwiderstände, Kohleschicht-Widerstände und Metallfilm-Widerstände ausgelegt. Das Schaltzeichen ist jedoch für alle Sorten dieser Widerstände einheitlich:

Europäisches Schaltzeichen eines Widerstandes:

Amerikanisches Schaltzeichen eines Widerstandes:

Drahtwiderstand (Ausführungsbeispiel):

Bei einem Drahtwiderstand ist ein spezieller Draht mit hohem Widerstand (von z.B. 40 Ω/m) auf ein Porzellanröhrchen aufgewickelt.

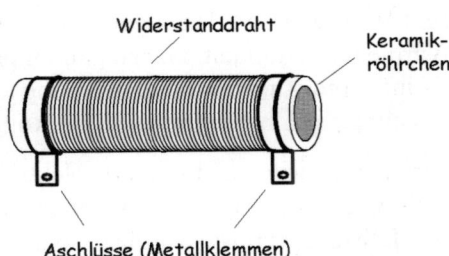

Widerstanddraht — Keramikröhrchen — Aschlüsse (Metallklemmen)

9 Der Ohmsche Widerstand

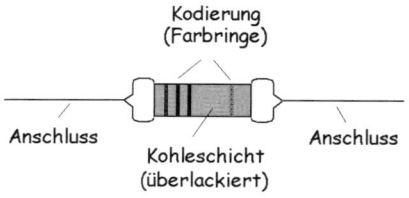

Bei Kohleschicht-Widerständen wird die eigentliche Widerstandsschicht als eine *kristalline Grauglanzkohle* auf einen runden Porzellan-Tragekörper pyrotechnisch aufgebracht. Danach wird der Widerstandskörper mit einer schützenden Lackschicht und mit bunten Kodierungsringen versehen, die den Ohmschen Wert und die Toleranz angeben.

Metallfilm-(Metallschicht-)Widerstände sehen ähnlich aus wie Kohleschicht-Widerstände, aber ihre Widerstandsschicht bildet – wie der Name andeutet – ein Metallfilm, der ebenfalls auf einem Porzellan-Tragekörper (Röhrchen) aufgetragen ist.

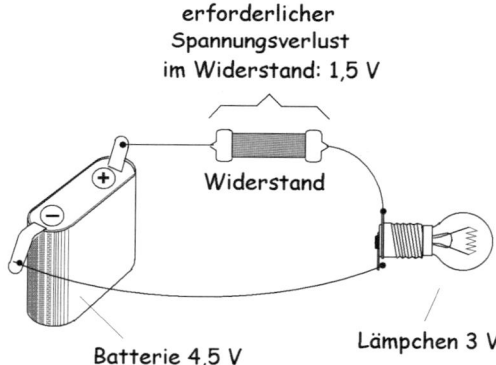

Vereinfacht formuliert, fungieren solche Widerstände in elektrischen Schaltkreisen sehr oft als Energiefresser und Spannungsschlucker bzw. als künstliche „Bremsen" des durch sie fließenden elektrischen Stromes. Ist es beispielsweise erforderlich, dass an eine 4,5-Volt-Spannung ein 3-Volt-Glühlämpchen angeschlossen wird, kann in Reihe mit dem Lämpchen ein Widerstand angeschlossen werden, dessen Aufgabe es ist, die „überflüssigen" 1,5 Volt abzufangen (= in Wärme umzuwandeln und diese in die Umgebung abzustrahlen).

Da in unserer Welt physikalisch bedingt keine Energie verloren gehen kann, geht auch der Teil der elektrischen Energie, die in einer Leitung oder in einem Widerstand verloren geht, nicht wirklich verloren, sondern sie wird in Wärme umgewandelt. Genau genommen wird ein winziger Teil davon auch als infrarotes Licht in die Umgebung abgestrahlt, aber das spielt für normale technische Überlegungen keine Rolle.

Eine zu schwach dimensionierte elektrische Leitung (darunter z.B. ein zu dünnes Rasenmäher-Kabel) heizt sich zu sehr auf. Das hat nicht nur Spannungs- und Leistungsverluste zufolge, sondern die Kunststoff-Isolation der Leiter und auch die Kupfersträhnen werden dadurch früher oder später brüchig.

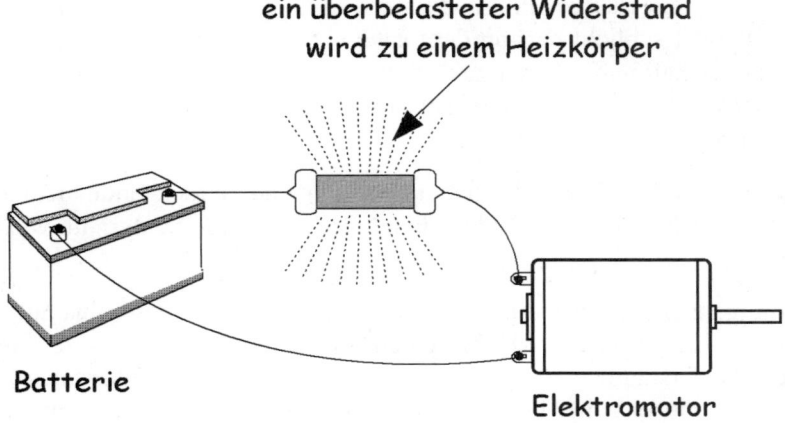

ein überbelasteter Widerstand wird zu einem Heizkörper

Batterie   Elektromotor

Auch ein „unterdimensionierter" Widerstand (als Bauteil) heizt sich zu sehr auf und verbrennt. Daher ist bei Anwendung dieses Bauteiles jeweils auch seine – vom Hersteller angegebene – *Nennleistung (in Watt)* zu berücksichtigen.

Handelsübliche Widerstände (als Bauteile) werden nach Leistungen (Größen) in Gruppen von 0,1 W, 0,25 W, 0,5 W, 1 W usw. eingeteilt. Ihre Ohmschen Werte sind genormt abgestuft in so genannten *E12-* und *E24-Reihen*.

Kohleschicht-Widerstände sind in fest vorgegebenen Abstufungen erhältlich, die sich in der E12-Reihe folgendermaßen wiederholen:

1 – 1,2 – 1,5 – 1,8 – 2,2 – 2,7 – 3,3 – 3,9 – 4,7 – 5,6 – 6,8 – 8,2 – 10 – 12 – 15 – 18 – 22 usw.

Es bleibt immer bei dem Verhältnis, dass zwischen 1 .. und 10 .. liegt. So gibt es z.B. unter anderem Werte von 1 Ω, 1,2 Ω, 1,5 Ω, 1,8 Ω usw., aber auch Werte von 1 kΩ (= 1000 Ohm) oder 470 kΩ (= 470.000 Ohm) usw.

Bei Metallschichtwiderständen sind die Abstufungen feiner: 1 – 1,1 – 1,2 – 1,3 – 1,5 – 1,6 – 1,8 – 2 – 2,2 – 2,4 – 2,7 – 3 – 3,3 – 3,6 – 3,9 – 4,3 – 4,7 – 5,1 – 5,6 – 6,2 – 6,8 – 7,5 – 8,2 – 9,1 – 10 usw. Auch hier setzen sich diese Stufen bis zu etwa 10 Megaohm (10 MΩ) fort.

Bei der Beschriftung der Widerstände wird das Ω-Zeichen meist weggelassen. Ein Widerstand von z.B. 10 kΩ wird nur als **„10 k"**, ein Widerstand von 2,2 MΩ nur als **„2,2 M"** bezeichnet. Bei Widerständen unterhalb von 1k wird das Ω-Zeichen manchmal verwendet,

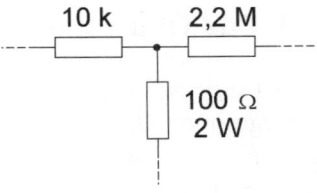

manchmal weggelassen. Ein Widerstand von z.B. 100 Ohm wird dann als „**100 Ω**" oder schlicht nur mit dem kahlen Wert „**100**" bezeichnet. Von der Art eines Schaltplanes hängt zusätzlich ab, ob neben dem Widerstand auch eine Angabe bezüglich seiner Belastung *(Nennbelastung in Watt)* aufgeführt wird.

Wird in einem Schaltplan die „Nennbelastung" der Widerstände nicht angegeben, handelt es sich um Widerstände, deren Belastung unterhalb von 0,25 Watt liegt.

Für die gängigen Anwendungen in der Elektronik kommen – bis auf Ausnahmen – die preiswerten Kohleschicht-Widerstände zum Einsatz. Metallschicht-Widerstände sind etwas teurer als Kohleschicht-Widerstände, aber wesentlich rauschärmer und werden daher z.B. in empfindlicheren Audio-Schaltungen den Kohleschicht-Widerständen vorgezogen.

Abgesehen davon sind Metallschicht-Widerstände mit Toleranzen von ca. 1 % erhältlich und Kohleschicht-Widerstände dagegen nur in Toleranzen von 5 %. In den meisten Schaltungen reichen Toleranzen von 5 % völlig aus. Soweit in einem Schaltplan nicht speziell darauf hingewiesen wird, dass eine Toleranz von 1 % bzw. ein Metallschicht-Widerstand erwünscht ist, können bedenkenlos Kohleschicht-Widerstände eingesetzt werden.

Zwei Parameter sind bei jedem Widerstand wichtig: der Ohmsche Wert (in Ohm) und die Belastbarkeit (in Watt).

In Katalogen und Preislisten sind Widerstände nach ihrer Belastbarkeit eingeteilt. Es fängt z.B. mit der Rubrik „1/10" Watt an. Die Ohmschen Werte dieser Widerstände beginnen meistens bei 1 Ohm und setzen sich bis zu 10 oder 22 Megaohm fort (1 Megaohm = 1,000.000 Ohm).

Neben *Festwiderständen* gibt es auch noch regelbare bzw. einstellbare Widerstände, die vor allem als *Potentiometer* und *Einstellregler* in verschiedensten Ausführungen erhältlich sind. Sie sind wahlweise als *Drehpotentiometer* oder als *Schiebepotentiometer* ausgelegt.

9.1 Das Ohmsche Gesetz

Es ist inzwischen fast zweihundert Jahre her, da hat es den weltbekannten Georg Simon Ohm gegeben. Er wurde 1787 im fränkischen Erlangen geboren und ist 1854 in München gestorben. Ihm verdankt die Welt das so genannte Ohmsche Gesetz, laut dem es zwischen der Spannung, dem Strom und dem Widerstand ein ähnliches „Dreiecksverhältnis" wie bei Spannung, Strom und Leistung gibt.

Somit kam eine der wichtigsten elektrotechnischen Formeln zustande. Sie lautet:

Widerstand (in Ohm) × **Strom** (in Ampere) = **Spannung** (in Volt)

In der Form von internationalen technischen Abkürzungen heißt es:

R × I = U

R = Widerstand
I = Strom
U = Spannung

Nicht vergessen: auch diese Formel ist ähnlich, wie die Formel für das Berechnen einer Fläche:

Breite × Länge = Fläche.

Und genau so, wie bei der Formel für die Berechnung einer Fläche, hat auch die Ohmsche Formel noch zwei alternative Konfigurationen:

R = U : I
I = U : R

Als „Kostproben" der Anwendung des Ohmschen Gesetzes nehmen wir uns zwei einfache Beispiele vor:

Beispiel A:
Ein Glühlämpchen, das für eine Betriebsspannung von 3,5 Volt und einen Strom von 0,2 Ampere ausgelegt ist, soll ihre Betriebsspannung von einer 4,5-Volt-Batterie beziehen. Die Batteriespannung ist um **1 Volt**

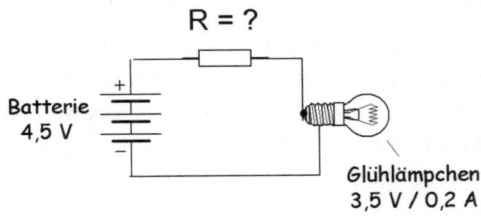

zu hoch. Diesen Spannungsüberschuss von 1 Volt möchten wir mit einem Widerstand *(Vorwiderstand)* „abfangen" – wie abgebildet.

Um den Ohmschen Wert dieses Widerstandes ausrechnen zu können, müssen wir wissen, welcher Strom durch ihn fließen wird. Wie bereits an anderer Stelle erklärt wurde, bleibt in einem geschlossenen Schaltkreis der Strom „auf der ganzen Strecke" konstant und wird von dem angeschlossenen Verbraucher (in diesem Fall von dem Lämpchen) bestimmt. Da ist nun alles klar: Das Lämpchen bezieht einen Strom von **0,2 A** und damit haben wir zwei „Bekannte" für die Ohmsche Formel: Die Spannung „U" (**1 V**), die der Widerstand sozusagen in sich hineinfressen muss und den Strom „I" (**0,2 A**), der durch den Widerstand fließen wird. Den gesuchten Ohmschen Wert des Widerstandes rechnen wir uns nach der Formel $R = U : I$ aus:

1 V : 0,02 A = <u>**50 Ω**</u> *(50 Ohm)*

Unter den handelsüblichen Kohleschicht-Widerständen gibt es zwar keine 50-Ohm-, wohl aber 47-Ohm- oder 56-Ohm-Typen. Die 47 Ohm liegen den 50 Ohm am nächsten und erfüllen ihre Aufgabe auch zufrieden stellend. Wir können aber leicht überprüfen, wie „zufrieden stellend" hier ein 47-Ohm-Widerstand seine Aufgabe meistert und ob er nun tatsächlich zumindest annähernd die erforderlichen 1 Volt in sich „hineinfrisst": **47 Ω × 0,02 A** = <u>**0,94 V**</u> *(nach der Formel R × I = U [Widerstand mal Strom = Spannung])*. Eine derartig winzige Abweichung von dem optimalen Spannungsverlust kann bedenkenlos in Kauf genommen werden. Kein Glühlämpchen wird es uns übel nehmen, wenn seine Versorgungsspannung um 0,06 Volt höher sein wird, als theoretisch vorgesehen ist.

Die Formulierung, dass der Widerstand den überflüssigen Teil der Spannung in sich „hineinfrisst", wird in der Fachterminologie nicht verwendet. Man bevorzugt die Formulierungen, dass *am Widerstand eine Verlustspannung von z.B. 0,94 V entsteht* oder dass der Widerstand *eine Spannung von 0,94 V abfängt*. Das ist auch korrekter, denn in Wirklichkeit frisst ein solcher Widerstand die Spannung nicht wie ein Hund sein Hundefutter in sich hinein, sondern wandelt die an ihm entstandene *Verlustleistung (als Spannung × Strom)* in Wärme um, die er in seine Umgebung ausstrahlt.

Somit funktioniert eigentlich ein jeder solcher Widerstand wie ein kleiner elektrischer Heizkörper. Er muss dabei so dimensioniert werden, dass er *die Leistung, die er in Wärme umwandelt* auch verkraften kann ohne zu verbrennen (bzw. ohne anzubrennen wie ein Toast). Auch das lässt sich leicht ausrechnen – und wir sehen uns näher an, wie es mit der Leistung steht, die unser vorher berechneter 47-Ohm-Widerstand in Wärme umwandeln muss: Spannung (**0,94 V**) × Strom (**0,02 A**) = <u>**0,0188 Watt**</u>.

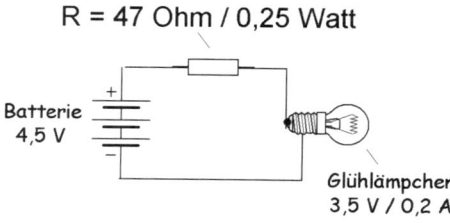

Abgesehen von den kleinsten Kohleschicht-Widerständen, die für eine Nennleistung von 0,1 Watt ausgelegt sind, eignet sich für dieses Vorhaben praktisch jeder 47-Ohm-Widerstand ab 0,25 Watt, den man gerade zur Hand hat.

Beispiel B:
Wir möchten ausrechnen, wie groß der Spannungsverlust in einem 50 m langen Elektrokabel ist, dessen Querschnitt 1,5 mm² beträgt und an den wir beabsichtigen einen 230-V~-Rasenmäher mit Radantrieb anzuschließen, der einen Strom von 8 Ampere bezieht.

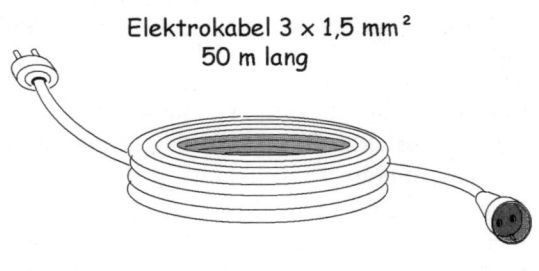

Elektrokabel 3 x 1,5 mm²
50 m lang

Die tatsächliche Strecke, die in diesem Fall der fließende Strom „absolviert", beträgt 100 m (50 m weit fließt er zum Rasenmäher – über die eine Ader – und weitere 50 m braucht er für den Rückweg über die zweite Ader. Aus der Tabelle (am Anfang dieses Kapitels) geht hervor, dass der Widerstand eines Kupferleiters mit einem Querschnitt von 1,5 mm² „nur" 0,117 Ω pro 10 m (= 1,17 Ω pro 100 m) beträgt.

Die Spannung, die hier „unterwegs" verloren geht, errechnen wir wieder nach der Formel „R × I = U":

1,17 Ω × 8 A = <u>9,36 Volt</u>

Beträgt die „Quellenspannung" (Netzspannung in der Wandsteckdose) 230 V~, erhält der Rasenmäher theoretisch nur 220,6 V. Das Sprichwort „grau ist alle Theorie, in der Praxis stimmt es nie" trifft allerdings auch hier zu, denn die eigentliche Netzspannung sollte zwar theoretisch 230 V~ betragen, aber praktisch weicht die tatsächliche Netzspannung von den theoretisch vorgegebenen 230 V~ fast immer etwas ab. Bei gut dimensionierten Netzen wird dem Kunden vom „Lieferanten" eine Spannung geliefert, die eher etwas überhalb als unterhalb der 230 V~ liegt. Das ist natürlich keine „Wohltätigkeit", denn bei einer etwas höheren Netzspannung beziehen die angeschlossenen Verbraucher etwas mehr Strom, der registriert und in Rechnung gebracht wird. Es handelt sich also um dasselbe Geschäftsprinzip, wie wenn Metzger Johann seine Kundin fragt: „Darf es etwas mehr sein?"... Die Stromlieferanten haben es in der Hinsicht leichter, denn sie brauchen nicht zu fragen.

Anderseits werden die Leiter im Hausnetz meist nur relativ „dünn" (zwischen 1,5 und 2,5 mm²) gehalten. Dadurch entstehen in längeren Leitungen zwischen dem Zählerschrank und den Steckdosen zusätzliche Spannungsverluste, wenn die angeschlossenen Verbraucher zu kräftigeren „Energiefressern" gehören – was auch in dem Beispiel mit unserem Rasenmäher zutrifft.

Auf eines wäre hier der Vollständigkeit halber noch hinzuweisen: Der Rasenmäher-Elektromotor, der als „Einphasen-Kondensator-Motor" ausgelegt ist, bezieht beim Einschalten „vorübergehend" einen bis zu 7 mal höheren Strom, als auf seinem Typenschild angegeben ist. Dieser Stromstoß kann in dem kurzen Moment einen ebenfalls bis zu 7-mal höheren Spannungsverlust im Kabel verursachen, als wir für den eigentlichen „Dauerbetrieb" ausgerechnet haben. Dieser Spannungsverlust kann theoretisch bis zu ca. 65 Volt betragen. Der Rasenmäher erhält somit gerade beim Start eine „Unterspannung" (von evtl. 165 V), die ihm das Anlaufen erschwert.

Möchten wir uns interessehalber auch noch den Leistungsverlust in dem Rasenmäherkabel ansehen, ergibt er sich nach der Formel *„Leistung = Spannung × Strom"*, durch das Multiplizieren der ermittelten Verlustspannung von **9,36 V** mit dem bezogenen Strom von **8 A**. Das wären **74,88 Watt** (9,36 × 8 = 74,88). Dies ist ein „stolzer" Energieverlust in der Leitung (das Kabel wärmt sich dadurch spürbar auf, denn auch hier wird die elektrische Energie in Wärme umgewandelt).

Wir haben allerdings für dieses Beispiel einen großen Rasenmäher gewählt, der einen relativ hohen Stromverbrauch hat. Wenn jedoch z.B. im Waschraum eines Wohnhauses gleichzeitig die Waschmaschine, der Wäschetrockner und evtl. auch noch eine Elektromangel laufen, kann der Stromverbrauch bis zu 30 A betragen und entsprechend die Zuleitung vom Zählerschrank bis zu den Geräten belasten.

Die hausinternen Leitungen sind üblicherweise zwar wesentlich kürzer als das vorher „unter die Lupe genommene" Rasenmäherkabel, aber die Spannungs- und Leistungsverluste können unter Umständen (durch den wesentlich höheren Strombedarf) dennoch respektable Werte erreichen. Bei gewissenhaft dimensionierten Hausnetzen werden daher für Steckdosen-Anschlüsse Leiter mit einem Querschnitt von 2,5 mm² und für Elektroherde sogar mit einem Querschnitt von 4 mm² verwendet. Damit werden Spannungs- und Leistungsverluste präventiv verringert.

9.2 Kodierung von Widerständen

Bei Widerständen, die zu klein sind, um auf sie die Angaben der Werte aufdrucken zu können, wird sowohl der Ohmsche Wert als auch die Toleranz mit farbigen Ringen als *Farbkodierung* auf den Widerstandskörper aufgetragen. Das Prinzip der Kodierung ist zwar für einen Einsteiger etwas gewöhnungsbedürftig, aber dennoch sehr einfach. Man braucht sich nur zu merken, welche der zehn Farben anstelle einer Zahl steht, die zwischen 0 und 9 liegt:

FARBE:	ZAHL:
schwarz	0
braun	1
rot	2
orange	3
gelb	4
grün	5
blau	6
violett	7
grau	8
weiß	9

Die Farbkodes sind zwar für Metallfilm- (Metallschicht-) und Kohlewiderstände identisch, aber bei Metallfilm-Widerständen wird der Farbkode des Ohmschen Wertes mit vier Ringen, bei Kohlewiderständen nur mit drei Ringen aufgedruckt.

Ein zusätzlicher goldener oder silberner Ring gibt noch die Toleranz des Widerstandes an: Gold steht für 5 % Toleranz, Silber für 10 % Toleranz.

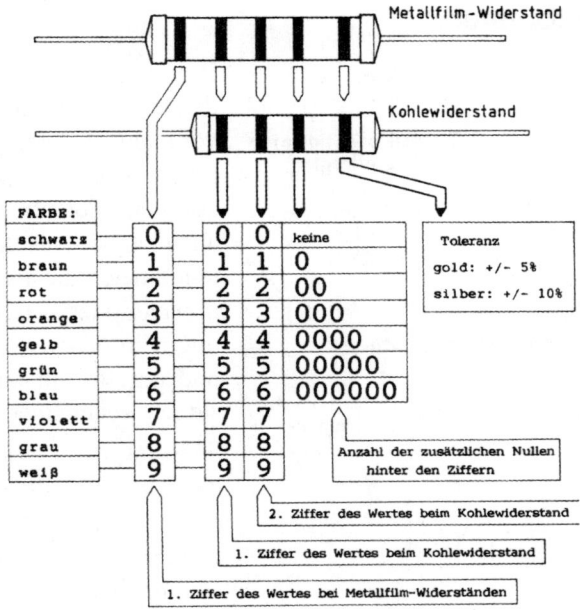

Widerstandsfarbkode

Das erleichtert auch die Orientierung beim Ablesen des kodierten Wertes: Wenn man einen Widerstand in die Hand nimmt, sucht man erst nach dem goldenen oder silbernen Ring. Dann dreht man den Widerstand in der Hand so um, dass dieser Ring rechts steht – also am Ende der Kodierung. Danach kann man von links nach rechts einfach die „Ringe" ablesen.

Dabei geht dies bei einem **Kohlewiderstand** nach folgendem Beispiel:
Der erste Ring (von links) ist **gelb** – das bedeutet die Zahl **4**.
Der zweite Ring (von links) ist **violett** – das bedeutet die Zahl **7**.

Der dritte Ring ist **orange** – das bedeutet **drei Nullen („000"),** die zu den vorhergehenden Zahlen dazukommen. Das Ergebnis lautet:

    47 000 (= 47 000 Ohm bzw. 47 kΩ)

Hat man in der Hand einen Widerstand, der nicht mit drei + 1 Farbringen, sondern 4 + 1 Farbringen versehen ist, handelt es sich offensichtlich um einen Metallfilm-Widerstand – was jedoch an der eigentlichen „Entschlüsselung des Kodes" nichts ändert.

Wer eine gewisse Zeit lang mit solchen „kodierten" Widerständen arbeitet, dem wird die Kodierung ins Blut übergehen. Er wird den Ohmschen Wert eines Widerstandes auf Anhieb erkennen, ohne die Reihenfolge der Kodierung „Ring für Ring" entschlüsseln zu müssen.

9.3 Potentiometer

Potentiometer sind regelbare Widerstände, die wir aus der Praxis vor allem als Dreh- oder Schiebepotentiometer kennen. Neben den „großen" Potentiometern gibt es auch kleine – bis „winzige" – Potentiometer, die als *Einstellpotentiometer* oder *Einstellregler* meist intern in Geräten eingebaut sind und nur für ein einmaliges Einstellen irgendeiner Funktion dienen.

Aus dem Schaltzeichen geht in einem Schaltplan hervor, um welche Art Potentiometer es sich handelt.

Europäische Schaltzeichen:

Dreh- oder Schiebepotentiometer   Einstellpotentiometer (Einstellregler)

 oder

Amerikanische Schaltzeichen:

Dreh- oder Schiebepotentiometer   Einstellpotentiometer (Einstellregler)

9.3 Potentiometer

Ausführungsbeispiel eines Draht-Drehpotentiometers *(Foto Conrad Electronic):*

Ausführungsbeispiel eines Drehpotentiometers mit spezieller Kohleschicht *(Foto Conrad Electronic):*

Ausführungsbeispiel eines Schiebepotentiometers *(Foto Conrad Electronic):*

Ausführungsbeispiel eines Einstellpotentiometers/ Einstellreglers *(Foto: Conrad Electronic):*

Die gängigsten Potentiometer verfügen über drei Anschlüsse, wovon bei Dreh- und Einstellpotentiometern der „Schleifer" meist als der mittlere Anschluss angeordnet ist. Es gibt aber auch Stereo-Potentiometer, die aus zwei nebeneinander angeordneten Potentiometern bestehen:

Auf einige praxisbezogene Anwendungen von Potentiometern kommen wir in diesem Buch noch zurück.

9.4 Fotowiderstände

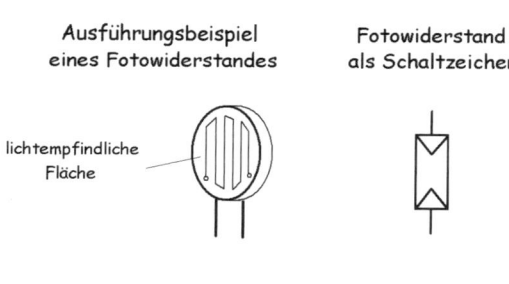

Fotowiderstände gehören zu den ältesten optoelektronischen Komponenten. Es handelt sich um spezielle, polaritätsunabhängige Bauelemente, deren Ohmscher Widerstand von der Beleuchtungsintensität ihrer belichteten Widerstandsschicht abhängt. Bei Lichteinfall nimmt der Widerstand ab und sinkt bis auf einige hundert Ohm herab, bei Verdunkelung steigt der Widerstand bis in den Megaohm-Bereich auf.

In Schaltplänen wird oft neben dem Schaltzeichen eines Fotowiderstandes auch die internationale Abkürzung „*LDR*" *(light-dependent resistor)* angegeben – um hervorzuheben, dass es sich hier um einen Fotowiderstand handelt.

Gegenüber den moderneren Fotohalbleitern (Fotodioden und Fototransistoren) reagieren Fotowiderstände auf Lichtveränderungen zwar zu träge, um z.B. ausreichend schnell Daten übertragen zu können. Sie werden in der Elektrotechnik dennoch immer noch mit Vorliebe dort angewendet, wo z.B. nur eine Wahrnehmung der Lichtveränderung beansprucht wird. So finden sie ihren Einsatz in Dämmerungsschaltern, bei der Überwachung der Flamme in Heizkesseln usw.

Wie ein Fotowiderstand auf die Veränderung der Belichtung reagiert, kann leicht mit Hilfe eines Ohmmeters (Multimeters) getestet werden. Die Belichtung kann dabei einfach durch Abdecken des Fotowiderstandes verändert werden.

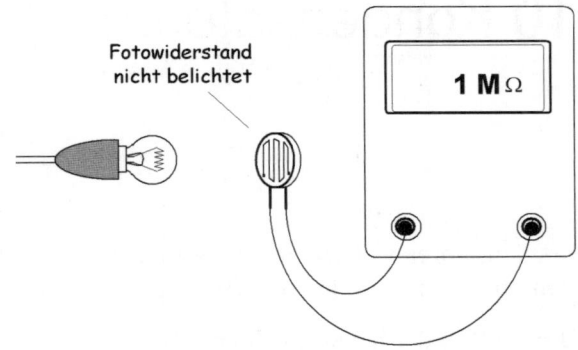

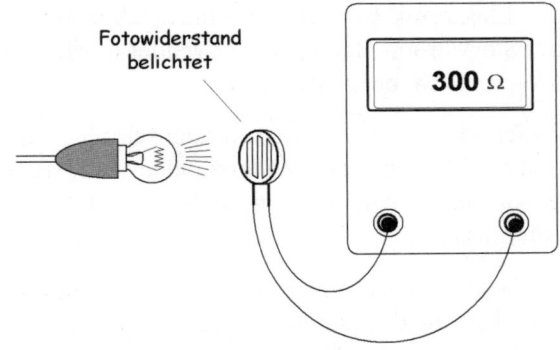

10 Kondensatoren

Kondensatoren weisen mehrere spezielle Eigenschaften aus, von denen man sich oft nur eine – oder einige wenige – zu Nutze macht.

Die Vielfalt der handelsüblichen Kondensatoren ist sehr groß. Ihre Formen und ihre Abmessungen sind unterschiedlich. Die kleinsten Kondensatoren sind nicht viel größer als ein Stecknadelkopf und finden ihre Anwendung in der Elektronik bzw. in der Mikroelektronik. Große Kondensatoren, die in der Starkstrom-Elektronik verwendet werden, sind manchmal bis zu einigen Metern hoch, breit und tief.

Zudem differenzieren sich Kondensatoren auch noch in solche, bei denen es – ähnlich wie bei den Widerständen – auf die Polarität nicht ankommt und in solche, bei denen auf die richtige Anschlusspolarität strikt geachtet werden muss.

Im Gegensatz zu einem Widerstand verhält sich ein Kondensator für den Gleichstrom als „undurchlässig" und für den Wechselstrom als „leitend". Je größer die Kapazität des Kondensators und je höher die Frequenz des ihm zugeführten Wechselstroms ist, desto besser lässt er den ihm zugeführten Wechselstrom, sowie auch die ihm zugeführte Wechselspannung, durch.

Diese Eigenschaft erweist sich als sehr nützlich bei Anwendungen in der Unterhaltungselektronik, Audiotechnik, Fernmeldetechnik, Steuer- und Regeltechnik, sowie auch bei diversen Einsatzgebieten in der Starkstromtechnik. Eine ziemlich breite Anwendung finden hier kleine Kondensatoren u.a. in Entstörfiltern. Hier filtrieren sie aus der Netzspannung unerwünschte Störimpulse heraus.

Größere Elektrolyt-Kondensatoren können zudem eine gewisse Portion elektrischer Energie speichern. Man kann sie – ähnlich wie Akkus – mit einem Gleichstrom (darunter auch mit pulsierenden Gleichstrom) aufladen. Sie werden u.a. als Glättungskondensatoren in Netzgeräten, als Energiequellen für Absicherung von Daten bei Netzspannungsunterbrechung oder anstelle von Batterien als Energiespeicher in kleinen solar betriebenen Geräten verwendet.

Wozu ein Kondensator in der Praxis gut sein kann, lässt sich am einfachsten mit Beispielen von konkreten Anwendungen erläutern – worauf wir noch zurückkommen werden. Erst sehen wir uns aber kurz an, was man sich unter einem Kondensator vorstellen dürfte.

In Schulbüchern steht, dass ein Kondensator prinzipiell aus zwei elektrisch leitenden Flächen besteht, zwischen denen sich ein so genanntes *Dielektrikum* befindet (das sie voneinander isoliert). Im einfachsten Fall kann hier als *Dielektrikum* nur die Luft dienen.

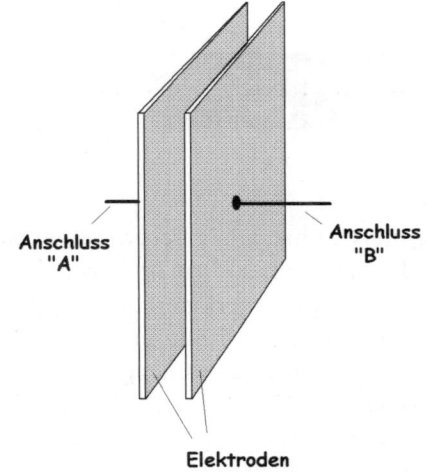

Ein ähnliches Prinzip wird noch bei Kondensatoren (Drehkondensatoren) angewendet, die in der Elektronik als Abstimmkondensatoren ausgeführt sind. Hier handelt es sich jedoch nicht um zwei Platten, sondern um mehrere dünne Platten, die ineinander beliebig tief hineingedreht werden können. Dadurch verändert sich die so genannte *Kapazität* des Kondensators und man kann mit ihm z.B. eine Frequenz abstimmen.

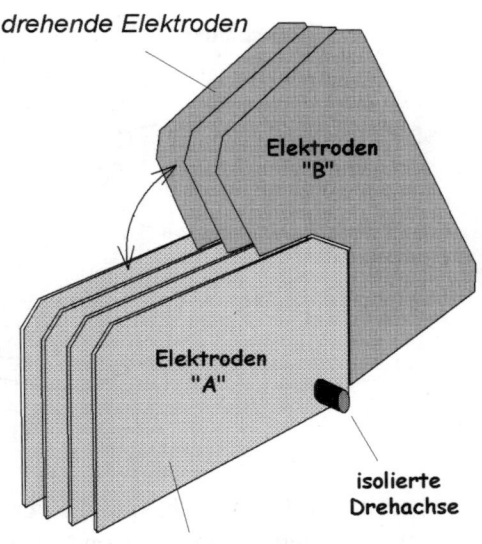

Die zwei wichtigsten Parameter eines Kondensators sind seine Kapazität und seine maximal zulässige Betriebsspannung. Die Kapazität eines Kondensators wird in *Farad (**F**), Mikrofarad (**µF**), Nanofarad (**nF**)* und *Pikofarad (**pF**)* angegeben.

1000 pF = 1 nF, 1000 nF = 1 µF und 1 µF = 0,000 001 F (Farad).

Die zulässige Betriebsspannung wird meist auf die Kondensatoren direkt aufgedruckt. Auf Elektrolyt-Kondensatoren ist – ähnlich wie z.B. auf Batterien – immer auch die Anschlusspolarität angegeben.

Die meisten handelsüblichen *„nicht polaritätsabhängigen"* Kondensatoren werden nach einem Prinzip hergestellt, das gewissermaßen an die Herstellung von Zigarren erinnert: Zwischen zwei Alufolien wird als *Dielektrikum* z.B. eine Kunststofffolie eingelegt, der ganze Streifen wird dann einfach wie eine Zigarre zusammengerollt und danach in beliebigen Kunststoff eingegossen. Im Gegensatz zu der Zigarre muss hier der Hersteller allerdings an jede der zwei Folien ein Drähtchen anbringen, denn so ein Kondensator benötigt – ähnlich wie ein jeder intakte Widerstand – auch zwei Anschlüsse.

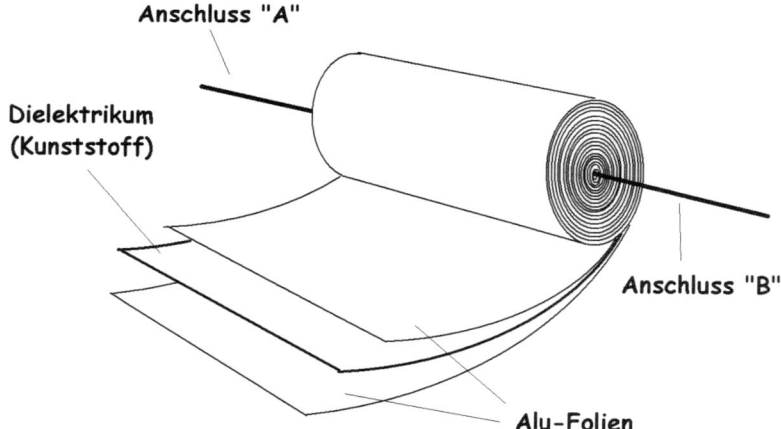

Wie bereits erwähnt wurde, sind die Formen der Kondensatoren sehr unterschiedlich. Zudem teilen sich Kondensatoren auch noch in solche, die *polaritätsunabhängig* angeschlossen werden dürfen, und in solche, bei denen auf die richtige Polarität wiederum unbedingt geachtet werden muss (andernfalls wird der Kondensator vernichtet oder funktioniert nicht).

Beruhigend ist jedoch, dass sowohl in elektronischen Schaltplänen, als auch auf den meisten gängigen Kondensatoren die Polarität angegeben ist. Auch aus den Schaltzeichen der Kondensatoren geht hervor, ob sie *polaritäts**unabhängig*** oder *polaritäts**abhängig*** angeschlossen werden müssen. Zu den letzteren gehören vor allem *Elektrolyt-* und *Tantal-Kondensatoren*. Sie sind mit der PLUS-Seite immer in Richtung der PLUS-Spannung und mit der MINUS-Seite in Richtung der MINUS-Spannung (oder Masse) anzuschließen. Ansonsten können sie platzen bzw. explodieren.

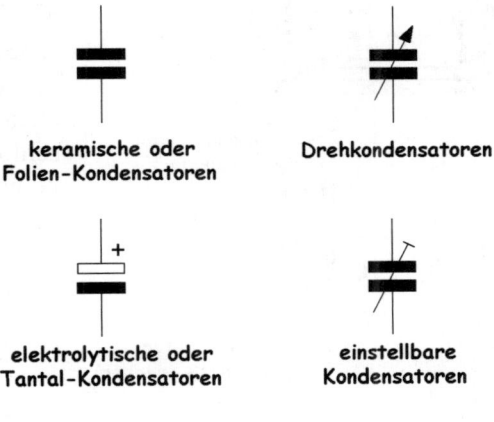

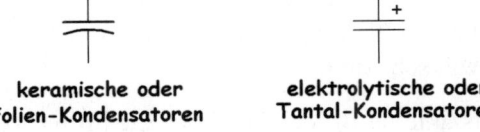

Früher hatten fast alle Kondensatoren überwiegend die Form einer Zigarre bzw. ähnelten einem Widerstand „mit Übergewicht". Moderne Kondensatoren haben oft einen flachen Körper, aber werden – soweit es sich um Folienkondensatoren handelt – auf eine ähnliche Weise wie die runden Kondensatoren „zusammengerollt" oder wie die Blätter eines Buches zusammengesetzt.

Rund sind immer noch die meisten *elektrolytischen Kondensatoren* geblieben. Sie werden ähnlich hergestellt wie die „gerollten" Folienkondensatoren, aber haben als Dielektrikum kein festes Material, sondern nur einen Elektrolyt. Er muss die zwei Alufolien (= die zwei Pole des Kondensators) isoliert voneinander halten. Das gelingt ihm nur dann, wenn er auch polaritätsgerecht angeschlossen wird. So ein elektrolytischer Kondensator darf auf keinen Fall an eine Wechselspannung angeschlossen werden. Da knallt sein Dielektrikum sofort durch und er ist nicht mehr brauchbar.

10 Kondensatoren

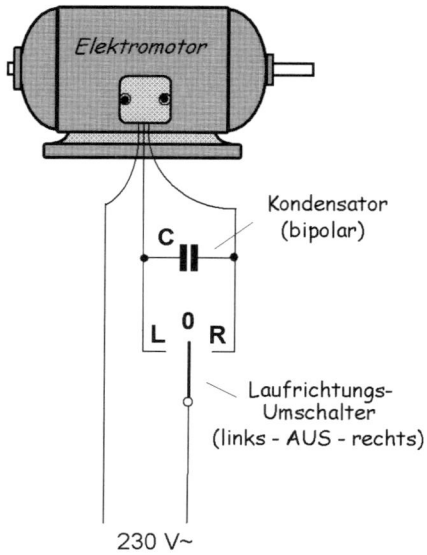

Der Vollständigkeit halber ist an dieser Stelle darauf hinzuweisen, dass es auch noch spezielle elektrolytische „*bipolare* Kondensatoren" gibt, die polaritätsunabhängig sind und auch an Wechselspannung angeschlossen werden dürfen. Genau genommen sind sie für Wechselspannung bestimmt. Sie werden in der Elektrotechnik als Motorenkondensatoren, in der Audio-Technik vor allem als Tonfrequenzkondensatoren für Frequenzweichen angewendet.

Als „kleine Brüderchen" der Folienkondensatoren gibt es auch noch diverse keramische Kondensatoren. Sie werden mit Vorliebe dort eingesetzt, wo Platz sparend gearbeitet werden soll, bzw. wenn sie laut Schaltplan erwünscht sind.

Als „kleine Brüderchen" der Elektrolyt-Kondensatoren verdienen noch die „*Tantal-Kondensatoren*" Aufmerksamkeit. Sie haben kleine Abmessungen, sind *polaritätsabhängig*, eignen sich jedoch nur für relativ niedrige Spannungen (aus den Herstellerangaben gehen die jeweiligen max. Arbeitsspannungen hervor).

Bei den meisten Kondensatoren wird als „maximale Spannung" nur die Gleichspannung angegeben. Ausnahmsweise – u.a. bei einigen speziellen *Styroflex-Kondensatoren* – gibt der Hersteller beide Spannungsarten an, z.B.: Nenngleichspannung 63 V, Wechselspannung 25 V.

Die Toleranz der meisten Kondensatoren liegt bei 10 bis 20 %, kann aber u.a. auch – besonders bei keramischen Scheibenkondensatoren – kapazitätsabhängig z.B. zwischen 5 % (bei kleinen Kapazitäten) und ca. 50 % (bei großen Kapazitäten) liegen. Elektrolyt-Kondensatoren werden oft mit Toleranzen von etwa –20 % bis + 50 % gefertigt (soweit im Katalog nicht andere Toleranzen angegeben werden).

Die *Frequenzabhängigkeit* des Kondensators wird auch beim Bau von Lautsprecher-Frequenzweichen benutzt. Möchte man beispielsweise die meist dürftige Klangqualität eines Fernsehers durch zwei externe Lautsprecherboxen mit je einem *Breitband-* und einem *Hochton-Lautsprecher* verbessern, können die „Hochtöner" über einen Kondensator parallel zu den *Breitband-Lautsprechern* angeschlossen werden. Der *Breitband-Lautsprecher* sollte die tiefen und die mittleren Töne gut wiedergeben können. Die Kapazität des Kon-

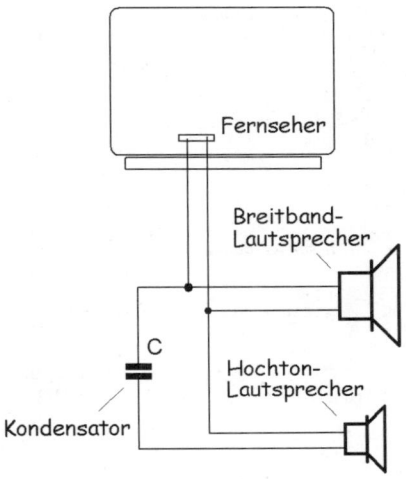

densators C (die zwischen ca. 1 µF und 4,7 µF/35 V liegen wird) sollte experimentell so gewählt werden, dass die Lautstärke des Hochton-Lautsprechers richtig dosiert wird.

Die Aufgabe des Kondensators – der als ein bipolarer Kondensator ausgelegt sein sollte – besteht darin, dass er nur die höheren Tonfrequenzen an den *Hochtöner* durchlässt; für niedrigere Tonfrequenzen bildet er eine Sperre. Je höher seine Kapazität, desto lauter werden die hohen Frequenzen (scharfen Töne) hörbar. Das Klangspektrum des angewendeten Breitband-Lautsprechers ist natürlich für die Ausgewogenheit der Klangwiedergabe bestimmend. Je besser der Breitband-Lautsprecher selber auch einen Teil der höheren Töne wiedergeben kann, umso leiser sollte der *Hochtöner* mitwirken (umso niedriger muss die Kapazität des Kondensators C sein).

Der Buchstabe „**C**" steht als ein internationales Symbol für einen Kondensator – ähnlich wie das „**R**" für einen Widerstand. Mit diesen beiden Buchstaben werden üblicherweise die Kondensatoren und Widerstände in den Schaltplänen bezeichnet.

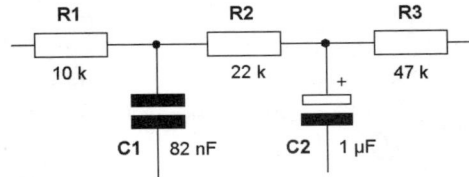

122 10 Kondensatoren

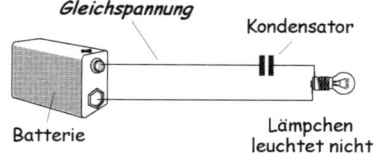

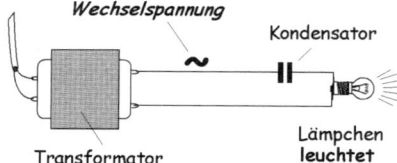

Ein Kondensator, der z.B. zwischen eine Gleichspannungs-Stromquelle (Batterie) und ein Glühlämpchen angeschlossen wird, lässt keinen Strom durch. Bei einer Wechselspannung zeigt er sich dagegen „kooperativ" und lässt sie durch. Je höher die Frequenz der Wechselspannung und je höher die Kapazität des Kondensators ist, desto besser lässt ein Kondensator die Wechselspannung durch.

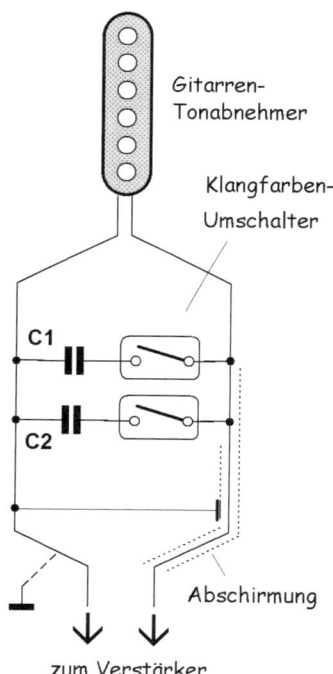

C1 = 680 pF bis 15 nF
C2 = 10 nF bis 68 nF

Ein Kondensator kann z.B. auch für die Klangregelung eines Gitarren-Tonabnehmers verwendet werden. In dem hier aufgeführten Beispiel werden zwei unterschiedlich große Kondensatoren mittels zwei zusätzlichen Mini-Schaltern parallel zu dem Tonabnehmer zugeschaltet. Sie schließen die hohen harmonischen Frequenzen (die Schärfen) gegen die Masse kurz, wodurch der Gitarrenklang wärmer („runder") wird. Je höher die Kapazität des „kurzschließenden" Kondensators ist, desto wärmer – aber allerdings auch etwas leiser – wird der Klang. Die optimale Kapazität der Kondensatoren kann experimentell ausgesucht werden. Die hier angegebenen Werte sind nur als Richtwerte zu betrachten, die sowohl an den Tonabnehmer als auch an den subjektiven Geschmack beliebig angepasst werden können.

Eine gleitende Klangfarben-Regelung kann mit Hilfe eines Potentiometers bewerkstelligt werden (was ein zusätzliches Einbauen vereinfacht). Eine solche Lösung wird bei E-Gitarren auch professionell angewendet. Da es sich hier um eine Klangregelung handelt, die „physiologisch" der Unlinearität des menschlichen Ohres angepasst werden soll, ist hier ein „logarithmisches" „Potentiometer einem „linearen" Potentiometer vorzuziehen (alle Potentiometer werden normalerweise in diesen zwei Ausführungen konzipiert).

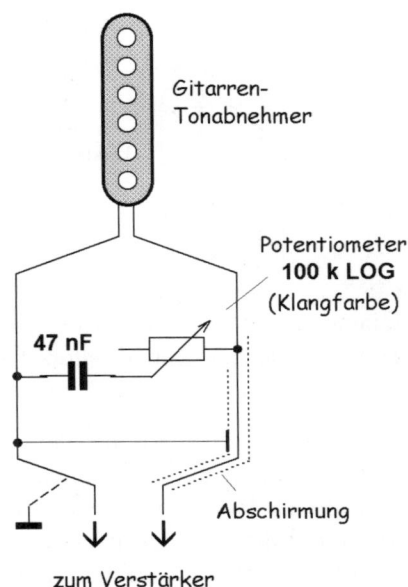

Die so genannten „*Entstör-Kondensatoren*" bilden eine separate Gruppe in der Kondensatorenfamilie. Sie werden u.a. dazu benutzt, dass sie z.B. einen Netzschalter entstören. Die Entstörung findet – populär interpretiert – dadurch statt, dass der Entstör-Kondensator den Funken dämpft (schluckt), der beim Schließen oder Öffnen der Kontakte entsteht. Nicht entstörte Netzschalter verursachen den bekannten störenden „Schaltklick" im laufenden Radio oder Fernseher.

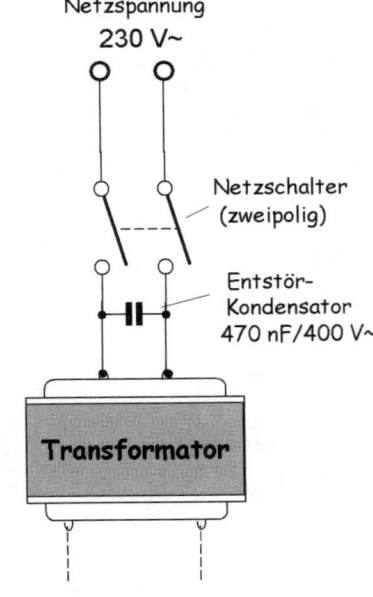

Als Energiespeicher wird ein Kondensator auf verschiedenste Arten verwendet. Ein einfaches Experiment der Energiespeicherung kann nach dem auf folgender Seite abgebildeten Beispiel vorgenommen werden: Wird z.B. parallel zu einer Leuchtdiode ein Elektrolyt-Kondensator angeschlossen, leuchtet sie beim Einschalten des Schalters

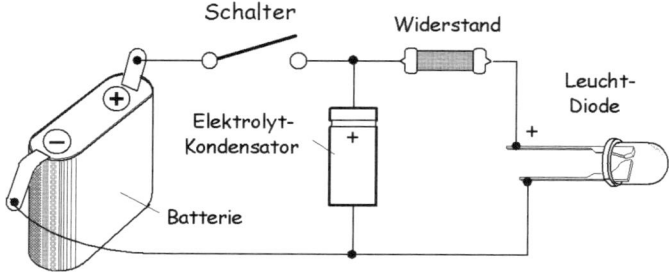

gleitend auf und erlöscht wieder gleitend nach Abschalten des Schalters. Von der Kapazität des Kondensators hängt die Dauer des gleitenden Auf- und Ausleuchtens ab (alles über Leuchtdioden werden Sie im Kap. 16 finden).

Die Fähigkeit eines Kondensators elektrische Energie zu speichern, wird bei Netzgeräten und Netzteilen genutzt. Der Kondensator, der in dieser Funktion als *„Glättungskondensator"* oder *„Ladekondensator"* bezeichnet wird, fängt die gleichgerichteten Spannungspulse auf und glättet sie in einem erforderlichen Umfang. Je größer seine Kapazität und je kleiner die Stromabnahme, desto besser wird die ihm zugeführte pulsierende Gleichspannung geglättet (siehe hierzu auch Kap. 14 und 15).

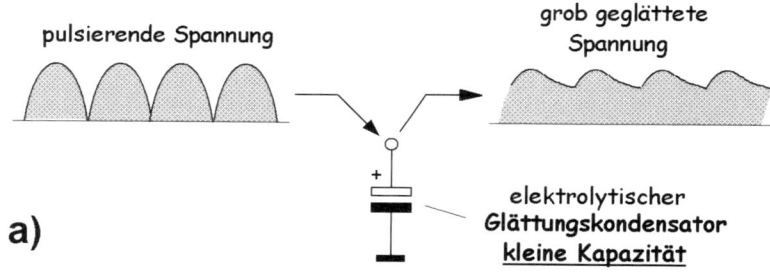

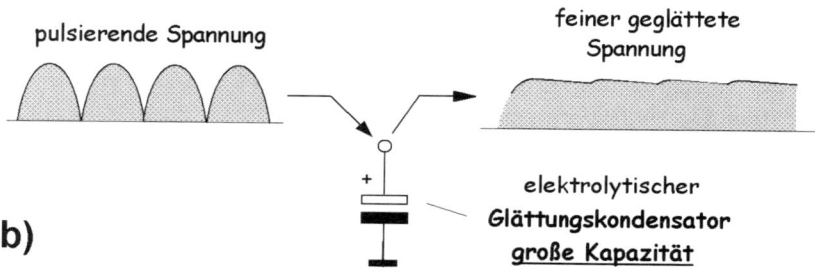

Kondensatoren mit sehr hohen Kapazitäten (von ca. 1 bis 22 Farad) werden als echte Energiespeicher in elektronischen Geräten verwendet, um z.B. bei Stromunterbrechungen die Datenverluste in Speicher-Chips zu vermeiden.

Diese Speicherfähigkeit kann beispielsweise auch dazu verwendet werden, dass so ein Kondensator (den z.B. *Conrad Electronic* unter der Bezeichnung *„Gold Cap"* anbietet) als Energiespeicher anstelle eines wieder aufladbaren Akkus für kleinere solar betriebene Geräte verwendet wird. Nach den auf folgender Seite (126) aufgeführten (nachbauleichten) Schaltbeispielen kann z.B. eine batteriebetriebene Uhr zu einer Solaruhr umfunktioniert werden. Die Lösung in a) haben wir für Uhren entwickelt, die für eine 1,5-Volt-Spannungsversorgung ausgelegt sind und die Schaltung in b) ist für Uhren vorgesehen, deren Spannungsversorgung 3 Volt beträgt. Beide Lösungen eignen sich auch für diverse andere Kleingeräte, deren Funktion & Energieverbrauch sich mit einem derartig kleinen Energiespeicher zufrieden geben. So kann z.B. ein kleines „Voice-Modul" *(als Baustein von Conrad Electronic)* eine kurze Warnmeldung mit der in einem „1 Farad/ 5,5 Volt"-Gold-Cap gespeicherten Energie bis zu etwa 30-mal nacheinander wiedergeben, bevor ein Nachladen erforderlich ist.

Es versteht sich von selbst, dass diese Art der Stromversorgung nur für Uhren bzw. andere elektronische Kleingeräte in Frage kommt, die tagsüber zumindest vorübergehend von der Sonne bestrahlt werden, oder die in einem ausreichend hellen Raum vom Tageslicht oder von Kunstlicht die notwendige Dosis an Licht (an Photonen) erhalten.

Als Solarzellen können zu diesem Zweck kleine gekapselte oder „kahle" Solarzellen verwendet werden. Gekapselte Solarzellen sind u.a. als „Fertigprodukte" beim Versandhandel erhältlich. Kahle Solarzellen können z.B. aus ausrangierten oder billig erhältlichen Solar-Taschenrechnern ausgebaut werden. Ein neuer Solar-Taschenrechner funktioniert nach solcher Amputation trotzdem meist als reiner „batteriebetriebener" Taschenrechner noch einige Jahre lang, und die eigentlichen Solarzellen werden somit sehr preisgünstig erworben.

Die Solar-Ladespannung für die Gold-Caps wird auf die erforderliche Schwelle mit Hilfe der eingezeichneten Dioden **1 N 4148 + ZPD 1 V** bzw. **SB 130 + ZPD 2,7 V** begrenzt. Werden Solarzellen aus Taschenrechnern verwendet, deren Nennspannung z.B. 2 bis 3 V beträgt, genügen oft zwei bis vier solche Zellen als Ladespannungs-Quellen. Mit einem Voltmeter kann ermittelt werden, ob an dem vorgesehenen Standort die Solarzellen eine ausreichend hohe Ladespannung aufbringen können.

126 10 Kondensatoren

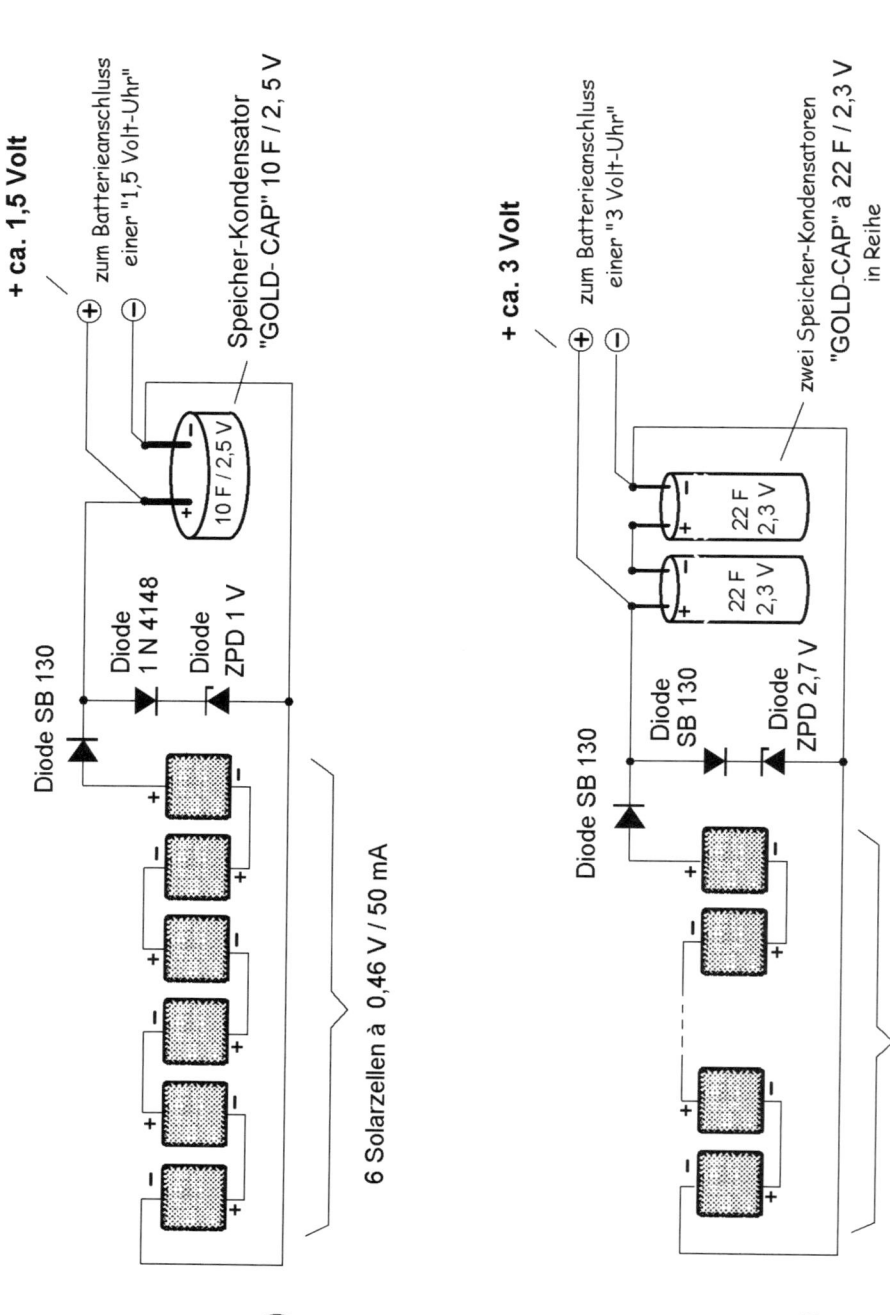

11 Spulen und Drosseln

Spulen-Schaltzeichen:

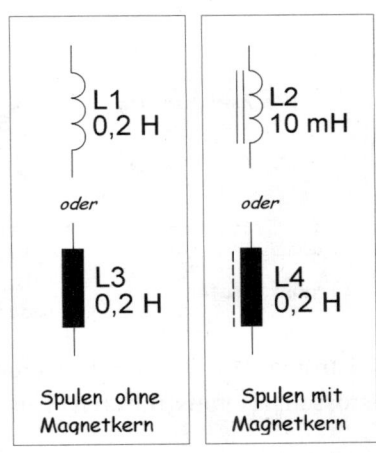

Spulen ohne Magnetkern — Spulen mit Magnetkern

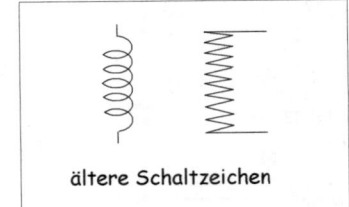

ältere Schaltzeichen

Spulen und Drosseln bilden im Prinzip den „Dritten im Bunde" bei den Grundbausteinen der Elektrotechnik, zu denen die bereits behandelten Widerstände und Kondensatoren gehören. Einige der Spulenanwendungen lernten wir bereits im 3. Kapitel (Elektromagnetismus) kennen. Das waren jedoch nur wenige „Kostproben" von dem, was sich mit einer Spule bewerkstelligen lässt. Nun sehen wir uns kurz noch an, wozu sich Spulen sonst noch eignen.

Die gängigsten Spulen-Schaltsymbole zeigt die nebenstehende Abbildung.

Als das internationale Symbol für eine Spule (Induktivität) wird der Buchstabe „**L**" verwendet. Bei Widerständen ist es der Buchstabe „**R**", bei Kondensatoren der Buchstabe „**C**". Die Induktivität einer Spule wird in „**H**" (Henry), „**mH**" (Millihenry) oder bei sehr winzigen Spulen „**µH**" (Mikrohenry) angegeben. Es handelt sich

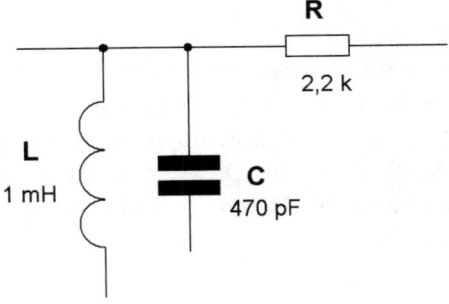

auch hier um ähnliche Abstufungen wie bei Metern, Millimetern und Mikrometern.

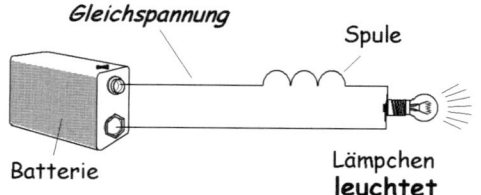

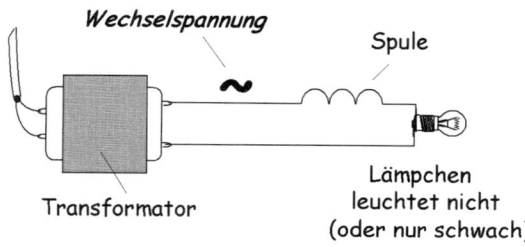

Interessant an einer Spule ist, dass sie sich in einer elektrischen Schaltung dem Kondensator genau umgekehrt verhält: Für den Gleichstrom verhält sie sich als normaler „Leiter", für den Wechselstrom bildet sie dagegen einen Widerstand, der mit der ihr zugeführten *Frequenz* und mit der *Spuleninduktivität* wächst.

Man spricht von einer *Drossel- und Sperrwirkung* einer Spule für Wechselströme. Als *„Drossel"* werden Spulen bezeichnet, die speziell für das Drosseln (Herausfiltrieren) von z.B. Störimpulsen im Netz bestimmt sind.

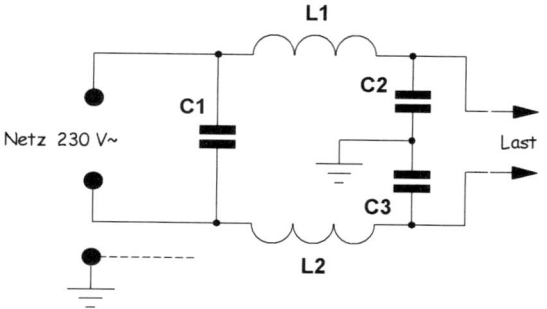

Die spezielle Eigenschaft der Spule, höheren Frequenzen einen Durchlass zu verweigern, wird in handelsüblichen Netzfiltern mit der Eigenschaft der Kondensatoren, hohe Frequenzen kurzzuschließen, kombiniert. Die Spulen *(Drosseln)* **L1** und **L2** lassen die hohen, störenden Frequenzen nicht durch (fast nicht durch) und die Kondensatoren **C1**, **C2** und **C3** „filtrieren" sie gleichzeitig noch heraus. So eine „doppelt gemoppelte" Lösung ist deshalb erforderlich, weil weder die Wirkung der Drosseln, noch die Wirkung der Kondensatoren hundertprozentig ist. Durch die Kombination beider Prinzipien wird hier ein zufrieden stellendes Ergebnis erzielt.

Solche Störimpulse zeigen sich auf dem Bildschirm eines Oszilloskops als haardünne Nadeln, die an der sinusförmigen Netzfrequenz wie die Zecken am Kater Maxi sitzen und Funktionen der angeschlossenen Geräte (PC, Fernseher, Radio) stören.

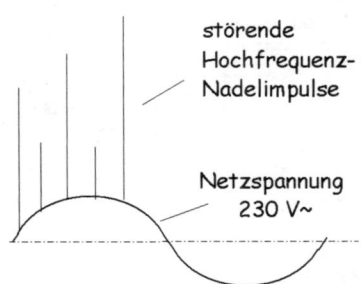

Ähnlich wie bei dem vorhergehenden Netzfilter wirken sich Spulen und Kondensatoren auch in konventionellen Frequenzweichen aus. Auch hier spielen sich die Eigenschaften der Kondensatoren und der Spulen in die Hand und „stellen die Weichen" für ausgewählte Frequenzbereiche. So drosselt bei einer einfachen *Zweiwege-Frequenzweiche* (die nur für zwei Lautsprecher ausgelegt ist) die Spule die hohen Frequenzen zu dem Breitband-

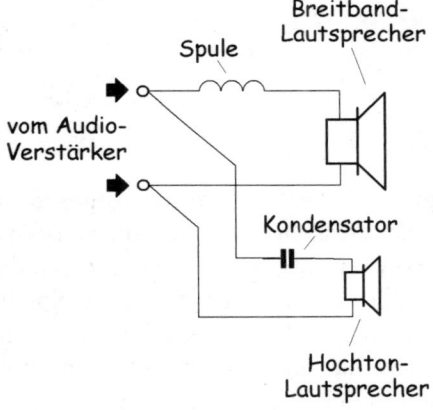

Lautsprecher ab und der Kondensator verhindert wiederum, dass die tieferen Frequenzen zu dem Hochton-Lautsprecher durchdringen können.

Noch interessanter ist die professionelle Dreiwege-Frequenzweiche von Philips, die auf der folgenden Seite (130) abgebildet ist. Sie sieht zwar auf den ersten Blick etwas zu kompliziert aus, ist aber genauso leicht durchschaubar wie eine Straßenkreuzung mit gut ausgeschilderten Fahrtrichtungen. Wir haben hier – der leichteren Übersicht wegen – einige der Kreuzungen mit Punkten versehen, auf die wir uns bei der Erklärung der Funktionsweise beziehen können: An der ersten Kreuzung (**A**) sollte sich das Audio-Signal in zwei Bahnen teilen: Die obere Bahn ist für „kleinere Pkw" (= höhere Frequenzen), die untere für „Laster" (= tiefe Frequenzen) vorgesehen. Wir wissen, dass eine Spule hohe Frequenzen nicht gut durchlässt. Daher bildet die Spule **L1** eine Sperre für höhere Frequenzen und lässt zu dem Bass-Lautsprecher nur die tieferen Frequenzen durch. Kondensator **C1** schließt die restlichen hohen Frequenzen, die durch **L1** durchgedrungen sind, gegen die Masse kurz. Somit erhält der Basslautsprecher nur (oder „so

11 Spulen und Drosseln

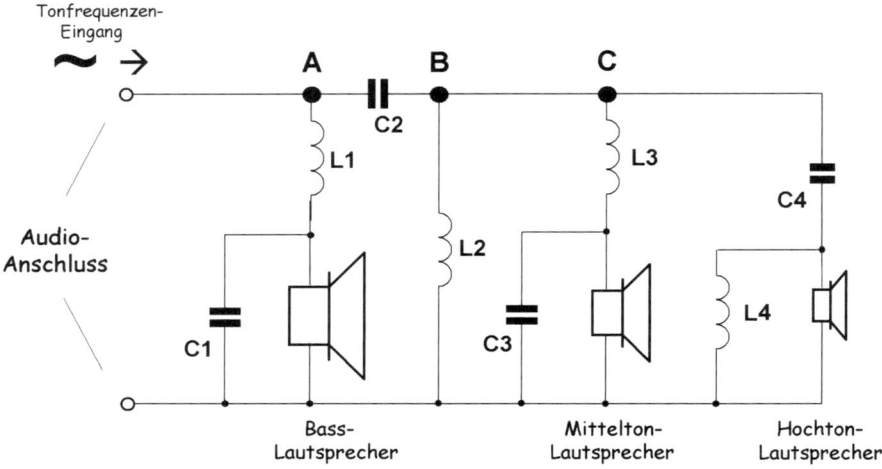

gut, wie nur") die für ihn vorgesehenen tiefen Töne. Kondensator **C2** bildet eine „Straßensperre" für die tiefsten Frequenzen, die nur für den Basslautsprecher vorgesehen sind. Die „dennoch" durch den **C2** durchgedrungenen tiefen Frequenzen schließt die Spule **L2** gegen die Masse kurz. Auf diese Weise ist dafür gesorgt, dass vom Punkt **B** zu den weiteren zwei Lautsprechern nur noch die mittleren und hohen Töne weitergeleitet werden. Diese teilen sich auf der Kreuzung **C** wieder in zwei „Fahrtrichtungen": Die mittleren Frequenzen werden zum Mittelton-Lautsprecher geleitet, wobei **L3** verhindert, dass er keinen zu hohen Anteil von den höchsten Frequenzen bekommt und **C3** schließt auch hier die restlichen „zu hohen" Frequenzen gegen die Masse kurz. Die Kapazität des **C4** ist so gewählt, dass er nur die hohen Frequenzen an den Hochton-Lautsprecher durchlässt. Die Spule **L4** schließt hier die Reste der durchgedrungenen tiefen Frequenzen gegen die Masse kurz.

Frequenzweichen für den Selbstbau von Lautsprecherboxen sind auch als Einbau-Fertigplatinen erhältlich *(Foto: Conrad Electronic):*

Anhand der vorhergehenden Beispiele konnte die „Verhaltensweise" der Spulen leicht verständlich erklärt werden. Es dürfte noch angesprochen werden, dass in der Elektrotechnik sowohl Spulen ohne einen magnetisch leitenden Kern (Luftspulen) als auch Spulen mit einem magnetisch leitenden Kern verwendet werden. Die Induktivität einer Spule steigt mit der Anzahl ihrer Windungen, aber sie steigt zudem enorm, wenn die Wicklung einen magnetisch leitenden Kern (z.B. einen Ferritkern) erhält.

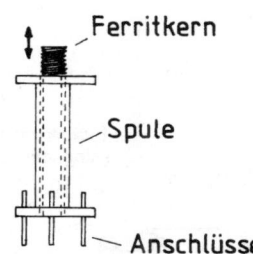

In der Audio- und Funktechnik werden oft kleine Spulen mit Ferritkernen verwendet, die mit einem Schraubenzieher verstellbar sind – womit die Induktivität der Spule genauestens eingestellt werden kann:

Wenn zwei oder mehrere Spulen auf einen gemeinsamen, magnetisch leitenden Kern aufgewickelt werden, können sie auf verschiedene Weise aufeinander Einfluss nehmen. Von dieser Eigenschaft profitieren auch Transformatoren.

12 Transformatoren

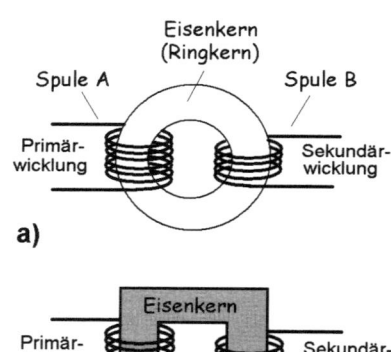

a)

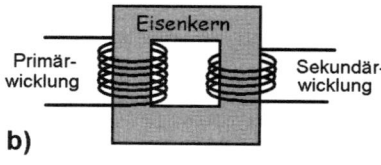

b)

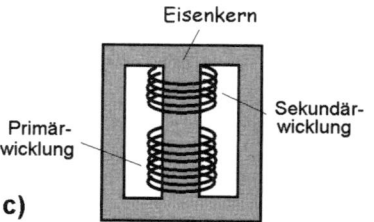

c)

Transformatoren *(„Trafos")* sind im Grunde genommen nichts anderes, als zwei oder mehrere Spulen an einem gemeinsamen magnetisch leitenden Kern. Das kann ein Kern aus gebündelten (zusammengeschraubten) dünnen Trafoblechen *(Dynamoblechen)* oder aus Ferrit sein, der ringförmig oder viereckig ausgelegt ist und dem elektromagnetischen Fluss einen geschlossenen Kreislauf ohne jegliche Luftspalten ermöglicht. Von den hier abgebildeten drei Formen werden für die professionell hergestellten Transformatoren überwiegend nur Ringkern-Transformatoren nach **a)** und rechteckige Transformatoren nach **c)** verwendet.

Ringkern-Transformatoren haben gegenüber Transformatoren mit rechteckigem Kern viele Vorteile, zu denen ein niedrigeres Gewicht, kleiner Raumbedarf, ein etwas höherer Wirkungsgrad und ein geringeres magnetisches „Streufeld" gehören. Sie sind jedoch teurer als die rechteckigen Transformatoren und werden daher noch relativ seltener als rechteckige Transformatoren angewendet.

Die Schaltzeichen sind für alle Transformatoren gleich – ohne Rücksicht auf die eigentliche Ausführung oder Anwendung:

Die meisten Transformatoren werden als so genannte *Netztransformatoren* konzipiert. Sie sind dazu bestimmt, die Netzspannung (von 230 V~) in eine niedrigere – gelegentlich auch in eine höhere – Wechselspannung zu transformieren. Eine ähnliche Funktion haben auch große Transformatoren, die für hohe Spannungen ausgelegt sind. Sie dienen dazu, dass sie die hohen Spannungen der Energieversorgungsunternehmen in die 400-V~-Netzspannung der Haushalte transformieren (diese Transformatoren stehen in Wohngebieten in den allgemein bekannten „Trafo-Häuschen").

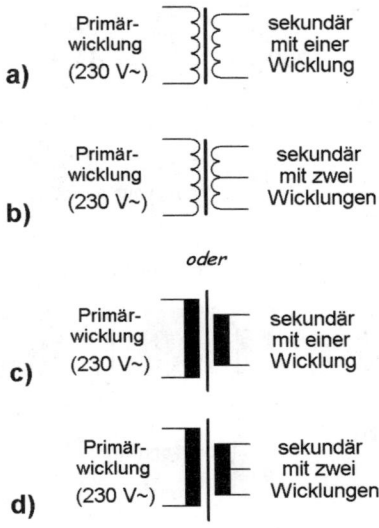

Neben Netztransformatoren gibt es auch noch andere Arten von Kleintransformatoren, von denen am bekanntesten die *Trenntransformatoren* und *Übertrager* sind. *Trenntransformatoren* dienen zum galvanischen Trennen der Wechselspannung vom Netz. *Übertrager* dienen zur Datenübertragung in der Mess- und Regeltechnik zur Tonfrequenz-Übertragung usw.

Ein Transformator (kurz *Trafo* genannt) funktioniert nur dann, wenn er an Wechselstrom angeschlossen wird. In den meisten Fällen handelt es sich dabei um den Netzstrom, dessen Frequenz 50 Hz (Hertz) beträgt. Solche Transformatoren finden wir in den meisten „netzbetriebenen" elektronischen Apparaten, darunter in PCs, Radios, Fernsehern usw.

Der Transformator hat in der Regel nur eine einzige Eingangswicklung (Primärwicklung), die an die Netzspannung (230-V-Wechselspannung) angeschlossen wird, und beliebig viele Ausgangswicklungen (Sekundärwicklungen) an denen dann die gewünschten Ausgangs-Wechselspannungen zur Verfügung stehen.

12 Transformatoren

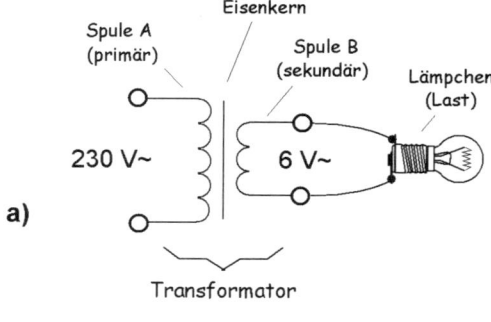

a)

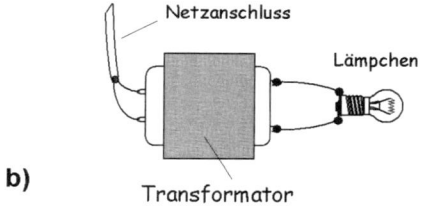

b)

Im einfachsten Fall hat so ein Trafo nur eine Primär- und eine Sekundärwicklung. Die Spannung am Sekundär des Trafos steht zu der Spannung am Primär im selben Verhältnis, wie die Zahl der Windungen. Theoretisch. Bei einem preiswerten „Eisenkern-Trafo" bleiben jedoch etwa 10 % der Energie als innere Verluste auf der Strecke. Um diese Verluste zu decken, bekommt die Sekundärwicklung des Trafos 10 % Windungen mehr, als dem reinen Spannungsverhältnis gerecht wäre. Die hier abgebildeten Beispiele zeigen einen Transformator (mit Lämpchen) als Schaltzeichen (Beispiel a) und alternativ „in natura" (Beispiel b).

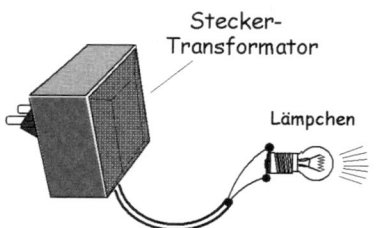

Kleintransformatoren sind auch in der Form von Stecker-Transformatoren erhältlich, deren Ausgangsspannung manchmal sogar in mehreren Stufen (von z.B. 4, 6, 9 und 12 Volt) umschaltbar ist.

Der Fachhandel bietet aber auch eine große Auswahl an verschiedenen kleineren Transformatoren an, mit typenbezogen abgestuften Sekundärspannungen und Sekundärleistungen.

Ausführungsbeispiel eines kleinen Print-Transformators der Type „EI 30" – **1,5 VA.**

Abmessungen: (L × B × H) 32 × 27 × 24 mm

Bestell-Nr.	primär	sekundär	Gewicht
50 60 44	230 V	6 V/250 mA	80 g
50 60 52	230 V	9 V/166 mA	80 g
50 60 60	230 V	12 V/125 mA	80 g
50 60 79	230 V	15 V/100 mA	80 g
50 60 87	230 V	18 V/83 mA	80 g
50 60 95	230 V	24 V/62 mA	80 g
50 61 09	230 V	2 × 6 V/125 mA	80 g
50 61 17	230 V	2 × 9 V/83 mA	80 g
50 61 25	230 V	2 × 12 V/62 mA	80 g
50 61 33	230 V	2 × 15 V/50 mA	80 g

Diese Tabelle zeigt nur eines von vielen Beispielen, wie Kleintransformatoren in Katalogen angeboten werden (aus dem Katalog von *Conrad Electronic*).

Bei der Anschaffung eines Trafos interessieren uns (neben seinen Abmessungen) hauptsächlich die Katalogangaben über seine Sekundärspannung(en) und den Sekundärstrom bzw. Sekundärströme (die bei mehreren Sekundärwicklungen unterschiedlich sein können). So kann z.B. aus den technischen Daten eines Trafos hervorgehen, dass er an seinem Sekundär zwei folgende Spannungen hat: 12 V/3 A und 24 V/0,5 A.

So mancher preisgünstige Restposten-Trafo kann auch eine Vielzahl von Spannungen haben, von denen wir vielleicht nur einige benötigen. Auch gut. Die restlichen Sekundärausgänge werden einfach nicht benutzt (sie bleiben „offen", dem Trafo ist es egal).

Zu den allgemein bekannten Kleintransformatoren gehört der Klingel-Transformator:

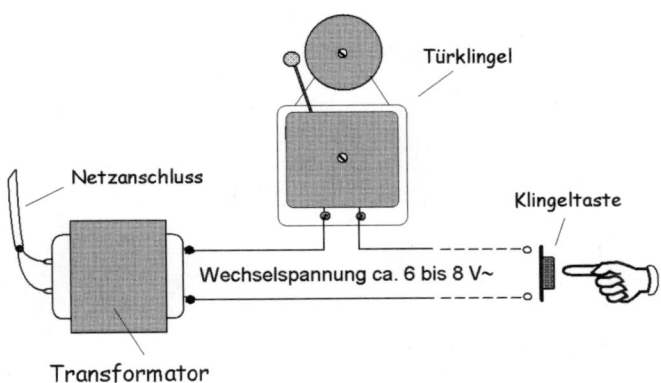

Universal-Transformatoren verfügen über mehrere Sekundärspannungen:

13 Halbleiterdioden

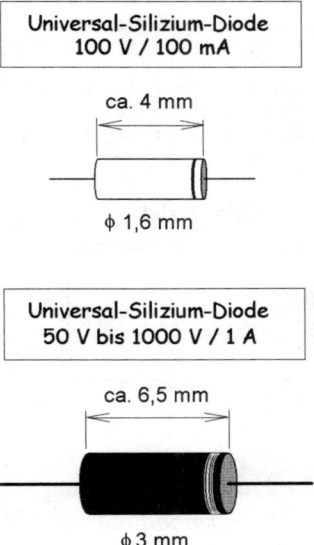

Halbleiterdioden gehören zu den wichtigen Bausteinen der Elektrotechnik. Bis auf seltenere Ausnahmen handelt es sich bei allen gängigen Dioden um *Siliziumdioden*. Zwei der gängigsten Dioden-Ausführungen zeigt die nebenstehende Abbildung.

Zwei gebräuchliche Dioden-Schaltzeichen:

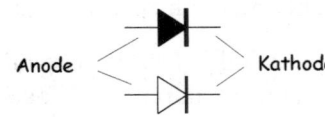

Germaniumdioden, die als Vorgänger der Siliziumdioden bekannt sind, werden wegen einiger ihrer speziellen Eigenschaften auch heute noch gelegentlich verwendet – z.B. als Kleinsignal-Dioden zur Gleichrichtung von kleinen Wechselspannungen oder für diverse Spezialaufgaben in der HF-Technik. Neben dem Vorteil einer niedrigeren Kapazität, die besonders in der HF-Technik von großer Bedeutung ist, hat eine Germaniumdiode noch den Vorteil einer niedrigeren Durchlassspannung (Verlustspannung) von etwa 0,25 V – gegenüber der Durchlassspannung einer „normalen" Siliziumdiode, die meistens zwischen ca. 0,65 und 1 V liegt.

Spannungsverluste in Dioden:

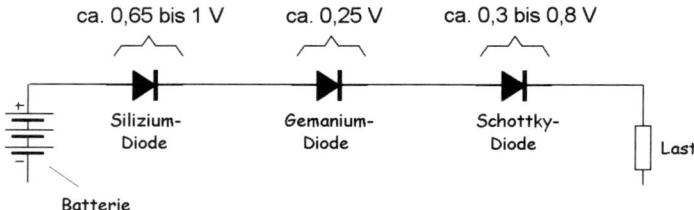

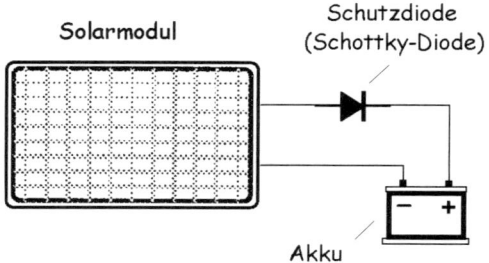

Die Schutzdiode verhindert hier, dass sich der Akku über das Solarmodul entlädt, wenn die jeweilige Solarspannung niedriger ist, als die Akkuspannung:

Als „Dritter im Bunde" verdient an dieser Stelle die *Schottky-Diode* eine angemessene Aufmerksamkeit: Diese Spezialdiode hat anstelle des üblichen PN-Übergangs einen Metall-Halbleiterübergang mit einer Schottky- Sperrschicht dazwischen. Abgesehen davon, dass sie dadurch in HF-Schaltungen flinker reagiert, beträgt bei den meisten Typen die Durchlassspannung nur 0,3 V und ist somit annähernd niedrig, wie bei einer *Germaniumdiode*. Diesen Vorteil macht man sich z.B. in der Fotovoltaik zunutze, um den unvermeidlichen Spannungsverlust in der Diode auf ein Minimum zu beschränken (einige der Schottky-Dioden weisen jedoch typenbezogen eine Durchlassspannung von bis zu etwa 0,8 V auf und sind daher nicht für solche Vorhaben geeignet).

Die Dioden-Durchlassspannungen sind zwar etwas abhängig von dem Strom, der durch die Diode gerade fließt, aber dieser Aspekt verdient nur dort Aufmerksamkeit, wo der Spannungsverlust einen gehobenen Stellenwert hat. Das betrifft z.B. auch die so genannten *Brückengleichrichter*, bei denen die Dioden-Sperrspannung einen Spannungs- und Leistungsverlust verursacht, auf den wir in Zusammenhang mit Netzteilen noch zurückkommen. Manchmal wird aber der durch die Durchlassspannung verursachte Spannungsverlust in Halbleiterdioden gezielt angewendet, um eine unerwünscht hohe Spannung etwas zu reduzieren (siehe hierzu auch Kap. 16).

Bei vielen Anwendungen werden Dioden als *Spannungssperren* verwendet, die die Gleichspannung nur in einer Richtung (von Plus zu Minus) durchlassen:

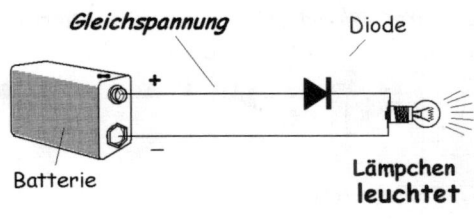

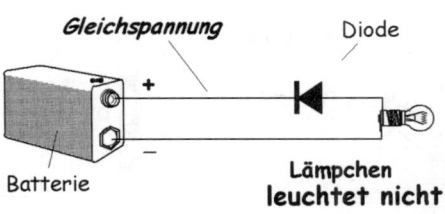

Bei solchen Anwendungen spielt es keine Rolle an welcher Stelle in dem Gleichstrom-Kreislauf die Diode eingelötet ist:

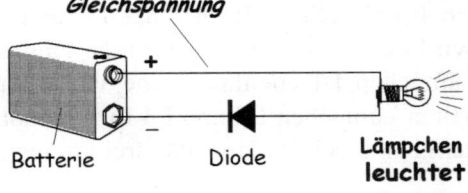

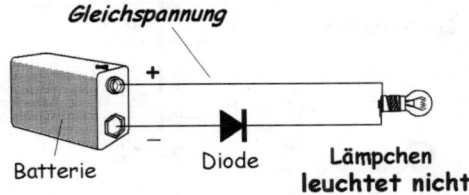

Wird an die *Anode* einer Diode Wechselspannung angeschlossen, lässt die Diode zu ihrer *Kathode* nur die positiven Halbwellen der Wechselspannung durch, die somit als *positive Spannungsimpulse* weitergeleitet werden:

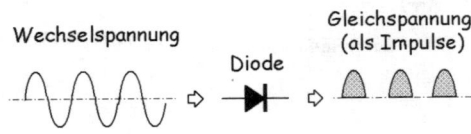

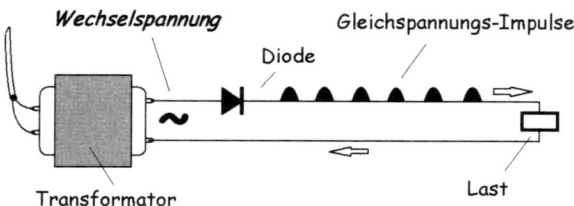

Wird eine Diode an einen Transformator angeschlossen, wandelt sie seine Wechselspannung in eine pulsierende Gleichspannung um (siehe hierzu auch Kap. 14).

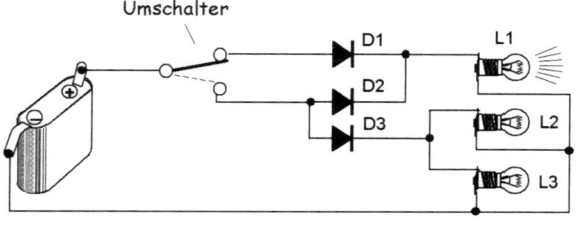

Mit Hilfe von drei Dioden kann beispielsweise ein kombiniertes Schalten von drei Lämpchen bewerkstelligt werden: Steht der Umschalter in der eingezeichneten Position, erhält über Diode **D1** nur das Lämpchen **L1** seine Versorgungsspannung. Wird der Umschalter nach unten umgeschaltet, erhält über Diode **D2** das Lämpchen **L1** ebenfalls seine Versorgungsspannung, aber gleichzeitig erhalten Lämpchen **L2** und **L3 ihre** Versorgungsspannung über Diode **D3** (in dem Fall leuchten dann alle drei Lämpchen).

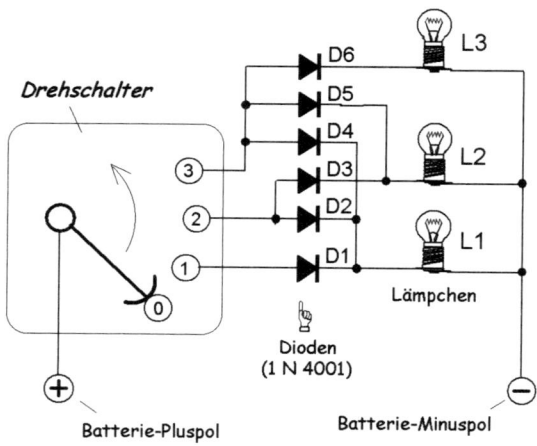

Alternativ können mit einem vierstufigen Umschalter (Drehschalter) drei Lämpchen-Sektionen umgeschaltet werden: Über Diode **D1** wird nur Lämpchen **1** eingeschaltet (Schaltposition 1). In Schaltposition 2 schaltet der Drehschalter über die Dioden **D2** und **D3** sowohl das Lämpchen **1**, als auch das Lämpchen **2** ein. In Position 3 schaltet der Drehschalter über Dioden **D4**, **D5** und **D6** alle drei Lämpchen ein.

Auf eine ähnliche Weise können z.B. beliebige leuchtende Anzeigen mit Hilfe von Dioden ausgelegt werden. In diesem Beispiel wird so die Richtung eines leuchtenden Pfeils gewechselt. Wie aus der Schaltung ersichtlich ist, wird durch die Anwendung der Dioden das mittlere Feld des Pfeils (mit den vier Lämpchen „M") für beide Pfeilrichtungen genutzt. Über die Dioden **D1** oder **D4** erhält wahlweise entweder die Lämpchen-Sektion „**L**" oder die Sektion „**R**" ihre Versorgungsspannung.

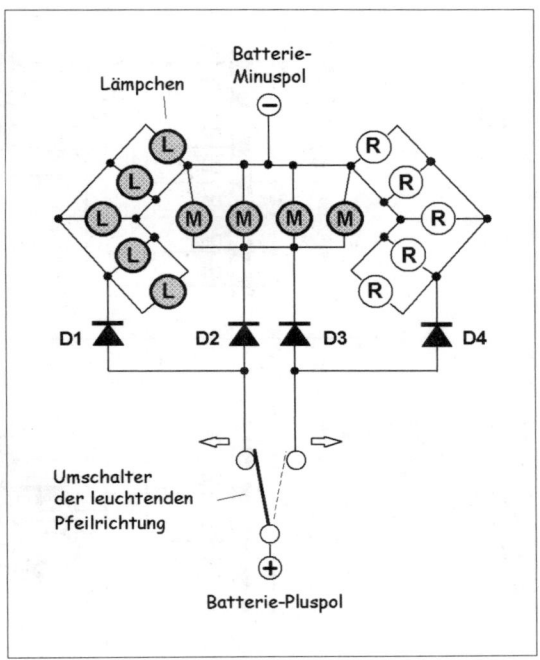

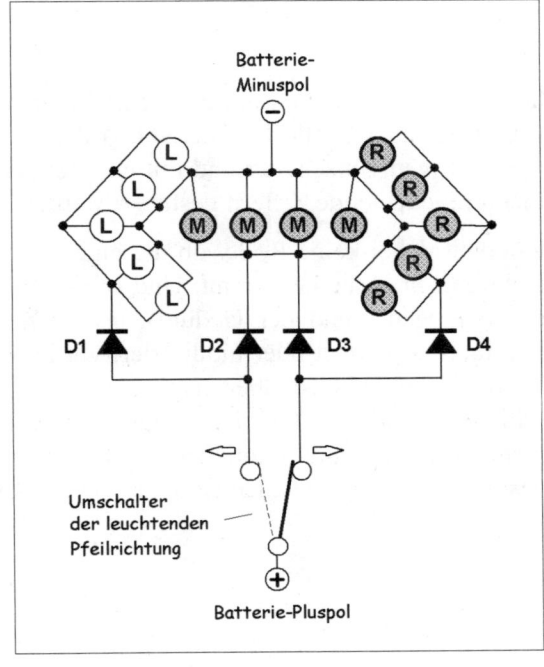

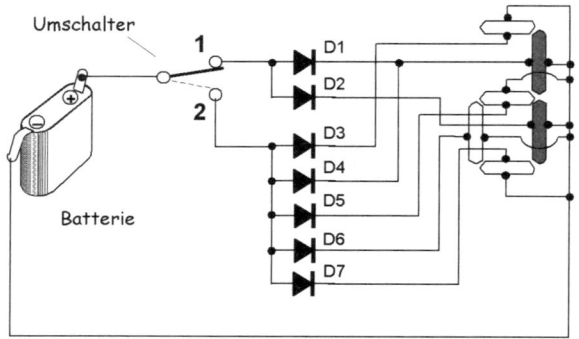

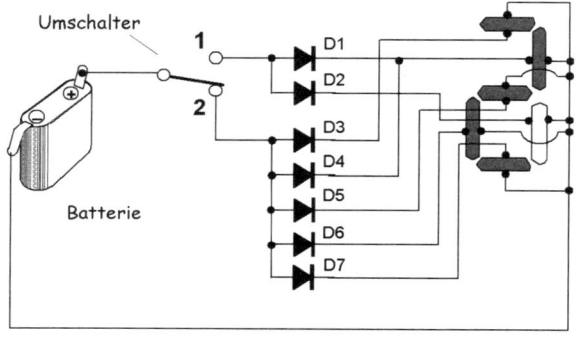

Auch Leuchtdioden-Anzeigen (LED-Anzeigen) oder sogenannte *Leuchtdioden-Punktmatrixmodule* können mit Hilfe von Dioden nach dem hier aufgeführten Prinzip gesteuert werden. Steht der Umschalter in Position „1", erhalten die zwei LED-Segmente der Zahl **1** über die Dioden **D1** und **D2** ihre Versorgungsspannung. Wird der Umschalter in Position „2" umgeschaltet, erhalten die Segmente der Zahl **2** ihre Spannung über die Dioden **D3** bis **D7**. Die obere Hälfte der Ziffer 1 wird auch für die Ziffer 2 benötigt und muss daher in beiden Fällen aufleuchten. Sie erhält ihre Versorgungsspannung wahlweise über Diode **D1** oder **D4**. Auf dieselbe Weise könnten mit einem mehrstufigen Umschalter und mit einer erweiterten „Dioden-Matrix" auch mehrere leuchtende Ziffern gesteuert werden.

Es spielt dabei keine Rolle, ob die eigentliche Umschaltung manuell oder elektronisch zustande kommt. Und selbstverständlich ist es nur eine Frage des Anliegens (und der Geduld), in welchem Umfang so ein „Projekt" eventuell ausgebaut oder modifiziert wird. Wir haben uns hier in unserem Beispiel einfachheitshalber damit zufrieden gegeben, dass nur zwei unterschiedliche Zahlen (1 und 2) umgeschaltet werden. Die eigentlichen Segmente sind bei handelsüblichen LED-Anzeigen mit Leuchtdioden (LEDs) bestückt (siehe hierzu auch Kap. 16 – Leuchtdioden).

13.1 Zenerdioden

Zenerdioden (kurz „Z-Dioden") sind spezielle Siliziumdioden, die zur Stabilisierung einer Gleichspannung, zur Glättung (bzw. „Nachglättung") einer pulsierenden Gleichspannung, sowie auch zur Reduktion einer Gleichspannung konzipiert sind.

Z-Dioden werden grundsätzlich in *„Sperrrichtung"* betrieben. Die typenbezogene „Zenerspannung" gibt die Höhe der Spannung an, die an der Kathode Z-Diode (nach Beispiel a) festgehalten wird bzw. die die Z-Diode als *konstante Spannung* (nach Beispiel b) abfängt.

Schaltzeichen der Zener-Dioden:

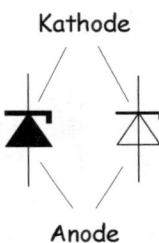

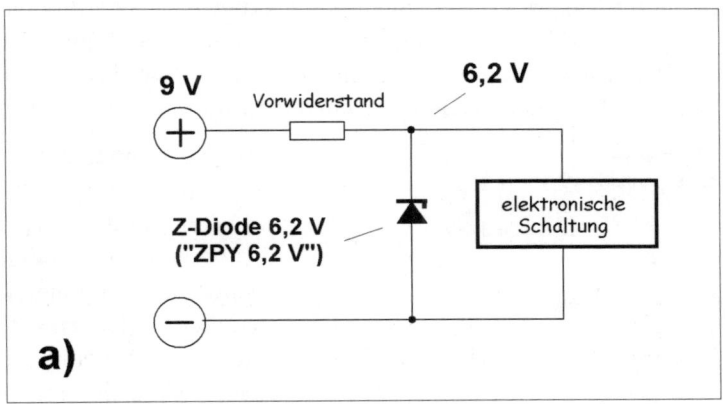

a)

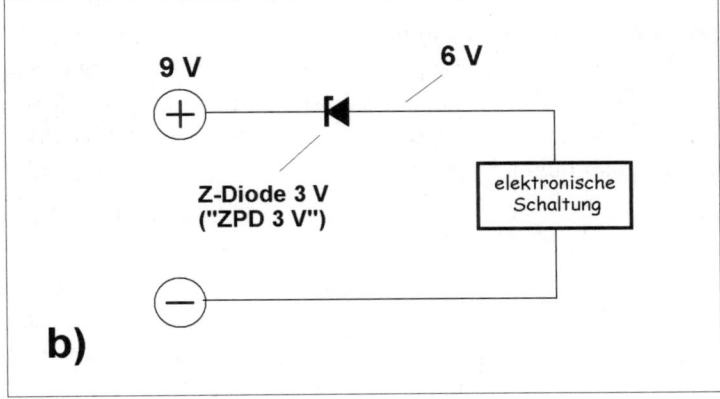

b)

Die Zenerspannung geht bei den meisten Zenerdioden bereits aus der Typenbezeichnung hervor: Eine Zenerdiode der Type „*ZPD 6,2 V*" hat eine „in etwa Zenerspannung" von 6,2 V. Die äquivalente Bezeichnung kann bei einer kompatiblen Zenerdiode z.B. als „*6V2*" angegeben werden (das „*V*" ersetzt hier das Komma).

Zenerdioden sind handelsüblich in folgenden abgestuften Zenerspannungs-Festwerten erhältlich:

1 – 2,4 – 2,7 – 3 – 3,3 – 3,6 – 3,9 – 4,3 – 4,7 – 5,1 – 5,6 – 6,2 – 6,8 – 7,5 – 8,2 – 9,1 – 10 – 11 – 12 – 13 – 15 – 16 – 18 – 20 – 22 – 24 – 27 – 30 – 33 – 36 – 39 – 43 – 47 – 51 – 56 – 62 – 68 – 75 – 82 – 91 – 100 – 110 – 120 – 130 – 150 – 160 – 180 und 200 Volt.

Bei den normalen (und preiswerten) Zenerdioden stimmt üblicherweise die tatsächliche Zenerspannung nicht allzu genau mit dem überein, was die Typenbezeichnung verspricht. Bei „nicht vorselektierten" Zenerdioden ist mit Abweichungen von etwa ± 6 % bis ± 7 % zu rechnen. So kann z.B. die so genannte „*Durchbruchspannung*" (= eine Spannung, die die Z-Diode „abfängt") einer „3,0-V"-Zenerdiode zwischen 2,8 und 3,2 V liegen usw.

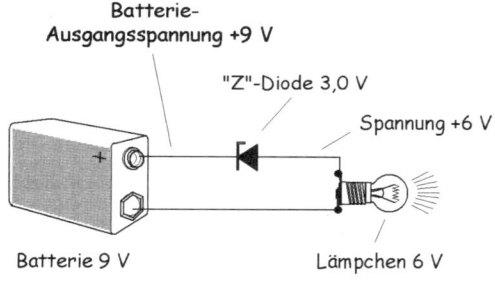

Als Spannungsregler (bzw. „Spannungsschlucker") können Zenerdioden z.B. überall dort verwendet werden, wo für irgendeinen „kleineren Verbraucher" oder einen Schaltungsteil eine niedrigere Spannung erwünscht ist als die zur Verfügung stehende Versorgungsspannung. So kann z.B. ein 6-Volt-Glühlämpchen über eine 3-Volt-Z-Diode an eine 9-Volt-Batterie angeschlossen werden: Die Z-Diode schluckt brav „ihre" 3 Volt und lässt an das Lämpchen nur noch den Rest der ursprünglichen Spannung – also die eingezeichneten 6 Volt – durch (dies zwar nicht ausgesprochen haargenau, aber dennoch ausreichend genau).

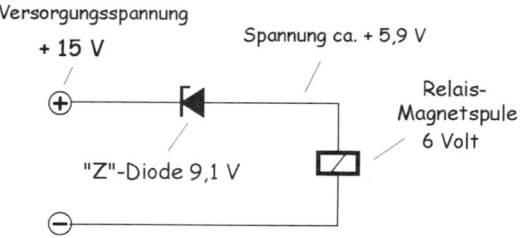

Eine ähnlich einfache Spannungsreduzierung kann z.B. auch angewendet werden, wenn ein elektromagnetisches Relais an eine Spannung angeschlossen werden soll, die wesentlich höher ist, als seine Magnetspule verkraften würde. Manchmal gibt es unter den Z-Dioden keine, die haargenau für das Abfangen der vorgesehenen Spannung ausgelegt ist, aber das macht in der Praxis meistens nichts aus. Das hier eingezeichnete 6-Volt-Relais wird erfahrungsgemäß ohnehin in einem breiteren Spannungsbereich (von etwa 5 bis 8 Volt) reibungslos funktionieren.

Anstelle der 9,1-Volt-Z-Diode könnte bei dem Anliegen nach vorhergehendem Beispiel auch die nächst „kleinere" 8,2-Volt-Z-Diode zu diesem Zweck eingesetzt werden. Das Relais (die Relaisspule) bekäme dann eine Versorgungsspannung von 6,8 Volt.

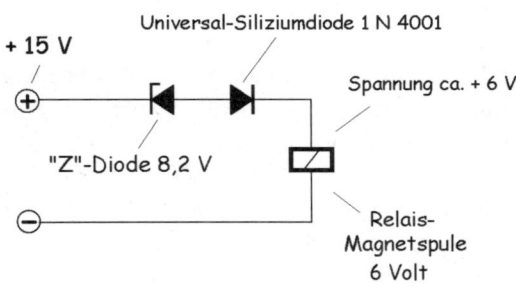

Das würde die Relaisspule problemlos verkraften, aber es hätte eine Erhöhung des Strombedarfs zufolge. Kein Problem! Da kann in Reihe mit der Z-Diode noch eine zusätzliche „normale" Gleichrichterdiode eingelötet werden, die die überflüssigen 0,8 Volt (bzw. etwa 0,7 bis 0,9 V) als ihre „Sperrspannung" abfängt (schluckt).

Mit Hilfe einer Z-Diode kann auch eine einfache solarelektrische Laderegelung erstellt werden: Der 4,8-Volt-Akku benötigt eine Ladespannung von max. 5,6 Volt. Das trifft sich gut, denn 5,6-Volt-Zenerdioden sind „handelsüblich". Die eingezeichnete Schottky-Diode hat mit der eigentli-

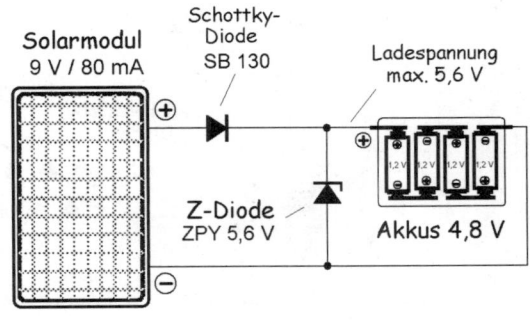

chen Laderegelung nichts zu tun. Wie bereits an anderer Stelle erklärt wurde, ist sie jedoch erforderlich, denn ohne sie würde sich der Akku über die Solarzellen entladen, sobald die Ausgangsspannung des Solarmoduls unter das Spannungsniveau des Akkus sinkt (was bestenfalls nach der Dämmerung oder bei bewölktem Himmel geschieht).

14 Gleichrichter

Ein Gleichrichter wandelt eine Wechselspannung in Gleichspannung um. Dabei spielt es keine Rolle, welche Frequenz die Wechselspannung hat. Auch Audio- oder Hochfrequenzsignale können gleichgerichtet werden, wenn es erforderlich ist. Überwiegend werden aber Gleichrichter zu der Umwandlung der Netz-Wechselspannung (von 50 Hertz) in Gleichspannung verwendet. Dabei wird nur selten die volle 230-Volt-Netzspannung, sondern eine „herabtransformierte" (teilweise auch eine „herauftransformierte") Wechselspannung gleichgerichtet.

Von der Art der Spannungsquelle hängt es ab, welche Art der Gleichrichtung angewendet werden kann. Unter dem Begriff „Art der Spannungsquelle" sind praktisch nur zwei Alternativen zu verstehen: Entweder handelt es

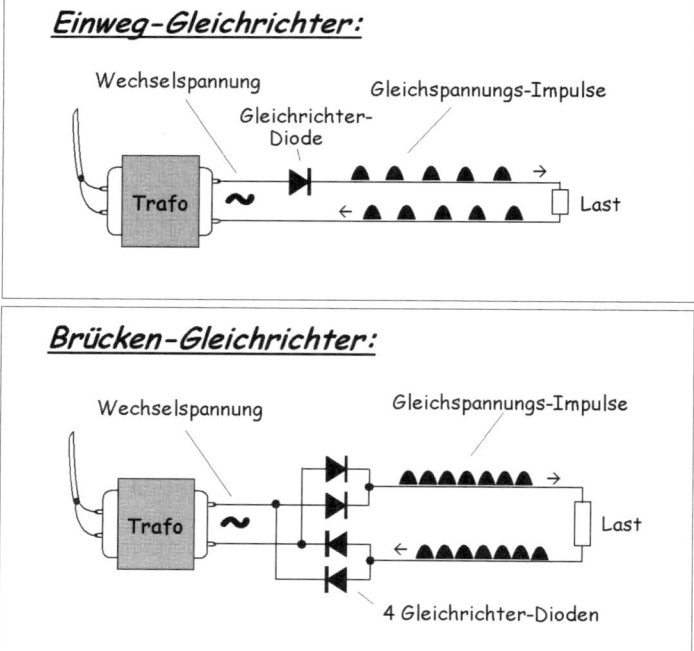

14 Gleichrichter

sich hier direkt um die 230 V ~ aus der Steckdose oder um die Sekundärwicklung eines Transformators. Eine *Einweg-Gleichrichtung* oder eine *Brückengleichrichtung* kann in beiden Fällen angewendet werden. Die *Gleichrichterdioden* müssen jeweils die vorgesehene Wechselspannung verkraften können. Es spielt aber keine Rolle, ob für die Gleichrichtung einer 10-Volt-Wechselspannung Gleichrichterdioden verwendet werden, die für eine Spannung von „max. 100 Volt" oder von z.B. „max. 800 Volt" ausgelegt sind. Wir haben in diesen Beispielen die „Wanderung" der Gleichspannungsimpulse in beiden Zweigen der Schaltkreise eingezeichnet – denn sie kehren ja in einem solchen elektrischen Kreislauf immer in ihre Spannungsquelle (in ihr „Nest") zurück.

Da bei einer Einweg-Gleichrichtung jeweils nur die positiven Hälften der Wechselspannungswellen gleichgerichtet werden, entstehen zwischen den einzelnen Gleichspannungspulsen weite Lücken. Das Resultat ist ziemlich unbefriedigend und nur bedingt brauchbar. Dennoch wird diese Lösung aus Kostengründen bei manchen handelsüblichen Ladegeräten verwendet. Das Nachladen eines Akkus nimmt dann doppelt soviel Zeit in Anspruch, wie bei einem Laden mit z.B. positiven Spannungsimpulsen ohne Lücken – wie sie z.B. am Ausgang eines Brücken-Gleichrichters zur Verfügung stehen.

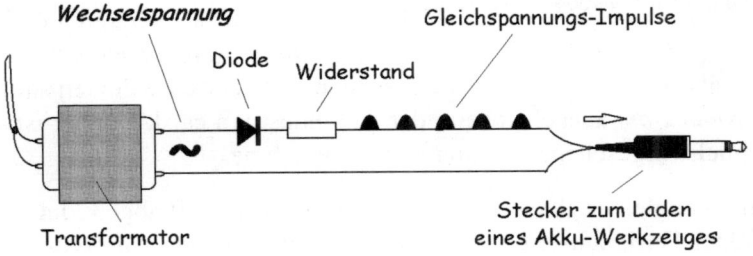

148 14 Gleichrichter

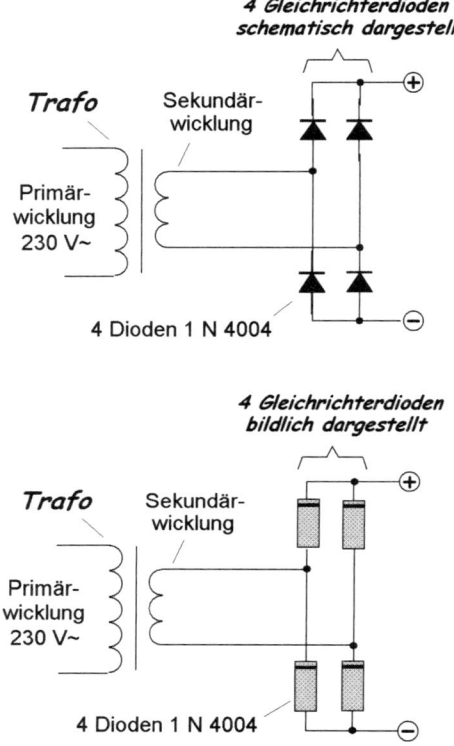

Ein Brückengleichrichter kann – wie abgebildet – leicht mit vier einzelnen Gleichrichterdioden erstellt werden, ist jedoch alternativ auch als ein kompakter Baustein erhältlich. Anstelle der hier eingezeichneten „1-Ampere"-Gleichrichterdioden der Type *1 N 4004* können auch „kräftigere" Leistungsdioden (z.B. 3-, 5- oder 6-Ampere-Typen verwendet werden, wenn von so einem Gleichrichter ein kräftiger Strom bezogen werden soll. In dem Fall muss selbstverständlich auch die Sekundärwicklung des angewendeten Transformators für diese Stromabnahme ausgelegt sein. Genau genommen wird in der Praxis eine Trafo-Sekundärwicklung verwendet, die für einen um 10 bis 20 % höheren *Nennstrom (laut Herstellertabelle)* ausgelegt ist, als benötigt wird. Die vorgesehenen Gleichrichterdioden sollten für einen *Nennstrom* ausgelegt sein, der zumindest um ca. 1/3 höher ist als die tatsächlich vorgesehene maximale Stromabnahme.

Ein Brückengleichrichter, der – wie rechts (auf S. 149) abgebildet – als ein kompakter Fertigbaustein konzipiert ist, erleichtert den Anschluss. Zudem sind in so einem Baustein die Gleichrichterdioden eingegossen und somit besser gekühlt, als wenn sie nur „nackt" ohne jegliche Kühlung ihre Aufgabe zu bewältigen haben. Ob sich solche ungekühlten Gleichrichterdioden nur mäßig erwärmen oder übermäßig aufheizen, hängt jedoch von ihrer Belastung und Nennleistung ab.

Wie wir bereits im Zusammenhang mit der Anwendung von Kondensatoren erwähnt haben, wird an den Gleichrichterausgang ein Elektrolyt-Kondensator (ein *„Elko"*) angeschlossen, der als *Glättungskondensator (Ladekondensator)* die pulsierende Gleichspannung glättet bzw. „vorglättet".

14 Gleichrichter

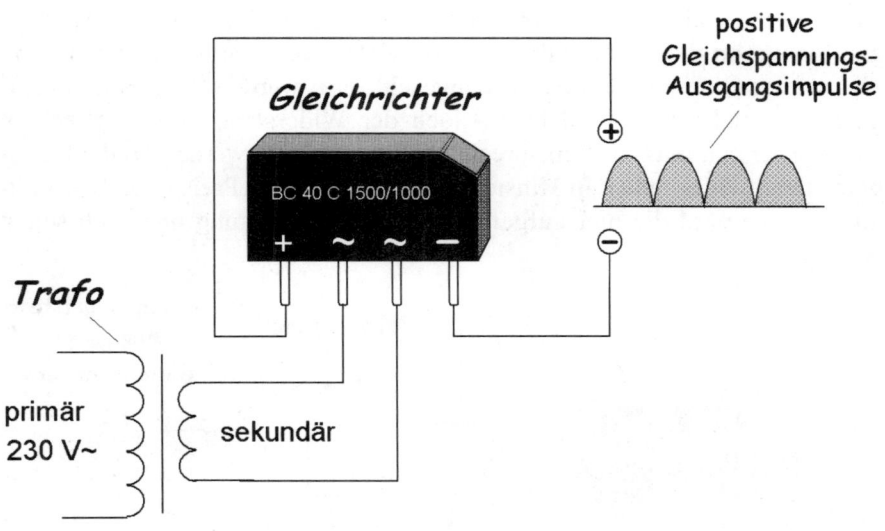

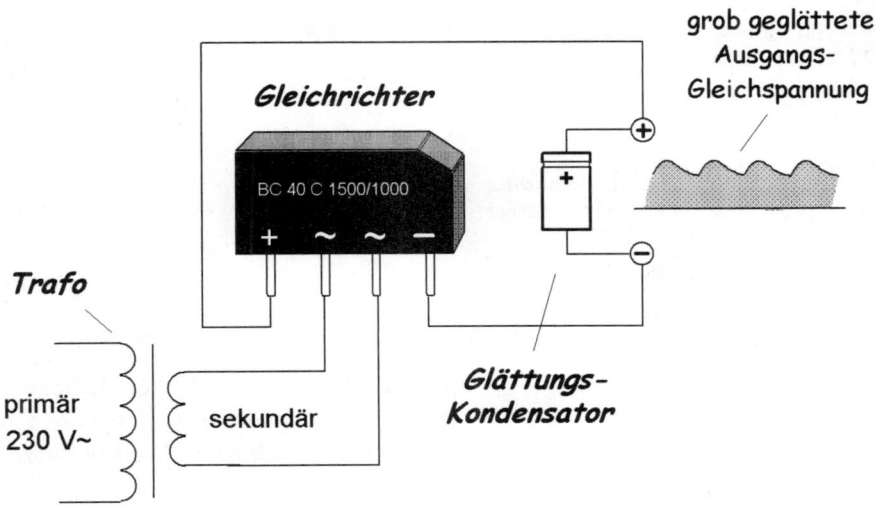

Eine wesentlich bessere Glättung der pulsierenden Gleichspannung wird erzielt, wenn an den ersten Glättungskondensator noch ein Widerstand und ein zweiter Glättungskondensator angeschlossen werden. Bei einer kräftigeren Stromabnahme wird hier jedoch der Widerstand zu einem echten Heizkörper und muss dementsprechend dimensioniert werden (evtl. als größerer Drahtwiderstand). In Hinsicht auf die günstigen Preise der *Festspannungsregler* wird die hier aufgeführte Spannungsglättung nur noch selten angewendet.

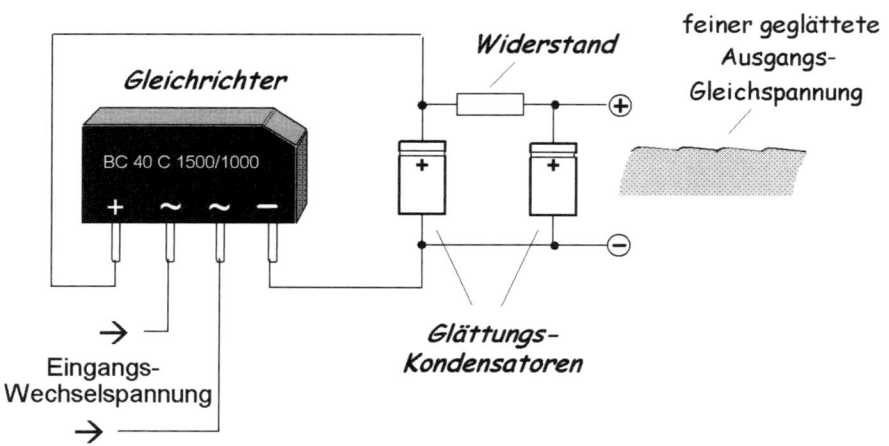

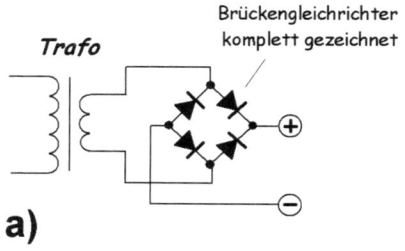

a)

In Schaltplänen wird der Brückengleichrichter meist auf eine von den zwei hier aufgeführten Weisen dargestellt.

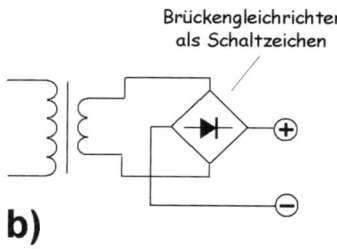

b)

Wenn der Netztransformator über zwei „symmetrische" Sekundärwicklungen (mit zwei gleichen Wechselspannungen) verfügt, kann der Gleichrichter das vorteilhafte Prinzip der *Mittelpunkt-Schaltung* nutzen. Wir haben hier bei der Mittelpunkt-Schaltung einfachheitshalber die zwei Gleichrichterdioden bildlich dargestellt (das erleichtert einem Einsteiger den Nachbau).

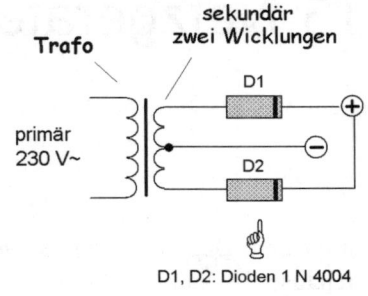

Die Glättung der Gleichspannungsimpulse wird bei der Mittelpunkt-Schaltung auf dieselbe Weise vorgenommen wie bei einer Brückenschaltung.

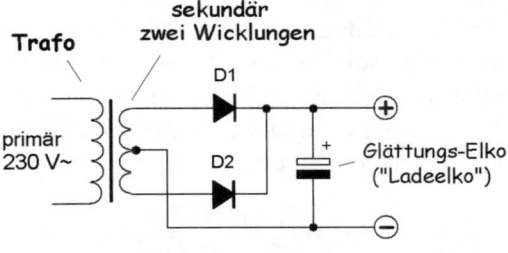

Die Mittelpunkt-Schaltung wurde früher, als die Gleichrichter (Selen- oder Röhren-Gleichrichter) noch sehr teuer waren, mit Vorliebe verwendet. Als dann die Silizium-Gleichrichterdioden den Elektronikmarkt erobert haben, haben sich die Brückengleichrichter durchgesetzt. Der Transformator brauchte dann nur eine einzige Sekundärwicklung, was zu der Zeit der Handfertigung die kostengünstigere Anwendung von vier Gleichrichterdioden befürwortete. Inzwischen gibt es jedoch nur selten Unterschiede bei den „Einzelhandelspreisen" der Transformatoren mit zwei Sekundärwicklungen und mit nur einer Sekundärwicklung (bei gleicher Ausgangsleistung). Das befürwortet wiederum die Anwendung der *Mittelpunkt-Schaltung*.

Der Vorteil einer Mittelpunkt-Schaltung liegt nicht so sehr bei der Einsparung der Kosten für die zwei zusätzlichen Gleichrichterdioden bzw. für einen Brückengleichrichter, sondern bei der Einsparung des Spannungs- und Leistungsverlustes an den zwei entfallenen Dioden. Wirklich sinnvoll ist diese Lösung vor allem dann, wenn die Sekundärspannung des angewendeten (bzw. erhältlichen) Trafos ohnehin zu nahe an dem erforderlichen Spannungsminimum liegt (siehe hierzu auch das nächste Kapitel).

15 Netzgeräte & Netzteile

Unter dem Begriff *Netzgerät* versteht man ein kompaktes „Fertiggerät" im Gehäuse. Es kann sich dabei auch nur um ein kleines Steckergehäuse handeln, das wir von diversen Mini-Ladegeräten kennen, die u.a. als Zubehör von diversen Akkuwerkzeugen erhältlich sind. Die Bezeichnung *Netzteil* bezieht sich dagegen nur auf die Funktion und wird meist dann angewendet, wenn eine solche „Spannungsquelle" nur als ein „kahler" Bestandteil einer Schaltung beschrieben wird. Ein *Netzteil* wird zu einem *Netzgerät* befördert, in dem es ein selbstständiges Gehäuse erhält. Ansonsten gibt es zwischen Netzgeräten und Netzteilen keinen Unterschied.

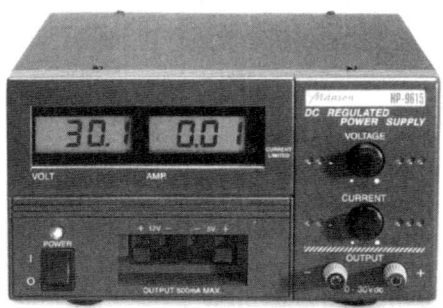

Ausführungsbeispiel eines stabilisierten Netzgerätes mit eingebautem Digital-Volt- und Amperemeter *(Foto: ELV)*.

Ausführungsbeispiel eines handelsüblichen stabilisierten Einbau-Netzteiles.

Handelsübliche Netzgeräte sind in drei Grundausführungen erhältlich:
a) als Wechselspannungs-Netzgeräte
b) als nicht stabilisierte Gleichspannungs-Netzgeräte
c) als stabilisierte Gleichspannungs-Netzgeräte

Solche Netzgeräte sind wahlweise für nur eine fest vorgegebene, für eine in Stufen umschaltbare oder für eine einstellbare Ausgangsspannung ausgelegt.

Unter den handelsüblichen stabilisierten Gleichspannungs-Netzgeräten befinden sich als eine „moderne Version der konventionellen Netzgeräte" die so genannten *getakteten Netzgeräte*. Bei diesen Netzgeräten wird die Wechselspannung „hochgetaktet" (z.B. zu einer Spannungsfrequenz von 100 kHz), die sich (im Gerät) mit einem höheren Wirkungsgrad transformieren lässt.

Dieser Trick setzt allerdings ein etwas aufwändigeres und somit kostspieligeres „Geräte-Innenleben" voraus. Der damit verbundene „zu hohe" Preis kompensiert die tatsächliche Energieeinsparung bei kleineren oder bei sporadisch betriebenen Geräten nur dürftig und ist daher im Prinzip höchstens bei größeren Geräten akzeptabel, die im Dauerbetrieb eingesetzt werden.

In der Praxis wird man oft damit konfrontiert, dass es sehr schwierig ist, ein passendes handelsübliches Netzgerät ausfindig zu machen, das die erwünschte Spannung und den benötigten Strom maßgerecht liefern kann. Für experimentelle Zwecke ist das Problem meist nicht allzu groß, denn hier darf es auch in Kauf genommen werden, wenn so ein Netzgerät kräftig überdimensioniert ist.

Bei der Stromversorgung von spezielleren Verbrauchern ist es erforderlich, dass das Netzgerät (bzw. das Netzteil) möglichst Energie sparend arbeitet. Es soll weder für eine *unnötig* hohe Leistung noch für eine *unnötig* hohe Spannung ausgelegt sein.

Hier bietet sich ein Selbstbau-Netzteil oder ein Selbstbau-Netzgerät an, das z.B. nach dem nun folgenden Schaltplan leicht im Selbstbau erstellt werden kann:

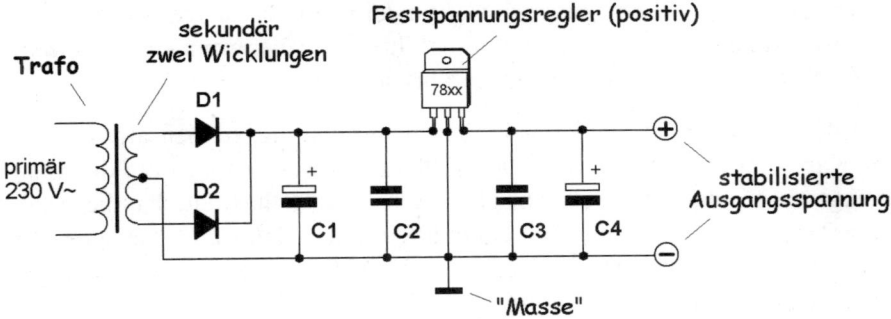

Die linke Hälfte der Schaltung (bis zu dem **C1**) ist uns bereits bekannt. Neu ist hier der bildlich eingezeichnete *Festspannungsregler,* den man als einen „echten Segen für den Selbstbau" bezeichnen dürfte. Er liefert an seinem Ausgang nicht nur „irgendeine" Festspannung, sondern eine stabile und fein geglättete Festspannung. Ein solches Netzteil ist sehr bescheiden, was seine Bauteile anbelangt.

Die Sekundär-Wechselspannung des verwendeten Transformators sollte mindestens ca. 2,5 bis 3 Volt höher sein als die *Nennspannung,* für die der Spannungsregler ausgelegt ist (ein 12-Volt-Spannungsregler benötigt z.B. eine Trafo-Sekundärspannung von 15 V~).

Der Sekundärstrom des Trafos sollte bei einer Brückengleichrichtung um ca. 10 % bis 20 % höher liegen, als der maximal bezogene stabilisierte Gleichstrom. Bei einer Brückengleichrichtung teilt sich die Stromabnahme zwischen die zwei Sekundärwicklungen, von denen jede nur für ca. 60 % bis 70 % der vorgesehenen Gleichstromabnahme zu dimensionieren ist. Diese Empfehlung, eine etwas großzügigere Leistungsreserve einzuplanen, ergibt nur bei solchen Transformatoren einen „tieferen Sinn", die herstellerseitig knauserig dimensioniert wurden. Sie würden sich ohne einen solchen zusätzlichen Leistungsspielraum beim Dauerbetrieb zu sehr aufheizen.

Der Spannungsregler benötigt einen größeren Kühlkörper und man sollte ihm nicht mehr Strom abverlangen, als ca. 70 % bis 75 % von seiner typenbezogenen Strombelastung. Bei Anwendung von einem 1-Ampere-Spannungsregler sollte somit ein Dauerstrom von max. 0,75 A bezogen werden. Ist eine höhere Stromabnahme vorgesehen, ist ein Festspannungsregler anzuwenden, der für eine angemessen höhere Strombelastung ausgelegt ist.

Die Kondensatoren **C2** und **C3** gehören (als Entstörungskondensatoren) zu den angewendeten Spannungsreglern. Insofern der Spannungsregler-Hersteller nicht ausdrücklich eine andere Kapazität empfiehlt, sollte die Kapazität von 100 nF als ein universaler „Standardwert" betrachtet werden. Diese zwei Kondensatoren erfüllen optimal ihre Aufgabe, wenn sie als ***keramische Scheibenkondensatoren*** ausgeführt sind.

Der Kondensator **C4** fungiert als ein zweiter Glättungskondensator und seine Kapazität kann universell 100 µF betragen, wenn es sich um die Spannungsversorgung von elektronischen Schaltungen handelt. Ist die Spannungsversorgung z.B. nur für Leuchtdioden oder elektromechanische Vorrichtungen gedacht, darf die Kapazität des **C4** bis auf ca. 1 µF verringert werden (wobei der C3 evtl. entfallen kann).

Eine speziellere Aufmerksamkeit verdient der **C1**. Er muss unter allen Umständen fähig sein, die hier abgebildete pulsierenden Gleichspannungs-Halbwellen so zu glätten, dass die übergebliebenen Spannungsdellen (Rillen) *oberhalb* der Regler-Eingangsspannung bleiben und somit vom Regler „abgehobelt" werden können. Wir verwenden die Bezeichnung „abgehobelt" deshalb, weil der Regler die ihm zugeführte vorgeglättete Spannung auf eine ähnliche Art glättet, wie eine Hobelbank ein Brett glättet, das voller Rillen und Dellen ist.

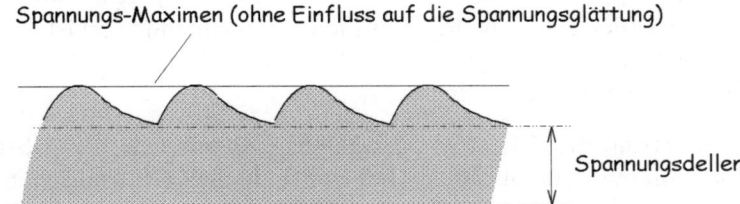

Bei einem Brett ist eines klar: Wenn es z.B. auf eine Dicke von 2,5 cm abgehobelt werden soll, dürfen die ursprünglichen Rillen und Dellen nicht tiefer liegen. Ansonsten bleiben sie als „Schönheitsfehler" im abgehobelten Brett. Einen Spannungsregler darf man sich wie eine Hobelbank vorstellen, denn er kann die ihm zugeführte pulsierende Gleichspannung nur auf den eingestellten Wert abhobeln. Verlangt man von ihm, dass er ausgangsseitig

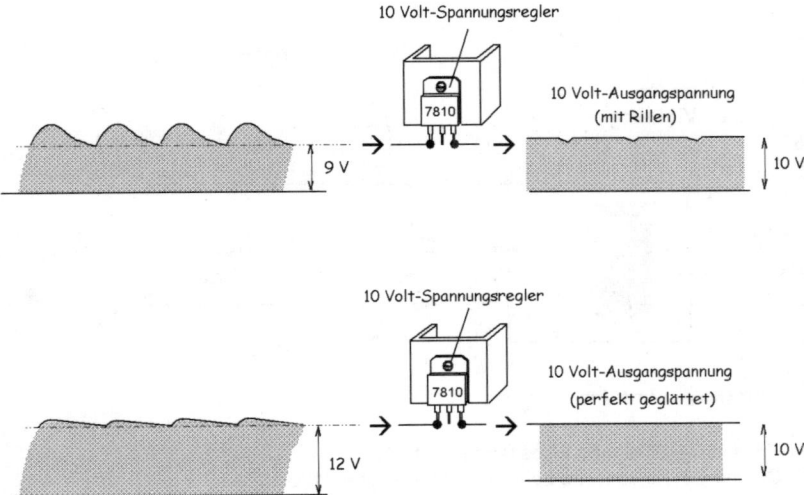

eine perfekt geglättete Gleichspannung liefert, muss ihm eine Spannung zugeführt werden, deren tiefste Rillen oberhalb der Ausgangsspannung liegen.

Je höher die Sekundärspannung des Trafos ist und je niedriger die Stromabnahme, umso kleiner darf die Kapazität des C1 sein. Das klingt zwar etwas schleierhaft, aber es gibt da Faustregeln:

a) Die Sekundär-Wechselspannung des Trafos sollte mindestens um ca. 3 Volt höher sein als die typenbezogene Spannung eines Standard-Festspannungsreglers. Wird ein (teurerer) *„Low-drop-Spannungsregler"* verwendet (der einen niedrigeren internen Spannungsverlust aufweist), darf die Trafo-Sekundärspannung nur um ca. 1 Volt höher liegen als die benötigte stabilisierte Gleichspannung.

b) Die Kapazität des **C1** ist so zu wählen, dass pro jede 0,1-A-Stromabnahme mit etwa 200 bis 400 µF bei empfindlichen elektronischen Schaltungen gerechnet wird. Das ergibt z.B. eine Kapazität von 2200 µF bei einer Stromabnahme von ca. 1 A. Bei einer Spannungsregelung für einfachere Anwendungen genügen ca. 100 µF pro jede 0,1-A-Stromabnahme.

Ausführungsbeispiel eines Selbstbau-Netzteiles das nur eine Trafo-Sekundärwicklung benötigt und eine Brückengleichrichtung anwendet (für einen maßgeschneiderten Eigenentwurf gelten ebenfalls die vorher aufgeführten Faustregeln):

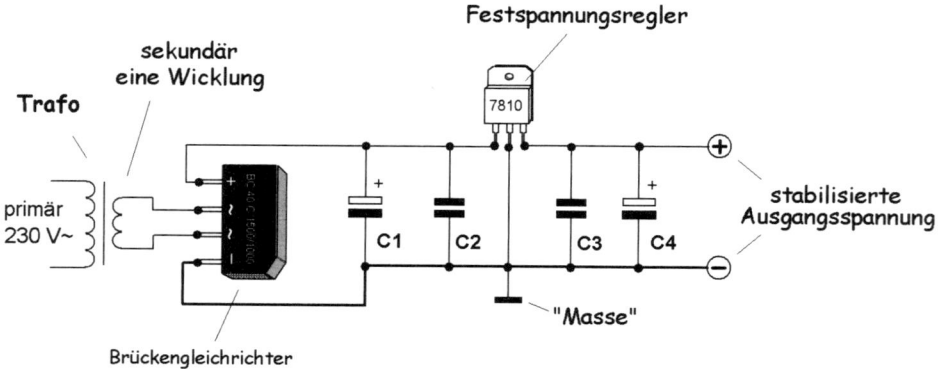

C1 und C4: Glättungs-Elkos (siehe Text)
C2 und C3: Keramische Scheibenkondensatoren (100 nF)

Ein kleineres Selbstbau-„Huckepack-Netzteil" kann nach dem untenstehenden Beispiel auch an den Ausgang eines Steckernetzgerätes angeschlossen werden. Die hier aufgeführten Spannungs- und Stromwerte sind nur als Richtwerte zu betrachten, die auf die tatsächlichen Werte des angewendeten Steckernetzgerätes anzupassen sind:

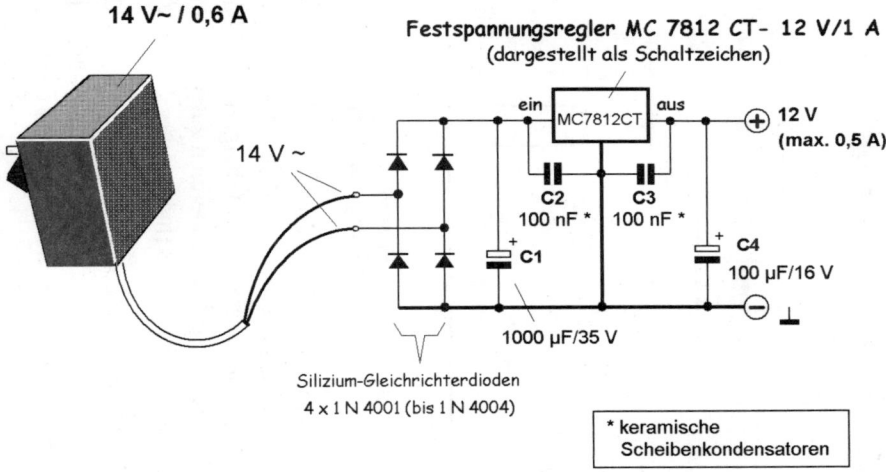

Spannungsregler ab 1 A benötigen unbedingt einen Kühlkörper. Für schwächer belastete Spannungsregler kann so ein Kühlkörper auch nur aus einem ca. 1,2 bis 1,5 mm dicken Alublech oder aus beliebigen ausreichend massiven, wärmeleitenden Metallen (z.B. Kupfer oder Messing) eigenhändig erstellt werden.

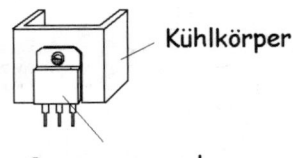

Stärker belastete Spannungsregler beanspruchen ziemlich große Kühlkörper, die in einer genügend großen Auswahl als Fertigprodukte erhältlich sind. Zwischen den Spannungsregler und einen Kühlkörper sollte eine *Wärmeleitpaste* aufgetragen werden.

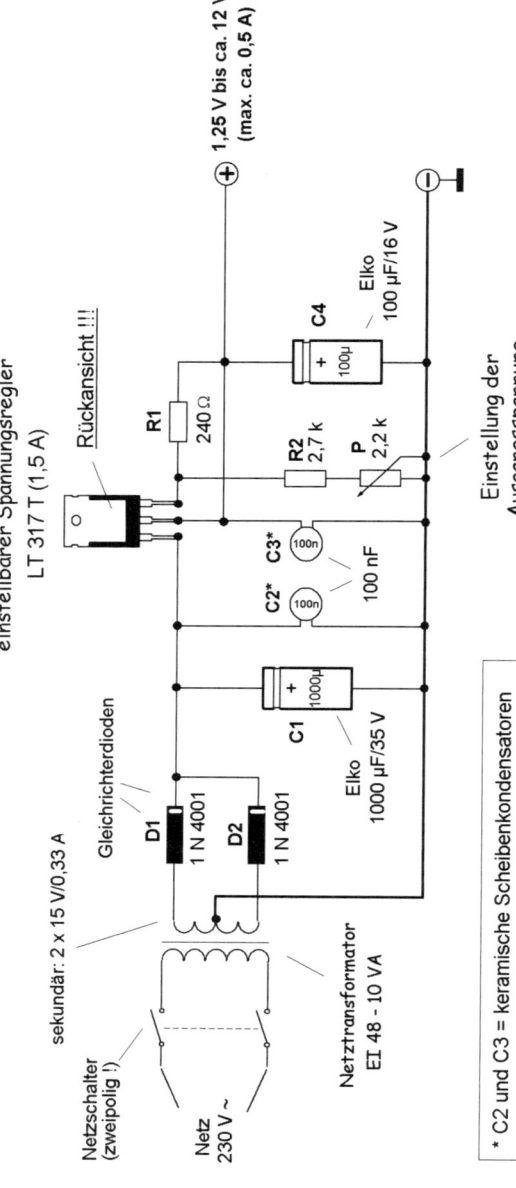

Neben den bereits beschriebenen *Festspannungsreglern* gibt es auch *einstellbare Spannungsregler*, deren Ausgangsspannung einstellbar (und verstellbar) in einem Bereich zwischen ca. 1,2 V und 30 V bzw. 37 V liegt (typenabhängig variieren vor allem die einstellbaren Obergrenzen). Für praktisches Experimentieren gibt man sich meist mit einem kleineren Spannungsbereich zufrieden und wählt eine entsprechend niedrigere Sekundärspannung des Netztransformators (hier sind es 2 × 15 V).

Hinweis: Die Werte der Widerstände R1, R2 und der Potentiometer P, die bei den hier aufgeführten Schaltungen angegeben sind, gelten nicht automatisch für alle Spannungsregler-Typen. Wenn Sie Ihre Netzgeräte mit anderen Spannungsreglern bestücken, achten Sie bitte auf die Herstellerdaten.

15 Netzgeräte & Netzteile

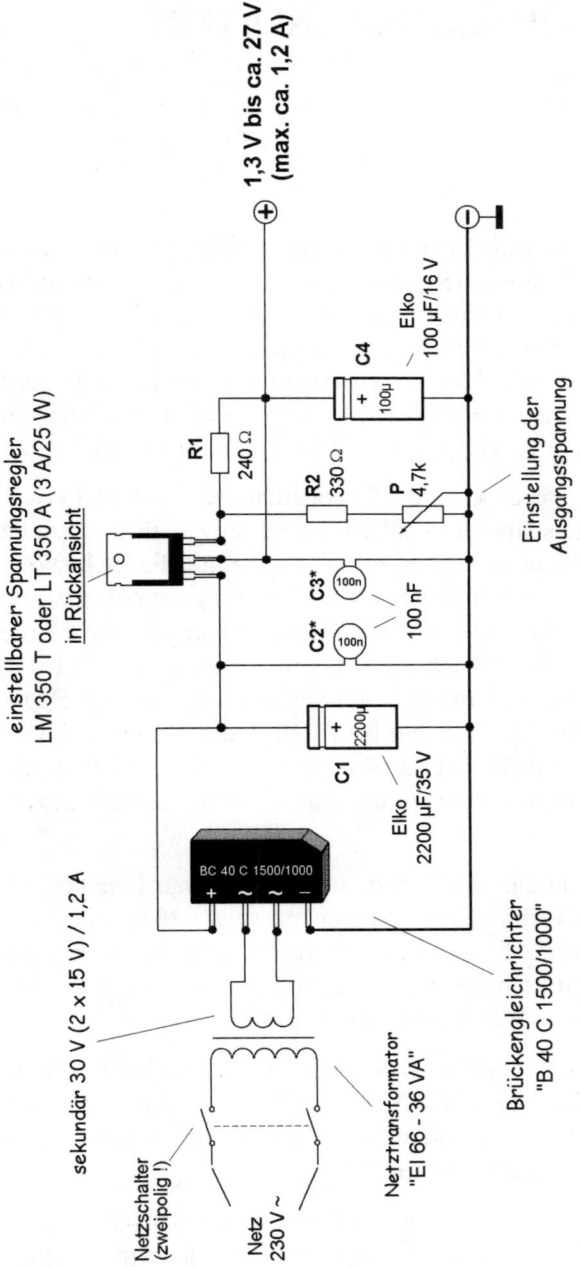

* C2 und C3 = keramische Scheibenkondensatoren

Ein ebenfalls nachbauleichtes Beispiel eines Netzgerätes mit einem breiteren, einstellbaren Spannungsbereich zeigt die folgende Ausführung. Potentiometer **P** sollte bevorzugt als Drahtpotentiometer ausgeführt sein (dann funktioniert es länger zuverlässig).

16 Elektrische Leuchtkörper

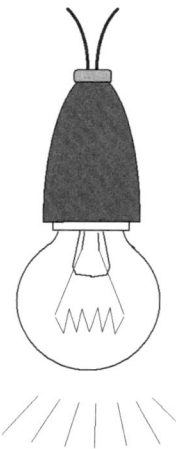

Die herkömmlichen Glühlampen gehören immer noch zu den beliebtesten Leuchtkörpern. Wir alle sind mit ihnen groß geworden und ihre Leistungen in Watt stellen eine Referenz für die Einschätzung der Lichtstärke dar: Für den Leuchter im Wohnzimmer braucht man fünf Glühbirnen à 60 Watt, für die zwei Wandleuchten im Bad kaufen wir immer 40-Watt-Glühbirnen usw.

Dann gibt es noch die Halogenlampen. Sie sind etwas Energie sparender – allerdings nur etwas. Ihre offizielle Lichtstärke ist um bis zu 50 % höher als die Lichtstärke normaler Glühlampen. Von dieser Energieeinsparung profitiert man vor allem bei Halogenlampen, die für die normale Netzspannung von 230 V~ ausgelegt sind. 12-Volt-Halogenlampen benötigen beim Einsatz im Hausnetz einen zusätzlichen Transformator, der bis zu 10 % der bezogenen elektrischen Energie intern verbraucht. Damit ist dann die tatsächliche Energieeinsparung – im Vergleich zu normalen Glühlampen – nicht gerade umwerfend.

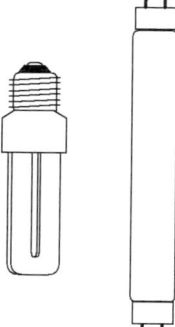

Echte Energiesparlampen, sowie auch gute Leuchtstofflampen, verbrauchen dagegen nur etwa 20 % bis 25 % der Energie, die unsere „gute alte" Glühbirne bei derselben Lichtintensität beansprucht (und zu etwa 94 % bis 95 % nur in Wärme umwandelt).

Die meisten der Energiesparlampen haben eine längliche Form. Die eigentlichen „Lichtröhrchen" sind – je nach der Type – unterschiedlich gestaltet. Einige haben eine „echte Glühlampenform".

Gute Energiesparlampen haben eine ca. 10fach längere Lebensdauer (von ca. 15 000 Stunden) als normale Glühlampen.

Sehr praktisch für die Außenbeleuchtung sind Energiesparlampen mit eingebautem Dämmerungsschalter, der bei eintretender Dunkelheit automatisch einschaltet und bei beginnendem Tageslicht ausschaltet *(Anbieter/Foto: Conrad Electronic).*

Das Angebot an verschiedensten Lampen ist groß und manche dieser Lichtquellen bieten typenbezogen eindrucksvolle Vorteile. Bezüglich der Anwendung stellen jedoch die meisten Lampen keine speziellen Ansprüche an den Umgang: Wenn sie an die Spannung angeschlossen werden, für die sie ausgelegt sind, erfüllen sie automatisch ihre Aufgabe zu vollster Zufriedenheit.

Etwas komplizierter ist es jedoch bei Leuchtdioden, die als Energie sparende Lichtquellen weltweit auf dem Vormarsch sind.

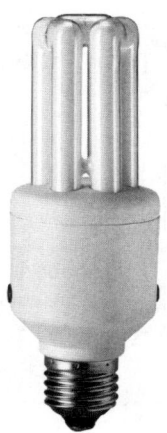

16.1 Leuchtdioden (LEDs)

Leuchtdioden sind vom Prinzip her als *polaritätsabhängige* Gleichstrom-Leuchtkörper ausgelegt – was ja logisch ist, denn es handelt sich immerhin um Dioden, die – wie bereits an anderer Stelle erklärt wurde – ebenfalls *polaritätsabhängig* sind.

Sie sind in vielen Formen und Farben erhältlich. Da es sich bei diesen „modernen" Lichtquellen um sehr interessante, aber noch zu wenig bekannte Bauteile handelt, werden wir ihnen in diesem Buch etwas mehr Spielraum widmen.

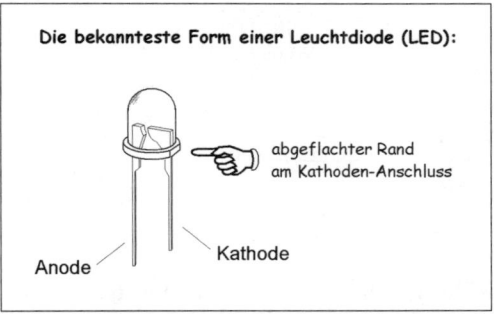

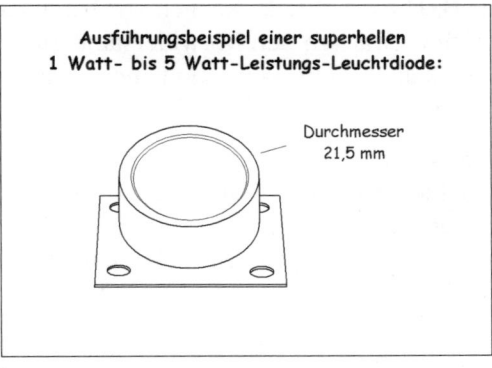

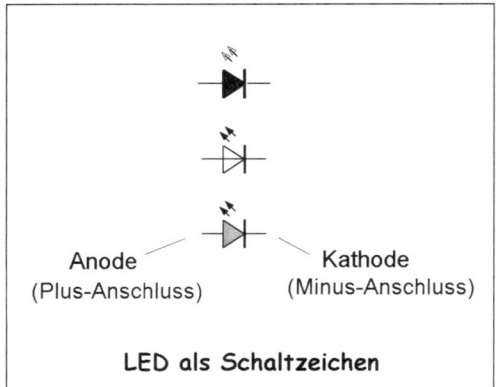

LED als Schaltzeichen

In Schaltplänen werden Leuchtdioden meist mit einem der hier aufgeführten Schaltzeichen dargestellt, die einheitlich sowohl für alle Standard- wie auch für alle superhellen oder ultrahellen Leuchtdioden, ohne Rücksicht auf ihre tatsächliche Form und Größe, verwendet werden.

Im Gegensatz zu anderen herkömmlichen Lampen, sind die meisten Leuchtdioden für Spannungen (von z.B. 1,6 bis 4 V) ausgelegt, die nicht mit den Nennspannungen gängiger Batterien oder der gängigen Standardspannung handelsüblicher Netzgeräte übereinstimmen.

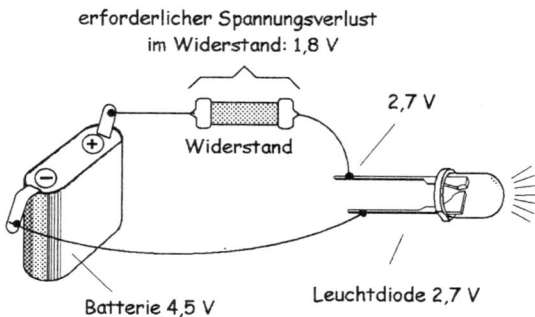

Wenn eine Leuchtdiode nur als ein „Kontrolllämpchen" vorgesehen ist, das an eine bestehende Spannungsversorgung angeschlossen werden soll, behilft man sich einfach mit einem *Vorwiderstand,* der in Reihe mit der LED geschaltet wird und dessen Ohmscher Wert so gewählt ist, dass er die überschüssige Spannung abfängt (= in Wärme umwandelt). Diesen „Trick" kennen wir bereits aus dem 9. Kapitel. Dort handelte es sich zwar um den Vorwiderstand eines Glühlämpchens, aber das ändert nichts an dem Prinzip – und auch nichts an der Berechnung des Vorwiderstandes.

Oft ist es nicht erforderlich, dass eine Kontroll-LED mit voller Intensität leuchtet. Manchmal ist es sogar ausgesprochen unerwünscht, weil ein zu helles Licht stören könnte. Zudem sinkt der Stromverbrauch einer LED kräftig, wenn sie nur schwächer leuchtet und sie belastet nicht unnötig stark die Stromquelle.

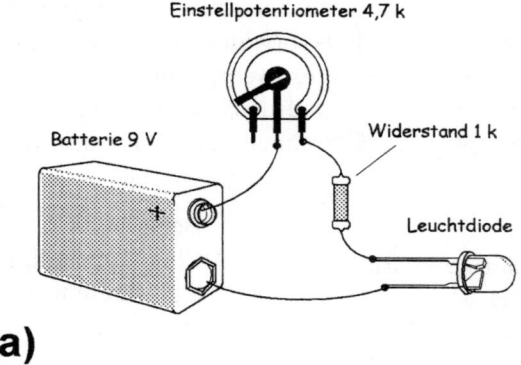

a)

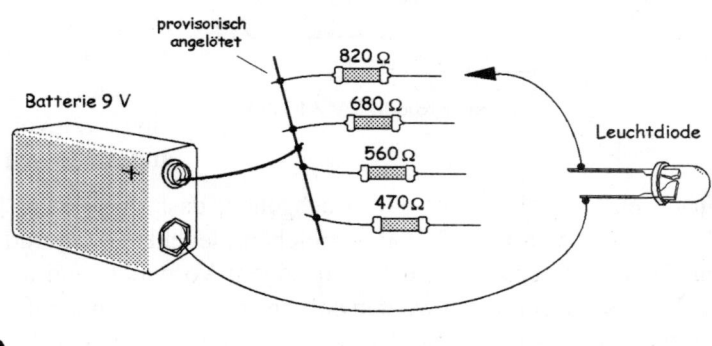

b)

In solchen Fällen kann der Ohmsche Wert des LED-Vorwiderstandes rein experimentell ausgesucht werden.

Falls es sich dabei um eine unbekannte LED handelt, die z.B. an eine 3-Volt- bis 9-Volt-Spannung angeschlossen werden soll, dürfte folgendermaßen vorgegangen werden:

a) ein „4,7-kΩ"-Einstellpotentiometer wird auf seinen höchsten Wert (= auf die vollen 4,7 kΩ) eingestellt und in Reihe mit einem ca. 1-kΩ-Widerstand und der LED an eine Batterie angeschlossen (wie abgebildet). Danach wird der Schleifer des Potentiometers sehr langsam und vorsichtig in Richtung zu „geringerem Widerstand" gedreht. Wenn dabei die LED nicht aufleuchtet, können weiterhin nach dem Beispiel „b)" mehrere Widerstände in einer abgestuften Anordnung (von „hoch" zu „niedrig") als Reihenwiderstände langsam durchprobiert werden, bis die LED ein Lebenszeichen von sich gibt. Danach kann der „definitive" LED-Vorwiderstand gefunden werden.

Eine Methode die sich nach dem Motto „suchet, so werdet ihr finden" richtet, ist allerdings für die Wahl eines LED-Vorwiderstandes nur „unter Umständen" zu empfehlen. Viel einfacher ist es, wenn man in einem Taschenrechner den vorgegebenen LED-Strom und den „überflüssigen Teil" der Versorgungsspannung eintippt, um „blitzschnell" den Wert des Vorwiderstandes ermitteln zu können.

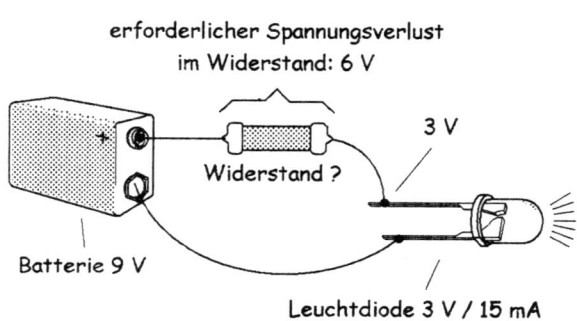

Beispiel A:
Eine Leuchtdiode, die laut ihren technischen Daten für eine *Durchlassspannung (= Betriebsspannung) von 1,6 bis 3,2 V* und einen *Betriebsstrom (I_F) von 15 mA (= 0,015 A)* ausgelegt ist, soll an eine 9-Volt-Batterie angeschlossen werden.

Wir dürfen einfachheitshalber davon ausgehen, dass diese LED bei einer Betriebsspannung von etwa 3 Volt ausreichend leuchten wird und dass somit von der Batteriespannung 6 Volt in einem Vorwiderstand abgefangen (und als Wärme „verbraten") werden sollten. Wie bereits anhand von ähnlichen Beispielen im Kap. 9 erklärt wurde, rechnen wir den Widerstand nach dem Ohmschen Gesetz wie folgt aus:

6 V : 0,015 A = 400 Ω

So einfach ist es ...

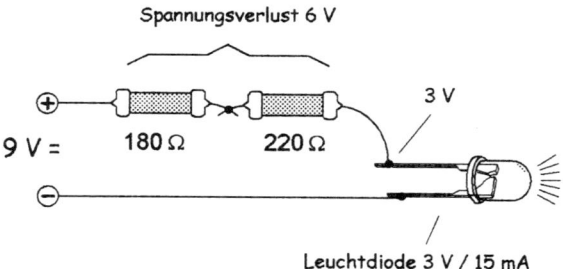

Da es keinen handelsüblichen Vorwiderstand von 400 Ω gibt, könnte an seiner Stelle ein Widerstands-Duo von z.B. 180 Ω und 220 Ω in Reihe eingesetzt werden. Die ergeben zusammen genau die theoretischen 400 Ω. Ein 470-Ω- oder 560-Ω-Standardwiderstand würde jedoch in der Praxis auch ausreichen, wenn nicht ein gehobener Wert darauf gelegt wird, dass die Lichtintensität optimal ist.

Alternativ können wir uns noch näher ansehen, was es für Folgen hätte, wenn wir der LED einfach einen Standardwiderstand von 390 Ω vorschalten:

390 Ω × 0,015 A = 5,85 V

Diese Lösung hätte zufolge, dass die LED eine Betriebsspannung von 3,15 V (9 V – 5,85 V) bekäme. Da sie – laut technischen Daten – eine Spannung von bis zu 3,2 V verkraftet, ist hier gegen einen 390-Ω-Vorwiderstand nichts einzuwenden – es sei denn, die Lichtintensität wäre hier für den vorgesehenen Zweck zu stark (bzw. unnötig stark). In dem Fall können wir einfach ausprobieren, wie die LED bei einem Vorwiderstand von 470 Ω oder 560 Ω leuchtet. Möglicherweise wird sogar ein 1-k-Vorwiderstand ausreichen, wenn nur eine „wahrnehmbare" Lichtintensität erwünscht ist.

Beispiel B:
Eine „LOW-current"-Leuchtdiode, die laut ihren technischen Daten für eine *Durchlassspannung (= Betriebsspannung) von 1,6 bis 2 V* und einen *Betriebsstrom (I_F) von 2 mA (= 0,002 A)* ausgelegt ist, soll an eine **6-Volt-Gleichspannung** angeschlossen werden. Stellt sich nun die Frage, welchen Ohmschen Wert der Vorwiderstand **R** haben muss.

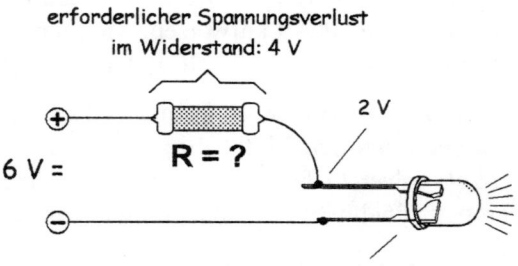

Der Vorwiderstand **R** sollte eine Spannung von mindestens **4** Volt abfangen (6 Volt Batteriespannung – 2 Volt LED-Betriebsspannung = 4 Volt überschüssige Spannung).

Nach dem Ohmschen Gesetz ergibt sich daraus folgende kinderleichte „Rechenaufgabe":

4 V : 0,002 A = 2000 Ω

Wie gut, dass es die flinken Taschenrechner gibt! Da geht alles blitzschnell und reibungslos.

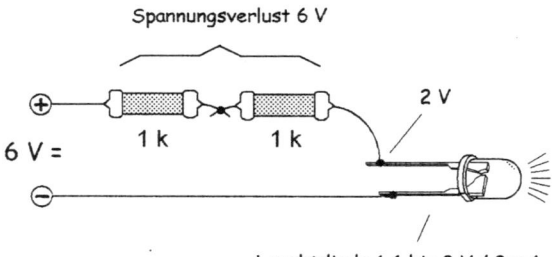

Einen Standard-Widerstandswert von 2000 Ω (2 kΩ) ist zwar nur als Metallfilm-Widerstand erhältlich, aber ein Duo aus zwei 1-k-Kohleschicht-Widerständen – wie abgebildet – würde den Zweck auch erfüllen. Zumindest theoretisch. In der Praxis wird man sich höchstwahrscheinlich mit einem 2,2-k-Widerstand zufrieden geben, denn die Einbuße der Lichtintensität ist subjektiv kaum wahrnehmbar.

In dem letzteren Übungsbeispiel wurde eine so genannte *LOW-current-LED* angesprochen. Unter dieser Bezeichnung werden Leuchtdioden angeboten, die bei einem geringen Stromverbrauch (von z.B. 2 bis 4 mA) annähernd dieselbe Leuchtkraft aufweisen, wie „Standard-Leuchtdioden" (die für eine Stromabnahme von 15 bis 20 mA ausgelegt sind).

Als Dritte im Bunde erobern zunehmend *„superhelle"* und *„ultrahelle" Leuchtdioden* den Markt. Sie sind auch in der Form von leistungsstarken *„High-power-LEDs"* erhältlich, die als Ersatz für die herkömmlichen Glühlampen zunehmend an Bedeutung gewinnen.

Was man sich unter der Leistung der „superhellen Leuchtdioden" konkret vorstellen dürfte, erläutert die folgende Tabelle, aus der der Lichtstrom-Vergleich von den superhellen „Luxeon-LEDs" mit dem Lichtstrom diverser anderer Lampentypen hervorgeht:

Lampentype	Leistungsaufnahme in Watt	Lichtstrom in Lumen
Standard-Glühlampe	10 W	48 lm
Standard-Glühlampe	15 W	90 lm
Standard-Glühlampe	25 W	230 lm
Standard-Glühlampe	40 W	430 lm
Standard-Glühlampe	60 W	730 lm
Standard-Glühlampe	75 W	960 lm
Halogenlampe	15 W	155 lm
Halogenlampe	20 W	350 lm
Energiesparlampe *Osram*	7 W	350 lm
Energiesparlampe *Osram*	10 W	500 lm

Lampentype	Leistungsaufnahme in Watt	Lichtstrom in Lumen
Energiesparlampe *Ökolight*	11 W	600 lm
Energiesparlampe *Ökolight*	14 W	900 lm
Leuchtstofflampe	20 W	1250 lm
Leuchtstofflampe	40 W	3000 lm
Neonlampe	10 W	485 lm
Neonlampe	15 W	780 lm
LUXEON-LED rot/orange	1 W	55 lm
LUXEON-LED rot	1 W	44 lm
LUXEON-LED grün	1 W	25 lm
LUXEON-LED weiß	1 W	18 lm
LUXEON-LED blau	1 W	5 lm
LUXEON-LED weiß	5 W	120 lm

Lichtstrom-Vergleich der superhellen „Luxeon"- LEDs mit anderen Leuchtkörpern

Luxeon „Hexagon"

Kleinere superhelle Leuchtdioden unterscheiden sich äußerlich nicht von den herkömmlichen Standard- LEDs. Größere (leistungsstarke) superhelle Leuchtdioden haben jedoch eine robustere Körperform (wie abgebildet) und sind für das Anbringen von zusätzlichen Kühlkörpern vorgesehen.

Luxeon „Lambertian"

Luxeon „Batwing"

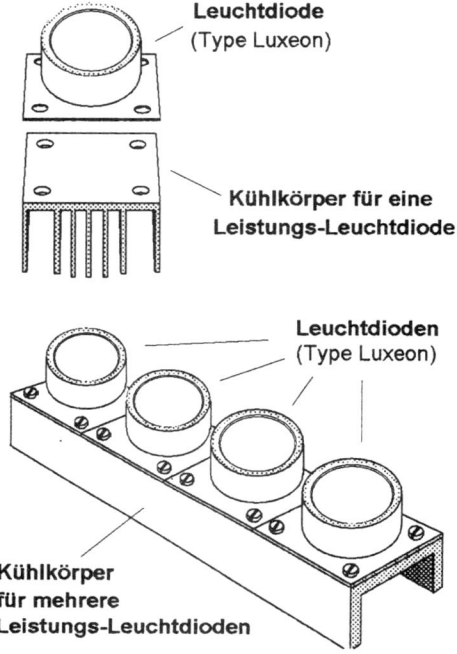

Superhelle Leuchtdioden mit Leistungen ab ca. 1 Watt benötigen zusätzliche Kühlkörper, die besonders bei leistungsstarken LEDs ab 5 Watt angemessen großzügig dimensioniert sein sollten. Natürlich vor allem dann, wenn ein Dauerbetrieb vorgesehen ist. Etwas bescheidener darf die Kühlung ausgelegt sein, wenn solche leistungsstarke Leuchtdioden nur blinken sollen – wie z.B. bei Warnlichtern an Eisenbahnübergängen.

Wird bei einer Leuchtdiode gehobener Wert darauf gelegt, dass sie als Leuchtkörper ihre maximale Leuchtkraft erbringt, muss ihre Versorgungsspannung genauestens so eingestellt werden, dass ihre *Stromabnahme* mit ihrem offiziellen *Betriebsstrom (I_F)* übereinstimmt. Dies gilt generell für alle Leuchtdioden, die entweder als Leuchtkörper oder als intensiv leuchtende Warnlichter, Lichtreklamen, Blickfänger u.a. angewendet werden.

Zu den „gewöhnungsbedürftigen" Eigenheiten der Leuchtdioden gehört, dass hier – im Gegensatz zu allen normalen Lampen – an erster Stelle **nicht** die **Betriebsspannung**, sondern der **Betriebsstrom (I_F)** Aufmerksamkeit verdient. Dies ist für die Praxis schon deshalb wichtig, weil bei vielen Leuchtdioden die Betriebsspannung nur in der Form „*von bis*" angegeben wird.

Bei diesem „*von bis*" handelt es sich oft um einen Spannungsbereich, in dem die LED ihre volle Lichtintensität nur dann erreicht, wenn die eigentliche Betriebsspannung so eingestellt wird, dass die LED den vom Hersteller angegebenen **Betriebsstrom (I_F)** bezieht. Dabei sollte die vom Hersteller angegebene Spannungsobergrenze – bzw. die separat angegebene *maximale LED-Spannung „U_{Fmax}"* – nicht (oder zumindest nicht zu sehr) überschritten werden.

> Bemerkung: In englischsprachigen Prospekten und auch in vielen deutschen Datenblättern bzw. Katalogen – wird die Durchlassspannung nicht als „U_F", sondern als „V_F" bezeichnet.

16.1 Leuchtdioden (LEDs)

Wird eine LED an eine Gleichspannung *polaritätsgerecht* angeschlossen, besteht die Gefahr einer Vernichtung hier vor allem dann, wenn die LED einen höheren Strom *(I_F)* bezieht, als sie laut technischen Daten verkraften dürfte. Sie kann zwar unter Umständen auch dann vernichtet werden, wenn ihre Abnahmeleistung *(als $U \times I$)* überschritten wird, aber diese Gefahr darf in der Praxis negiert werden, solange der LED-Strom den vorgegebenen Wert *(I_F)* nicht überschreitet.

Die **Stromabnahme** einer Leuchtdiode (sowie auch einer Leuchtdioden-Kette) ist vor Inbetriebnahme mit Hilfe eines Amperemeters (Multimeters) optimal einzustellen. Das beinhaltet, dass die LED-Betriebsspannung quasi ohne Rücksicht auf die vom Hersteller oder Anbieter angegebene LED-Spannung „U_F" (bzw. V_F) so einzustellen wäre, dass die Leuchtdiode – bzw. eine Leuchtdioden-Kette – annähernd ihren vollen Nennstrom beziehen. Als ein „annähernd voller Nennstrom" dürfte ein Strom betrachtet werden, der etwa 5 bis 10 % unterhalb des offiziellen Nennstroms I_F liegt. Die Reserve von 5 bis 10 % sollte man der LED (oder der LED-Reihe) gönnen, um sie nicht zu sehr zu strapazieren. Abgesehen davon ist bei so einer Stromeinstellung zu berücksichtigen, dass das verwendete Multimeter einen Messfehler von 5 % haben kann – es sei denn, man hatte die Möglichkeit, es persönlich mit einigen guten, professionellen Lab-Geräten zu vergleichen.

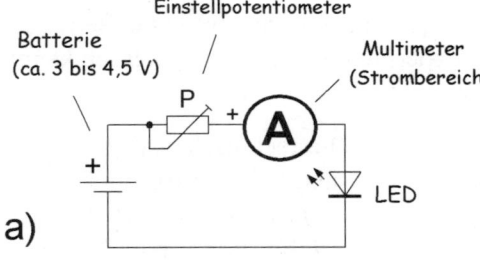
a)

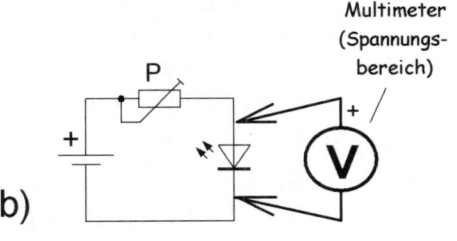
b)

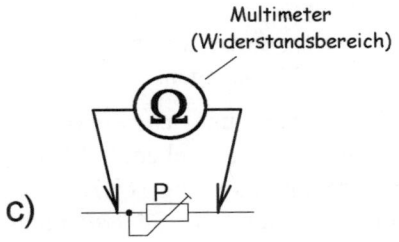
c)

Steht für so ein Vorhaben nur eine relativ feste Spannungsquelle – wie (z.B. eine Batterie) – zur Verfügung, kann die optimale Einstellung der Betriebsspannung am einfachsten mit Hilfe eines Einstellpotentiometers nach Beispiel a) erfolgen.

Danach kann nach Beispiel b) an der LED ihre *tatsächlich erforderliche Betriebsspannung* ermittelt werden. Falls vorgesehen ist, das Einstellpotentiometer durch einen „festen" Vorwiderstand zu ersetzen, wird nach dem Beispiel c) der eingestellte Ohmsche Wert des Potentiometers **P** ermittelt (bei abgeschaltetem Strom).

Eine rein rechnerische Ermittlung des Wertes eines passenden Vorwiderstandes wie wir es in den vorhergehenden Beispielen „**A**" und „**B**" zeigten, ist zwar für LED-Kontrollanzeigen ausreichend, aber sie garantiert nicht, dass eine LED tatsächlich ihre maximale Leuchtkraft erbringt. Wird ein gehobener Wert darauf gelegt, dass eine LED – und vor allem eine relativ teure superhelle LED – wirklich „so hell wie nur möglich" leuchtet (in einem technisch vertretbaren Rahmen), sollte der von ihr bezogene Strom (der im Katalog als „I_F" angegeben ist) möglichst genau unterhalb der Maximumschwelle eingestellt werden.

Wir zeigen an einigen konkreten Beispielen, wie der optimale Betriebsstrom einer superhellen Leuchtdiode experimentell eingestellt werden kann:

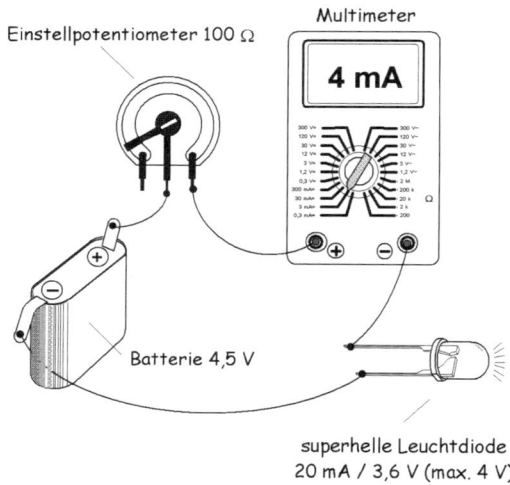

Die technischen Daten einer superhellen LED lauten: *I_F 20 mA, U_F typ. 3,6 V, max. 4,0 V.* Wir schließen diese LED an eine 4,5-Volt-Batterie über ein 100-Ω-Einstellpotentiometer an, das auf seinen höchsten Ohmschen Wert (= auf die vollen 100 Ω) eingestellt wird.

In Reihe mit der getesteten LED wird – wie abgebildet – ein Milliamperemeter (Multimeter, Strombereich ≥ 20 mA) angeschlossen. Es wird anfangs einen Strom von etwa 15 mA anzeigen.

Nun kann die regelbare Versorgungsspannung langsam und *sehr vorsichtig* gleitend erhöht werden, bis der LED-Strom auf die vorgegebenen **20 mA** ansteigt. Dabei darf in diesem Fall die Versorgungsspannung *(U_F)* das in den technischen Daten aufgeführte Spannungsmaximum von *4 Volt* nicht (zu sehr) überschreiten. Dazu wird es in der Regel nicht kommen, wenn der vorsichtig eingestellte LED-Strom nicht über die angegebenen *20 mA* hinausgeht. Vorsichtshalber sollte man bevorzugt schon bei ca. *19 bis 19,5 mA* stoppen. Messen wir danach den am Potentiometer eingestellten Wert, wird sich herausstellen, dass dieser etwa 79 Ω beträgt.

Wenn die verwendete Leuchtdiode für einen niedrigeren *Betriebsstrom (I_F)* als *20 mA* oder für eine niedrigere *Betriebsspannung (U_F)* ausgelegt ist, als wir in diesem Beispiel angeben, muss anstelle des 100-Ω-Einstellpotentiometers z.B. ein 220-Ω- oder 470-Ω-Potentiometer genommen werden. Noch besser: Mit dem Einstellpotentiometer wird in Reihe ein Festwiderstand von 470 Ω eingelötet. Stellt es sich heraus, dass er zu hoch ist, kann er schrittweise durch Widerstände von z.B. 390 Ω, 330 Ω, 270 Ω und 220 Ω verfangen werden.

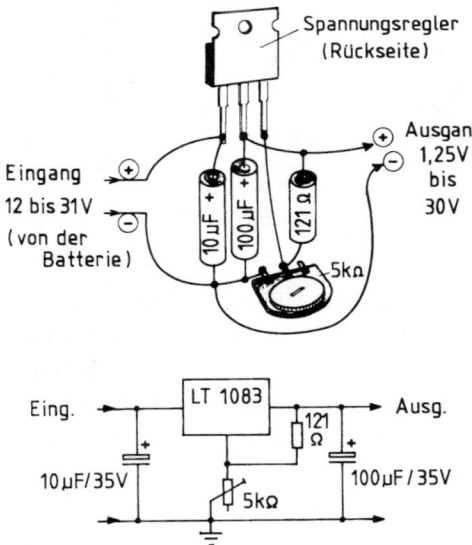

Anstelle von dem Herumexperimentieren mit Vorwiderständen kann die Einstellung des optimalen LED-Stroms mit Hilfe eines einstellbaren Spannungsreglers vorgenommen werden, der nach dem nebenstehenden Schaltbeispiel erstellt wird (oben ist die Schaltung bildlich, unten mit Hilfe von gängigen Schaltzeichen dargestellt).

Wichtig: Ein Spannungsregler verbraucht Strom auch wenn er ausgangsseitig nicht belastet ist und sollte daher an der Batterie nur während des Experimentierens angeschlossen bleiben.

Mit einstellbaren Spannungsreglern und Selbstbau-Netzteilen kennen wir uns bereits aus, denn sie wurden im Kap. 15 ausführlich beschrieben. Die auf der folgenden Seite (172) aufgeführte Schaltung zeigt uns daher nur insofern etwas Neues, als dass hier als „Verbraucher" drei Leuchtdioden in Reihe an den Spannungsregler-Ausgang angeschlossen sind. Es sollte sich dabei um *typengleiche* „LEDs" handeln. Sie dürfen unterschiedliche Farben – und demzufolge evtl. auch unterschiedliche *Betriebsspannungen* – haben, müssen jedoch für *denselben Betriebsstrom (I_F)* ausgelegt sein.

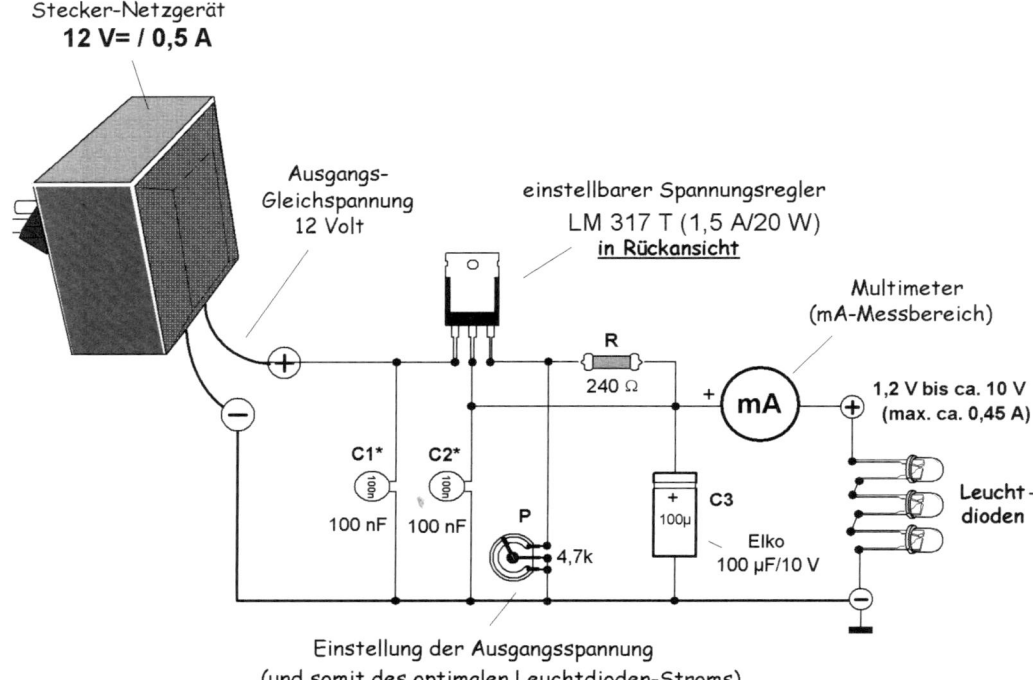

Die Anzahl der LEDs (in einer Reihe) hat auf die Höhe des *Betriebsstromes* *(I_F)* keinen Einfluss. Wenn es sich z.B. um LEDs handelt, die „pro LED" einen *Betriebsstrom* von 20 mA benötigen, fließt auch durch eine beliebig lange Kette von seriell verbundenen LEDs nur ein Strom von 20 mA (zumindest ungefähr, aber so haargenau wird ein „normales" Multimeter bei so einer experimentellen Schaltung ohnehin nicht messen…).

Die einzelnen *Betriebsspannungen* der drei LEDs addieren sich. Der Spannungsregler muss selbstverständlich eine Spannung liefern können, die der Summe der Einzelspannungen aller drei LEDs entspricht, denn nur so lässt sich der LED-Strom (durch das Einstellen der LED-Versorgungsspannung) optimal einstellen. Wird eine längere LED-Kette an eine gemeinsame Spannungsquelle angeschlossen, muss diese die erforderliche Spannung liefern können: Eine Kette mit z.B. 6 LEDs à 3,6 Volt wird demzufolge eine Versorgungsspannung von 6 × 3,6 Volt (= 21,6 Volt) benötigen. Der Spannungsregler aus dem vorhergehenden Beispiel würde eine höhere Eingangsspannung (von ca. 23 bis 24 Volt) liefern müssen und der **C3** (aus vorhergehendem Beispiel) müsste für eine Spannung von mindestens 25 V ausgelegt sein.

16.1 Leuchtdioden (LEDs)

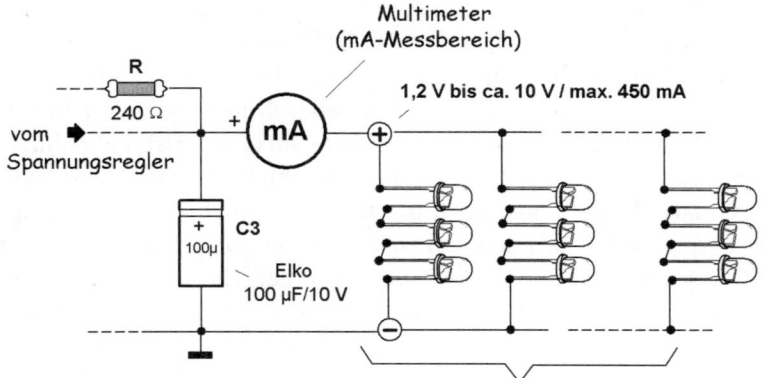

bis zu ca. 3 x 22 Leuchtdioden à 3 Volt
bei einer Stromabnahme von 20 mA pro LED-Trio

Da jedoch von dem Netzgerät aus dem vorhergehenden Beispiel ein Strom von bis zu ca. 0,45 A (= 450 mA) bezogen werden kann, könnten in Hinsicht auf die Ausgangsspannung von 10 Volt z.B. mehrere Reihen (bis zu etwa 22 Reihen) von je drei 3-Volt-LEDs parallel (nebeneinander) betrieben werden – wie oben dargestellt. Eine solche Lösung kommt z.B. dann in Frage, wenn eine weihnachtliche Beleuchtung, ein LED-Mosaik oder eine größere leuchtende Fläche aus mehreren LEDs zusammengestellt werden sollen. Wenn Leuchtdioden angewendet werden, deren Betriebsstrom *(I_F)* laut technischen Daten **20 mA** beträgt, dürfte „sicherheitshalber" pro LED-Reihe (in diesem Fall pro „LED-Trio") mit einem Strom von maximal ca. 18 mA gerechnet werden. Sollten beispielsweise 10 solcher Reihen nebeneinander angeordnet werden, müsste der Betriebsstrom – der über den Milliamperemeter fließt – auf etwa 180 mA eingestellt werden (10 Reihen × 18 mA = 180 mA).

Es liegt im individuellen Ermessen, ob aus der einen oder anderen Leuchtdiode unbedingt die höchstmögliche Lichtleistung herausgeholt werden soll oder anwendungsbezogen nicht eine niedrigere Lichtausbeute ausreicht. Darunter ist zu verstehen, dass viele Leuchtdioden in der Praxis mit *annähernd* voller Intensität schon dann leuchten, wenn ihre *Stromabnahme* ca. 10 % bis 15 % unterhalb „I_F" liegt.

Dieser Hinweis darf jedoch nicht automatisch als ein Freibrief dafür betrachtet werden, dass es auch nicht so schlimm sein kann, wenn die LED-Versorgungsspannung „etwas niedriger" liegt, als theoretisch erforderlich wäre. Es kann aber in Hinsicht auf die Lichtausbeute schlimm sein. Vor allem bei „InGaN"- *(Indium-Gallium-Nitrogenium)*-Leuchtdioden (Lichtfarbe grün, cyan, blau und weiß) sinkt z.B. die Stromabnahme um mehr als 2/3, wenn die Versorgungsspannung von dem Optimalwert um ca. 10 % sinkt. Bei „AlInGaP"-*(Aluminium-Indium-Gallium-Phosphat)*-Leuchtdioden (Lichtfarbe rot, rot-orange und amber) sinkt die Stromabnahme zwar „nur" um ca. 1/3, wenn die Versorgungsspannung ca. 10 % unterhalb von dem Optimalwert liegt, aber auch das ist immer noch schlimm genug. Aus diesem Grund sollte vor allem bei Batterieversorgung die Tatsache berücksichtigt werden, dass die *Nennspannung* einer Batterie keine konstante Spannung ist, sondern bei Belastung laufend sinkt, bis die Batterie „leer" ist.

Wenn *„superhelle-"* oder *„High-power-"* Leuchtdioden z.B. als Bremslichter oder als andere Lichter im Auto an die Autobatterie angeschlossen werden, sollten sie bevorzugt eine zusätzliche Spannungsregelung (Marke Eigenbau) erhalten. Wenn der LED-Strom nach dem nebenstehenden Beispiel einmal richtig eingestellt wird, benötigen solche Dioden keine zusätzliche Stromregelung. Diese wird zwar oft als ein „Muss" angeboten, ist aber in diesem Fall nicht erforderlich, denn die Dioden beziehen einen konstanten Strom, der auch während eines länger dauernden Betriebs nur sehr geringfügig sinkt (was jedoch z.B. bei Bremslichtern nicht vorkommt).

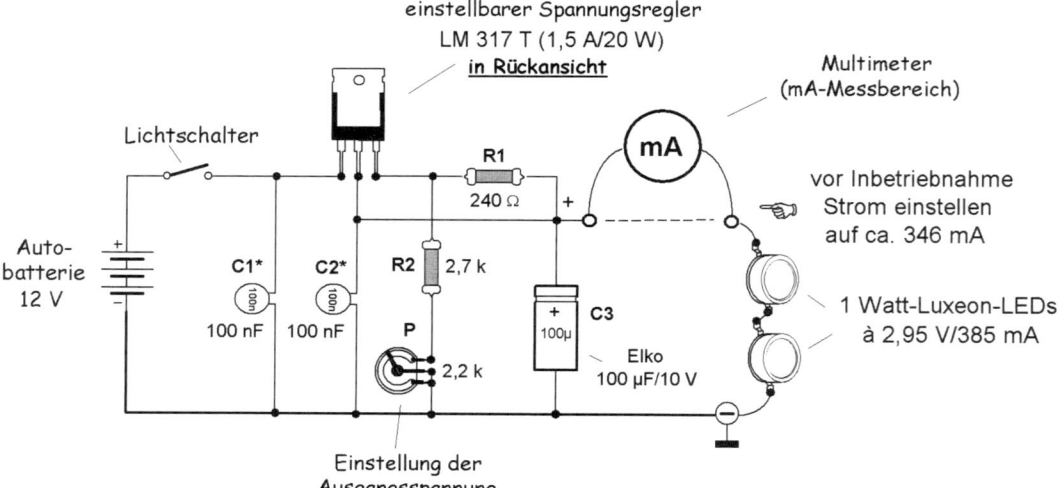

* keramische Scheibenkondensatoren

16.1 Leuchtdioden (LEDs)

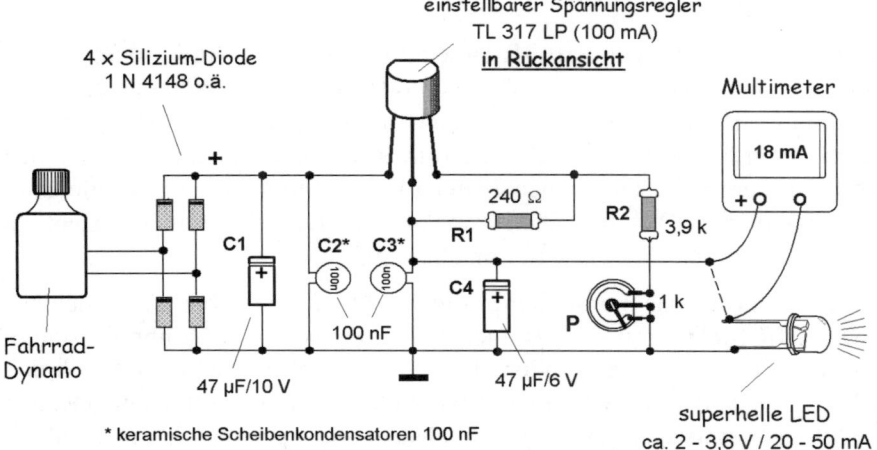

Auch ein Fahrradrücklicht kann mit einer superhellen LED ausgelegt werden – wie oben abgebildet. Der Fahrraddynamo liefert allerdings eine Wechselspannung (ca. 6 Volt) und die muss erst gleichgerichtet werden (dafür genügen die kleinsten 100-mA-Siliziumdioden beliebiger Type). Nachdem hier der LED-Strom mit dem Einstellpotentiometer **P** optimal auf ca. 90 % des Strombedarfs *(„I_F")* der angewendeten LEDs eingestellt ist, wird das eingezeichnete Milliamperemeter (Multimeter) nicht mehr benötigt. Die Verbindung zu der LED wird – wie gestrichelt angedeutet – definitiv erstellt.

Bliebe noch darauf hinzuweisen, dass sich Leuchtdioden notfalls auch mit Wechselstrom zufrieden geben. Allerdings um den Preis, dass sie nur die positiven Hälften der Wechselstrom-Halbwellen verwerten können. Der Ohmsche Wert des rechnerisch ermittelten Vor-

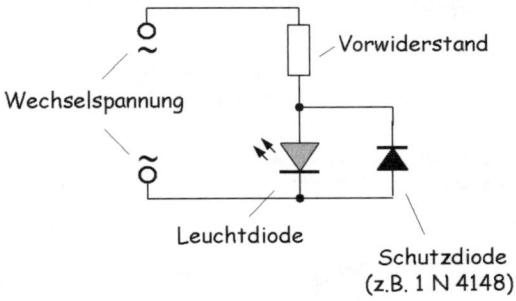

widerstandes darf daher um ca. 40 % *kleiner* gewählt werden als bei einer Gleichspannungsversorgung. Zudem sollte die LED mit einer in Gegenrichtung gepolten *Schutzdiode* (Siliziumdiode) gegen die negativen Spannungs-Halbwellen geschützt werden, die andernfalls die volle Spannung der Spannungsquelle hätten und die LED vernichten könnten.

16.2 Infrarot-Dioden

Infrarot-Dioden (abgekürzt „IR-Dioden") finden ihre Anwendung vor allem als *„Sendedioden"* in Fernbedienungen, Lichtschranken und als Lichtquellen für IR-Scheinwerfer. In Hinsicht auf die Spannungsversorgung und Einstellung des optimalen Betriebsstromes (I_F) unterscheiden sie sich nicht von den bereits beschriebenen Leuchtdioden. Sie sind – im Vergleich zu den kleineren LEDs – für einen etwas höheren Betriebsstrom ausgelegt, der meist mindestens ca. 50 bis 100 mA beträgt.

Da IR-Licht für das menschliche Auge nicht wahrnehmbar ist, eignen sich sowohl IR-Lichtschranken als auch IR-Scheinwerfer für Einbruchsschutz-Zwecke. Kleinere handelsübliche IR-Scheinwerfer sind meist mit mehreren IR-LEDs bestückt und benötigen bevorzugt eine stabilisierte „typenbezogene" Versorgungsspannung. Die untenstehende nachbauleichte Schaltung zeigt das Netzteil für einen kleinen 6-Volt-IR-Scheinwerfer, der u.a. bei *Conrad Electronic* erhältlich ist. In Hinsicht darauf, dass wir inzwischen über den Entwurf von maßgeschneiderten Netzteilen praktisch alles wissen, dürfte es nicht schwer fallen, ein solches Netzgerät bei Bedarf auch für eine andere Ausgangsspannung und Leistung zu bauen.

Hinweis: Wenn Sie mehr über die Leuchtdioden in Erfahrung bringen möchten, empfehlen wir Ihnen noch folgende Bücher von Bo Hanus / Franzis Verlag, die in demselben, leicht verständlichen Stil verfasst sind:

- **Experimente mit superhellen Leuchtdioden (neu, 153 Seiten)**
- **Spaß & Spiel mit der Elektronik (neu, 120 Seiten)**
- **Spaß & Spiel mit der Solartechnik (neu, 112 Seiten)**

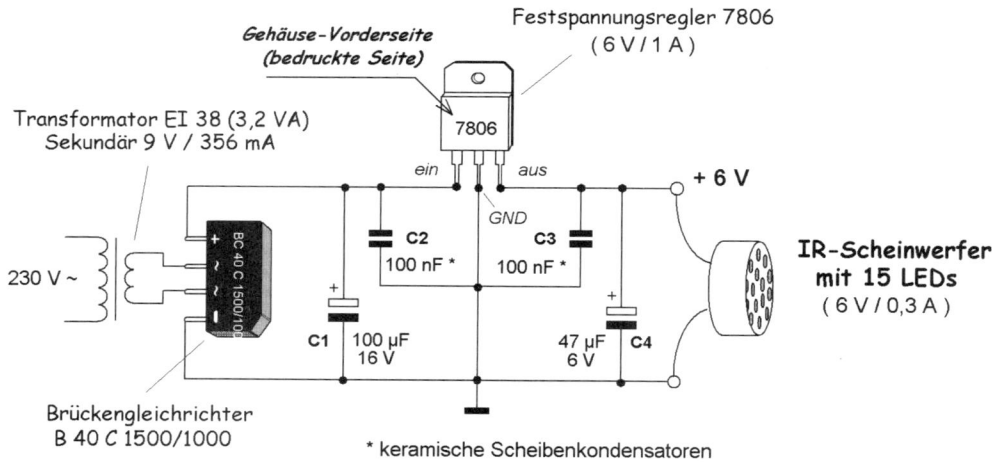

17 Elektrische Heizkörper

Elektrische Heizkörper kennen wir aus der täglichen Praxis. Die meisten Heizkörper beinhalten Heizspiralen aus Widerstandsdraht, der sich – ähnlich wie einer der bereits beschriebenen Widerstände – beim Anschluss einer elektrischen Spannung aufheizt. Es spielt dabei keine Rolle, ob ein solcher Widerstandsdraht in einer Kochplatte, in einem elektrischen Lötkolben, Haarfön oder in einer Heißluftpistole eingebaut ist. Den Ohmschen Widerstand des Widerstandsdrahtes muss einfach der Hersteller so wählen, dass dieser beim Anschluss an die vorgesehene Spannung den vorgesehenen Strom bezieht und somit auch die erforderliche *Nennleistung* aufbringt.

Als praktisches Beispiel kann uns ein elektrischer Wasserkocher dienen. Seine „elektrische Schaltung" ist – wie rechts aufgeführt – einfach und eine kurze Erklärung verdient nur der Thermoschalter, der auch als „thermische Sicherung" bezeichnet wird: Derartige Schalter

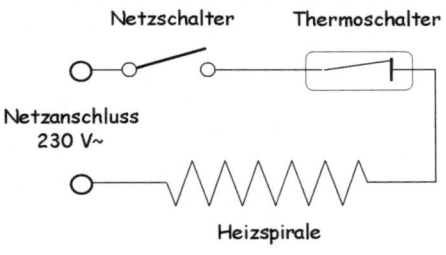

sind z.B. als Bimetall-Fertigbausteine erhältlich, die den sie durchfließenden Strom automatisch unterbrechen, sobald die „überwachte" Temperatur eine fest vorgegebene Schwelle erreicht. Nachdem sich so ein „aktivierter" Thermoschalter abgekühlt hat, schaltet er sich automatisch wieder ein.

Manche der elektrischen Heizkörper sind mit einem einstellbaren Thermostaten ausgeführt, andere haben einen mehrstufigen Temperatur-Wahlschalter. Viele Hersteller begnügen sich mit zwei Temperaturstufen, die meist so ausgelegt sind, dass in so einem Heizgerät (z.B. in einem elektrischen Heizkissen oder

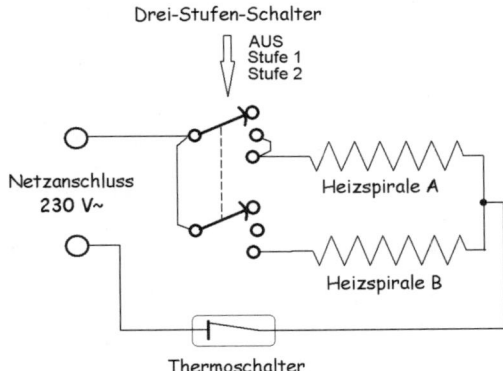

Autositz-Heizbezug) wahlweise entweder nur eine oder zwei Heizspiralen eingeschaltet werden.

Ausführungsbeispiel einer 12 V/12 W-Heizfolie:

Anschlüsse

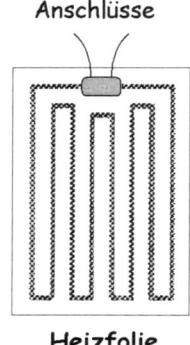

Heizfolie
Abmessungen:
110 x 77 mm

Zu den spezielleren elektrischen Heizkörpern gehören auch *Heizfolien,* die u.a. als selbstklebende Folien für die Flächenbeheizung von Kfz-Außenspiegeln oder für den Schutz vor „Minusgraden" bei diversen Kleingeräten vorgesehen sind.

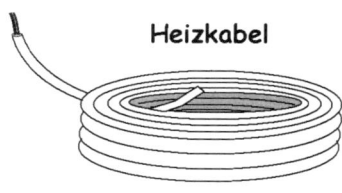

Heizkabel

Für die Beheizung von Frühbeeten, Terrarien, Garten-Sitzbänken usw. werden mit Vorliebe flexible *Heizkabel* verwendet, die wahlweise für niedrigere als auch für höhere Versorgungsspannungen zwischen ca. 12 und 230 V ausgelegt sind. Da es einem solchen Heizkörper egal ist, ob er mit einer Gleichspannung oder mit einer Wechselspannung betrieben wird, bleibt es dem Anwender überlassen, für welche Art der Spannungsversorgung er sich entschließt.

18 Elektrische Ventilatoren

Elektrische Ventilatoren werden in sehr unterschiedlichen Ausführungen gefertigt, aber eines haben alle gemeinsam: Als elektrische Verbraucher sind es nur Elektromotoren, die entweder als Wechselstrom- oder als Gleichstrommotoren konzipiert sind. Wechselstromventilatoren benötigen eine ziemlich genaue Versorgungsspannung. Ansonsten heizen sie sich zu sehr auf und gehen drauf. Gleichstromventilatoren geben sich – ähnlich wie fast alle anderen Gleichstrommotoren auch – meist mit einer Versorgungsspannung zufrieden, die in einem breiteren Spannungsbereich liegen darf.

Ausführungsbeispiel eines Einbau-Axial-Ventilators (Axial-Lüfters):

Ausführungsbeispiel eines Einbau-Tangential-Lüfters (Querstromgebläse):

Für weitere Informationen siehe Kap. 20 und 22 bis 24.

19 Elektrische Kühlkörper

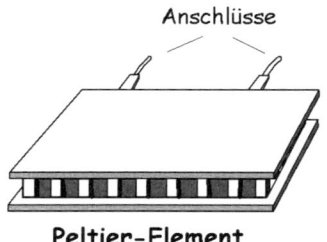
Peltier-Element
Anschlüsse

Als Repräsentanten der echten „Kühlkörper" dürften die so genannten *Peltier-Elemente* bezeichnet werden. Es sind thermoelektrische Module, die sowohl Kälte als auch Wärme erzeugen. Bei Anschluss des Moduls an die Betriebsspannung wird eine seiner Seiten (Flächen) kalt, die andere heiß. Wird so ein Element für die Kühlung verwendet, muss eine heiße Seite mit einem Ventilator gekühlt werden – was z.B. in den tragbaren Elektro-Kühlboxen gehandhabt wird.

Die kleineren handelsüblichen Peltier-Elemente, die z.B. bei *Conrad Electronic* als Einzelbausteine erhältlich sind, haben Abmessungen von ca. 15 × 15 × 4,9 mm, größere Elemente werden in Abmessungen von bis zu etwa 50 × 50 × 4,5 mm angeboten. Die Module sind sehr flach und relativ klein, benötigen jedoch größere zusätzliche Wärmetauscher und Kühlkörper.

Kompressor- oder Absorptions-Kühlboxen und Kühlschränke verfügen über keine „echte" elektrische Kühlkörper und dürfen in Hinsicht auf ihre elektrische Funktion nur als „Elektromotoren mit Kompressor" oder als Heizkörper (bei Absorptions-Kühlschränken) betrachtet werden.

20 Elektromotoren

Elektromotoren werden typenbezogen als Wechselstrom- oder Gleichstrommotoren gefertigt und müssen grundsätzlich nur an die Spannungsversorgung angeschlossen werden, für die sie laut ihrem Typenschild vorgesehen sind.

Wechselstrommotoren sind wahlweise als Einphasen- oder als Dreiphasen-Motoren konzipiert. Einphasen-Motoren werden bereits herstellerseitig entweder nur für eine Drehrichtung oder für beide Drehrichtungen ausgelegt. Handelsübliche Einphasen-Kleinmotoren sind meist als Kondensatormotoren konzipiert.

Bei den meisten Einphasen-Kondensatormotoren, die für beide Drehrichtungen ausgelegt sind, wird die Drehrichtung durch Umschalten der Spannungszufuhr zu den Anschlüssen des Kondensators verändert (insofern der Hersteller nicht eine andere Lösung verlangt). Wenn der Drehrichtungs-Umschalter als Dreistufen-Schalter ausgelegt ist, kann er gleichzeitig als Ein-/Aus-Schalter fungieren – wie nebenan dargestellt. Ist jedoch ein Einphasen-Motor *nicht* bereits vom Hersteller für beide Drehrichtungen ausgelegt, kann dies im Nachhinein nicht mehr durch irgendeinen Trick geändert werden.

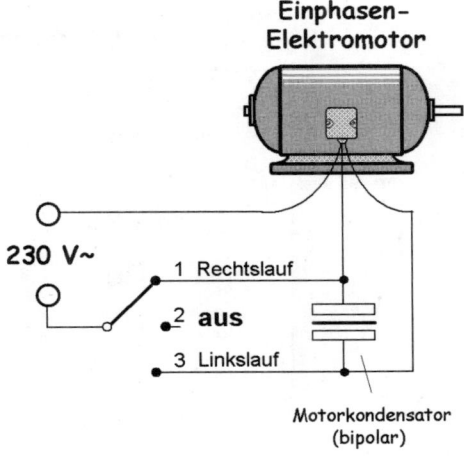

Dreiphasen- (Drehstrom-) Elektromotoren kennen wir u.a. von diversen Holz- oder Metallbearbeitungsmaschinen. An diesen Maschinen befindet sich oft ein manuell bedienbarer Dreistufen-Schalter, bei dem die erste Stufe als Ausschaltposition, die zweite Stufe als Einschalten im langsamen Lauf und die dritte Stufe als Umschalten auf den schnelleren (und kräftigeren) Lauf ausgelegt sind.

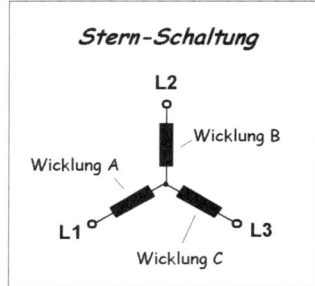

Das mit dem langsamen und dem schnellen Lauf beruht auf einem einfachen Schaltungstrick, bei dem die drei Wicklungen des Elektromotors für den langsamen Lauf in eine „**Stern**-Anordnung", bei schnellem Lauf in eine „**Dreieck**-Anordnung" geschaltet werden – nach dem nebenan dargestellten Prinzip.

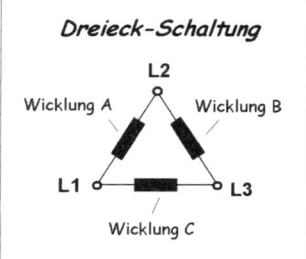

Wird so ein Drehstrommotor nur im langsamen Lauf (mit der niedrigeren Drehzahl) betrieben, benötigt er nur einen einfachen dreipoligen Schalter. Diese Lösung wird oft gehandhabt:

Die Drehrichtungsänderung wird bei einem Drehstrommotor einfach dadurch erzielt, dass zwei beliebige Phasen der Zuleitung untereinander verwechselt werden.

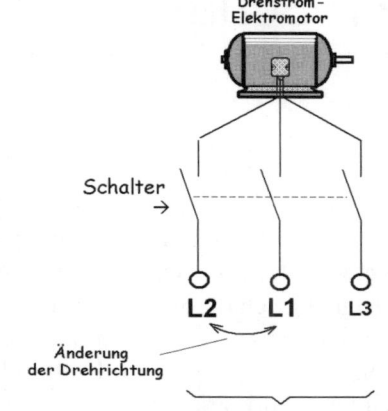

Bei Gleichstrommotoren wird die Drehrichtung einfach durch den Wechsel der Anschlusspolarität geändert. Dennoch sind die meisten Gleichstrommotoren oft für eine „Haupt-Drehrichtung" ausgelegt. Sie wird vom Hersteller angegeben und der Anwender sollte sie beachten. Dies bedeutet zwar nicht, dass so ein Motor in der an-

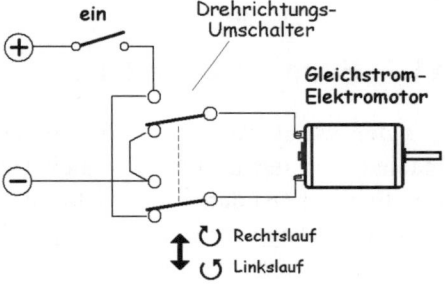

deren Richtung nicht betrieben werden darf, aber für die optimale Nutzung seiner Leistung und für seine Lebensdauer ist dies zu berücksichtigen. So sind z.B. auch die meisten Akkuschrauber-Motoren für eine Haupt-Drehrichtung ausgelegt, die mit der Drehrichtung des „Einschraubens" übereinkommt. Wird ein solcher Akkuschrauber als Elektroantrieb einer Selbstbau-Vorrichtung verwendet, sollte seine Haupt-Drehrichtung für *die* Bewegung eingeplant werden, die ihn schwerer belastet.

Das Schalten und Steuern von Elektromotoren wird in der Praxis überwiegend mit Hilfe von elektromagnetischen Relais vorgenommen. Das ist eines der Themen, die im folgenden Kapitel näher behandelt werden.

21 Schalten in der Elektrotechnik

Wir alle leben seit unserer Kindheit mit Schaltern aller Art. Es beginnt mit den Schaltern an Spielzeugen und wächst sich zunehmend zu einer Unmenge an Schaltvorgängen aus, die ein jeder von uns den ganzen Tag vornehmen muss. Viele von uns erledigen am frühen Morgen den ersten Schaltvorgang bereits im Halbschlaf: Da wird der Wecker abgeschaltet. Im Winter wird kurz danach das Licht eingeschaltet. Dann schaltet man vielleicht das Radio, die Kaffeemaschine und den Brötchen-Backautomaten ein, um die vorgebackenen Brötchen fertig zu backen usw.

21.1 Einfache Schalter

Mit den meisten einfacheren Schaltern, die es auf unserer Erdkugel gibt, machen wir seit unserer Kindheit langsam aber sicher Bekanntschaft und ihre Funktion ist daher nicht erklärungsbedürftig. Hier handelt es sich allerdings überwiegend um Schalter, die für die Handbedienung ausgelegt sind. Es gibt aber auch verschiedene speziellere Schalter, die oft in Geräten, Maschinen und Vorrichtungen verborgen sind oder gar nicht wie Schalter aussehen.

Einer dieser Schalter – der Zungenschalter (Reed-Schalter) – wurde bereits im Kap. 3 beschrieben. Zu den echten Favoriten gehört in der Elektrotechnik der so genannte *Mikroschalter*. Ein einfacher Mikroschalter befindet sich – als ein „verdeckter Türschalter" – auch in jedem Kühlschrank, um beim Öffnen der Tür das Licht einzuschalten. Im Maschinen- und Anlagenbau werden Mikroschalter vor allem als Endschalter verwendet, die den Motor stoppen, sobald die von ihm angetriebene Vorrichtung das eine oder das andere Ende der vorgesehenen Bahn erreicht hat und den Betätigungsknopf oder den Metallhebel des Mikroschalters leicht eindrückt.

21.1 Einfache Schalter

Ausführungsbeispiele einiger Mikroschalter, die wahlweise als *Schließer (1 × Ein)* oder als *Wechsler (1 × UM)* ausgeführt sind *(Foto/Anbieter: Conrad Electronic)*:

Wird ein Motorantrieb z.B. zum Herausfahren oder Herausschwenken eines Fernsehers ausgelegt, benötigt die Vorrichtung zwei Mikroschalter, die den Motor stoppen, sobald die jeweilige Endposition erreicht wurde. Anstelle der Mikroschalter könnten selbstverständlich auch diverse andere Sensoren, Lichtschranken oder die bereits beschriebenen Zungenschalter (Reed-Kontakte) verwendet werden – insofern es die Schaltleistung erlaubt – aber die Mikroschalter stellen oft die günstigste Lösung dar.

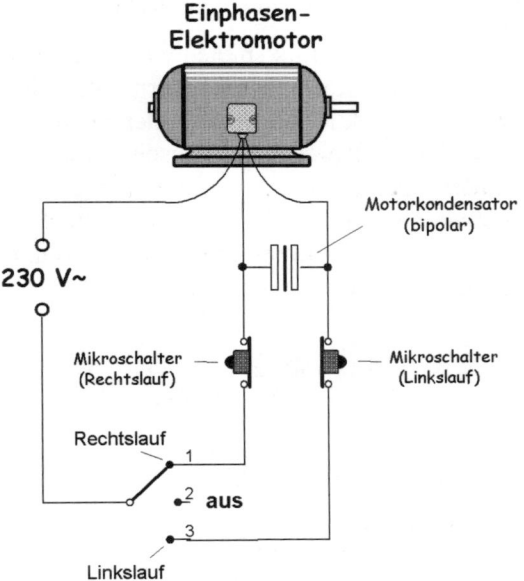

Ist es erwünscht, dass eine Veränderung der Neigung auf eine einfache Weise einen Schaltvorgang auslöst, kann dafür ein *Neigungsschalter* verwendet werden. Früher wurden Neigungsschalter ausschließlich in der Form von Quecksilberschaltern ausgeführt. Das Funktionsprinzip ist sehr einfach: Sobald der hier abgebildete Quecksilberschalter in der Richtung

Ausführungsbeispiel eines Quecksilber-Neingungsschalters:

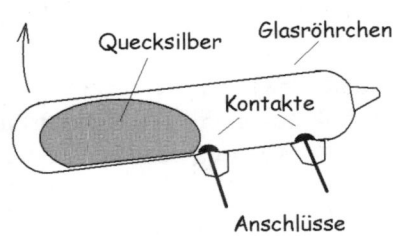

des Pfeils seine Neigung verändert, rollt der „Quecksilbertropfen" von links nach rechts und verbindet die zwei Anschlusskontakte leitend miteinander (Quecksilber ist ein guter elektrischer Leiter). Neben den „echten" Quecksilberschaltern werden gegenwärtig auch noch quecksilberfreie Neigungsschalter hergestellt, die sich annähernd dasselbe Prinzip zunutze machen.

21.2 Schalten mit Relais

Die Funktion der elektromagnetischen Relais und Zungenrelais wurde bereits im 3. Kapitel erläutert und einige einfache Anwendungsbeispiele haben hier gezeigt, wozu solche Relais konkret gut sein können.

In der Elektrotechnik spielen vor allem die elektromagnetischen Relais eine sehr wichtige Rolle, denn sie ermöglichen, dass Elektromotoren und diverse andere Elektrogeräte entweder manuell mittels eines Tasters geschaltet oder auf verschiedenste Weisen fernbedient bzw. automatisch gesteuert werden können. Wir zeigen nun einige praktische Anwendungen der elektromagnetischen Relais und fangen mit Beispielen an, die auch fürs individuelle Experimentieren interessant sind und die sich als „privat brauchbar" erweisen dürften.

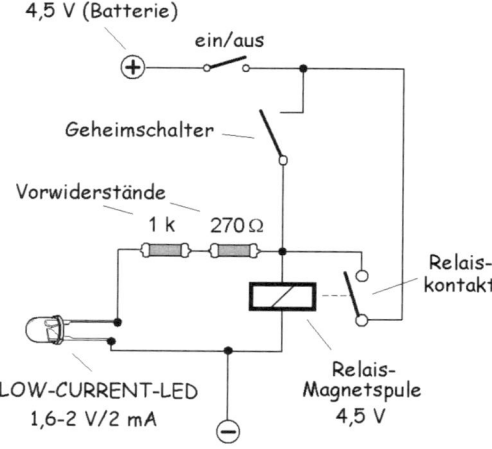

In einigen Filmen haben wir den Detektiv gesehen, der jeweils beim Verlassen seiner Wohnung ein Haar zwischen die Tür eingeklemmt hat, um bei seiner Rückkehr sehen zu können, ob während seiner Abwesenheit kein „Unbefugter" seine Wohnung betreten hat bzw. ob da immer noch jemand auf ihn lauert.

Eine solche Maßnahme dürfte sich auch in unserem Lande zunehmend als sehr vorteilhaft erweisen, denn die Hemmschwelle der Einbrecher orientiert sich (laut aktuellen Polizeiberichten) nicht mehr an unserer traditionellen „Leitkultur". Wenn da der Haus- oder Wohnungsbewohner nichts ahnend nach Hause zurückkehrt und dabei die Einbrecher überrascht, wird er gelegentlich einfach gekillt.

Hier kann anstelle eines in die Tür eingeklemmten Haares eine kleine Leuchtdiode, die nach dem nebenstehenden Beispiel von einem Relais „aktiviert" wird, sehr nützliche Warndienste erweisen. Die Funktion der Schaltung ist nur insofern erklärungsbedürftig, als dass hier das Relais als „selbsthaltend" geschaltet ist. Springt es einmal an, bleibt es so lange an, bis die Stromzufuhr abgeschaltet wird. Es versteht sich von selbst, dass die ganze Vorrichtung durchdacht so zu installieren ist, dass sie einem Außenstehenden nicht auffällt – was bei etwas kreativer Phantasie kein Problem darstellen dürfte. Wie bereits im Kap. 16 erklärt wurde, braucht auch hier die LED einen Vorwiderstand, dessen Ohmscher Wert theoretisch zwischen ca. 1250 und 1450 Ω liegen sollte. Dies liegt außerhalb der Standardwerte von Kohleschicht-Widerständen und daher haben wir zwei Widerstände in Reihe eingezeichnet, die einen Endwert von 1270 Ω ergeben.

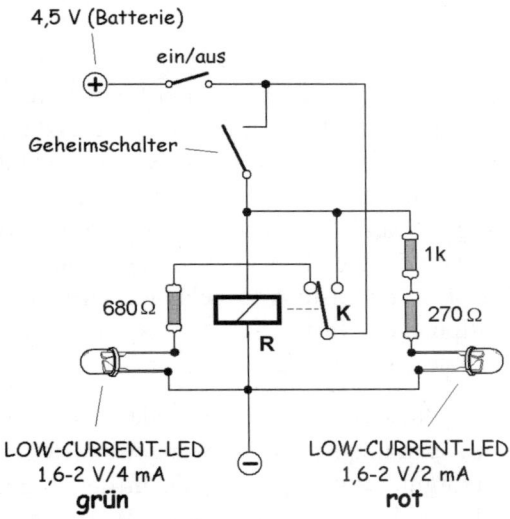

Das „Warnsystem" nach vorhergehendem Beispiel kann selbstverständlich auch als Anwesenheits- oder Betätigungsmelder dienen, der noch zusätzlich mit einer grünen „Stand-by-LED" ausgestattet ist, die nach dem Einschalten der Stromzufuhr leuchtet und somit anzeigt, dass die Schaltung betriebsbereit steht. Solange der *Geheimschalter* offen ist (nicht aktiviert wird), erhält die grüne LED ihre Betriebsspannung über den „ruhenden" Relaiskontakt **K** und den 680-Ω-Vorwiderstand. Wird der *Geheimschalter* betätigt (= beliebig kurz oder lang eingeschaltet), erhält die Relaisspule **R** ihre Versorgungsspannung und das Relais springt „selbsthaltend" an. Ab dem Moment erhalten über den Kontakt **K** sowohl die Relaisspule als auch die rote LED (über zwei Vorwiderstände) ihre Versorgungsspannung.

Fürs Experimentieren mit elektromagnetischen Relais eignet sich hervorragend auch eine so genannte Prioritätsschaltung, die z.B. bei Kinderpartys für zwei Teilnehmer geeignet ist, die an einem Ratespiel teilnehmen. Wer von den zwei Teilnehmern die Antwort auf die gestellte Frage schneller kennt, der drückt seine Taste (A oder B), seine Leuchtdiode leuchtet auf

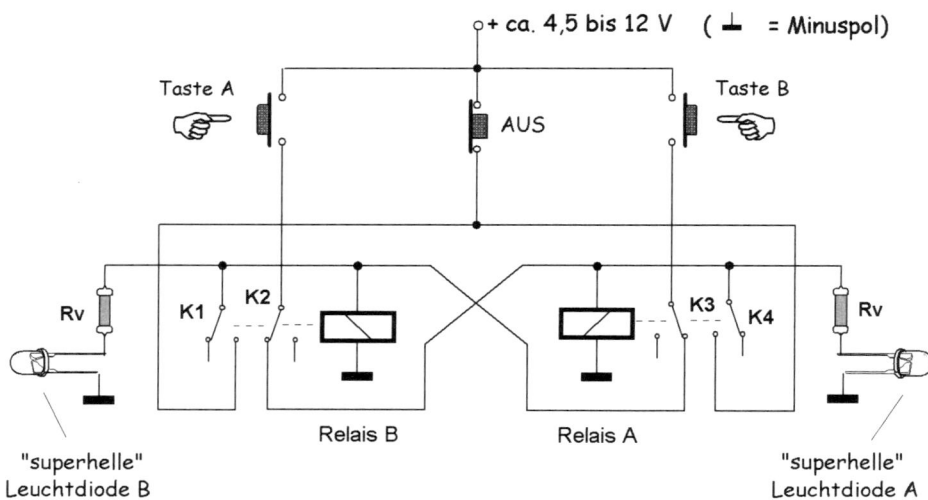

und zeigt somit an, dass er der Schnellere war. Wird z.B. zuerst die Taste **A** betätigt, schaltet sie (über Kontakt **K2**) die Relaisspule **A** ein, wobei die Relaiskontakte **K3** und **K4** ihre Positionen ändern. **K3** unterbricht in dem Moment die Verbindung von der **Taste B** zum Relais **B** (und seinem „Anhang"). Damit ist Taste **B** außer Betrieb. **K4** fungiert hier als Selbsthalte-Kontakt des Relais **A**, dessen Magnetspule somit auch dann unter Spannung bleibt, wenn Taste **A** losgelassen wird. Abgeschaltet wird das Relais durch Antippen der Taste „AUS" (was dem Quizmaster zusteht). Danach kann die nächste „Fragerunde" beginnen.

Der Ohmsche Wert der Vorwiderstände **Rv** hängt sowohl von dem Strom- und Spannungsbedarf der angewendeten Leuchtdioden als auch von der Versorgungsspannung ab, die in der Regel auf die Betriebsspannung der Relaisspulen abgestimmt wird. Wer dieses Buch bis hierher durchgelesen hat, dem wird es nicht schwer fallen, die passenden Vorwiderstände zu finden.

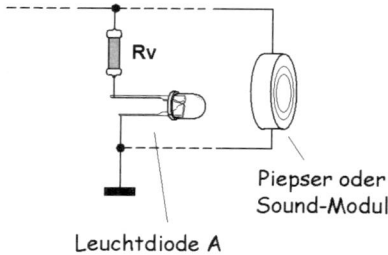

Als „publikumswirksam" erweist es sich, wenn das Aufleuchten der Diode (bzw. auch eines beliebigen anderen Lämpchens) noch mit einem Ton oder einem Tierlaut (Hahnkrähen, Hundegebell u.a.) unterstützt wird. Zu diesem Zweck führt der Elektronikhandel diverse Piepser oder Sound-Module mit Tierstimmen, die so eine „Quiz-Show" beleben und das Publikum zusätzlich eventuell auch noch belustigen.

Falls so ein Modul eine niedrigere Versorgungsspannung benötigt als vorhanden ist, kann z.B. eine zusätzliche Zenerdiode die überschüssige Spannung abfangen. Wird z.B. ein Sound-Modul verwendet, dessen Betriebsspannung um 3 Volt niedriger liegt als die Haupt-Versorgungsspannung, fängt eine 3-Volt- Zenerdiode (z.B. die Type „ZPD 3 V") die überschüssige Spannung von 3 Volt ab.

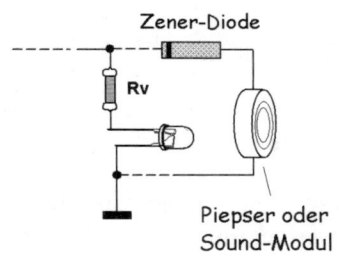

Benötigt ein Sound-Modul eine Betriebsspannung, die nur geringfügig niedriger sein sollte, als die zur Verfügung stehende Haupt-Versorgungsspannung, kann – anstelle der Zenerdiode – z.B. auch eine beliebige Silizium-Gleichrichterdiode (bzw. auch zwei oder mehrere in Reihe geschaltete Dioden) den Spannungsunterschied abfangen. Diese Dioden werden jedoch – im Gegensatz zu der Zenerdiode – in der *leitenden Richtung* eingelötet.

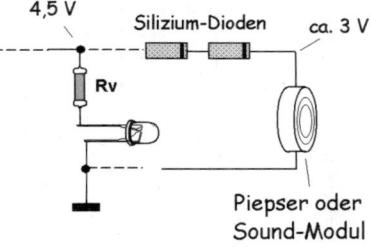

21.3 Bistabile Relais

Bistabile Relais erleichtern so manche Schaltaufgabe, denn sie benötigen jeweils nur einen kurzen Spannungsimpuls, um in die eine oder andere Schaltposition umzuspringen. Wie der Name andeutet, sind solche Relais in beiden Positionen stabil. So lange, bis sie einen weiteren Umschaltbefehl erhalten, bleiben sie in der letztlich eingenommenen Schaltposition „kleben" (wobei es sich oft um ein magnetisch bewirktes „Kleben" handelt).

Bistabile Relais werden wahlweise als Einspulen- oder Zweispulen-Relais gefertigt und verfügen meist über einen bis vier Umschaltkontakte (bezeichnet wird dies in den Katalogen als 1 × UM, 2 × UM bzw. 4 × UM). Anstelle von *Einspulen*- bzw. *Zweispulen*-Relais werden diese Relais auch als „*bistabile Relais mit einer Wicklung*" oder „*bistabile Relais mit zwei Wicklungen*" bezeichnet.

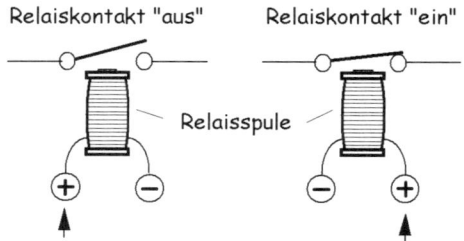

Bei bistabilen Einspulen-Relais muss das Umschalten durch Änderung der Polarität der Spulen-Betriebsspannung vorgenommen werden. Wie der Zeichnung nebenan entnommen werden kann, wird die Bedienung eines solchen Relais dadurch kompliziert, dass beide Anschlüsse der Relaisspule polaritätsgerecht umgeschaltet werden müssen.

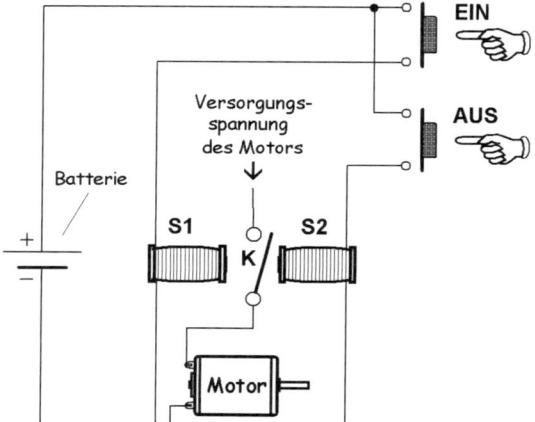

Wesentlich „anwendungsfreundlicher" sind bistabile Relais mit zwei Spulen (**S1** und **S2**), denn sie können nur mit einfachen Tastern bedient werden. Ob der Relais-Schaltkontakt **K** einen Gleichstrom- oder Wechselstrommotor bzw. einen beliebigen anderen Verbraucher schaltet, ist egal, denn der Relais-Schaltkontakt ist von dem Rest der Schaltung völlig isoliert. Wichtig ist nur, dass der Schaltkontakt laut technischen Daten für eine ausreichend hohe *Schaltspannung* und einen ausreichend hohen *Schaltstrom* ausgelegt ist. Die Relaisspulen solcher Relais sind wahlweise für *Nennspannungen (Gleichspannungen)* von z.B. 5 V, 6 V, 12 V oder 24 V gefertigt. Einige der 5-Volt-Relaisspulen arbeiten laut Herstellerdaten bei einer Versorgungsspannung von 3,75 bis 9 Volt. So ein Relais kann z.B. mit einer 4,5-Volt-Batterie betrieben werden – was für einfache Experimente bzw. für einfache Selbstbau-Projekte von Vorteil ist.

21.4 Kontroll-Glimmlampen

Wenn etwas geschaltet wird, sollte man unbedingt immer im Bilde darüber sein, ob dieses „Etwas" jeweils gerade ein- oder ausgeschaltet ist. Bei einem Licht oder bei einem nahe stehenden lärmenden Elektromotor genügt die optische oder akustische Wahrnehmung. Falls eine solche Kontrolle nicht möglich ist, bietet ein zusätzliches Kontrolllämpchen, das parallel zu dem geschalteten Verbraucher angeschlossen wird, die einfachste Abhilfe.

Wenn ein Verbraucher geschaltet wird, der für eine relativ niedrige Nennspannung ausgelegt ist, kann als Kontrolllämpchen am besten eine Leuchtdiode (mit passendem Vorwiderstand) verwendet werden.

Wird ein 230-V~-Verbraucher geschaltet, eignet sich als Kontrolllampe eine so genannte *Glimmlampe*. *Glimmlampen* sind wahlweise für volle 230-V~-Netzspannungen oder auch für niedrigere Wechselspannungen erhältlich, die in den Prospekten als *„Zündspannungen"* angegeben werden. Wird z.B. bei einer Glimmlampe angegeben, dass

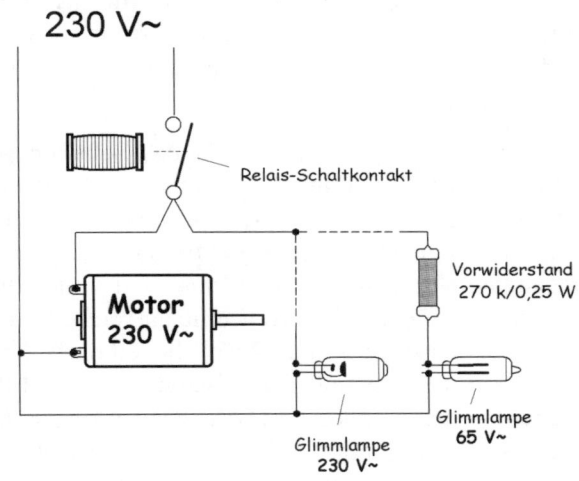

sie für eine *„Zündspannung"* von 65 V~ ausgelegt ist, benötigt sie beim Anschluss an 230-V~-einen Vorwiderstand, dessen Wert oft bei den technischen Daten angegeben wird. In unserem nebenstehenden Beispiel benötigt die „65-Volt-Glimmlampe" einen 207-kΩ-Vorwiderstand. Eine „230-V~-Glimmlampe" kann dagegen – wie abgebildet – ohne Vorwiderstand direkt an die volle Netzspannung angeschlossen werden.

21.5 Elektronische Lastrelais

Elektronische Lastrelais dürften als moderne „Gegenstücke" zu den herkömmlichen elektromagnetischen Relais bezeichnet werden. Die mechanischen Kontakte der elektromagnetischen Relais, die bei „kräftigerem Schalten" relativ bald verschleißen, ersetzen bei elektronischen Lastrelais schaltende Halbleiter (darunter Transistoren und Triacs). Dadurch sind in Hinsicht auf die Lebensdauer die elektronischen Relais den elektromagnetischen Relais weit überlegen. Leider aber auch im Preis.

Zudem sind elektronische Lastrelais nicht so universal verwendbar wie elektromagnetische Relais und zu ihren Nachteilen gehört auch, dass sie überwiegend nur als „Schließer" („1 × EIN") ausgelegt sind. Das kompliziert unter Umständen die Anwendung, denn die „fehlenden" Kontakte müssen auf eine andere Weise (z.B. durch zusätzliche elektronische Steuerung) ersetzt werden.

Abgesehen davon kann ein elektronisches Lastrelais *nicht* wie ein elektromagnetisches Relais einfach sowohl für das Schalten von Gleichstrom als auch für das Schalten von Wechselstrom verwendet werden. Daher ist bereits bei der Anschaffung darauf zu achten, für welche Stromart das Relais vorgesehen ist.

Elektronische Lastrelais, die für das Schalten von Gleichstrom ausgelegt sind, bestehen – wie unten abgebildet – aus zwei Funktionsteilen: aus dem Steuerkreis mit Verstärker und aus dem Schaltkreis. Der Steuerkreis ersetzt hier die Magnetspule eines elektromagnetischen Relais. Er besteht bei den meisten elektronischen Relais aus einer Leuchtdiode (LED) mit Vorwiderstand. Sobald der Steuerkreis eine ausreichend hohe Steuerspannung erhält (die z.B. zwischen 3 und 32 Volt liegen darf), belichtet die LED den internen *Fototransistor* und dieser schaltet – mit Hilfe eines zusätzlichen *Verstärkers* – den eigentlichen *Schalttransistor* ein. Der *Schalttransistor* schaltet (als „Schaltkontakt") die an ihm angeschlossene Spannung nur in der eingezeichneten Richtung. Wird die Polarität des Anschlusses versehentlich verwechselt, leitet die interne Schutzdiode die Spannung wie ein geschlossener Kontakt einfach zu dem Verbraucher durch.

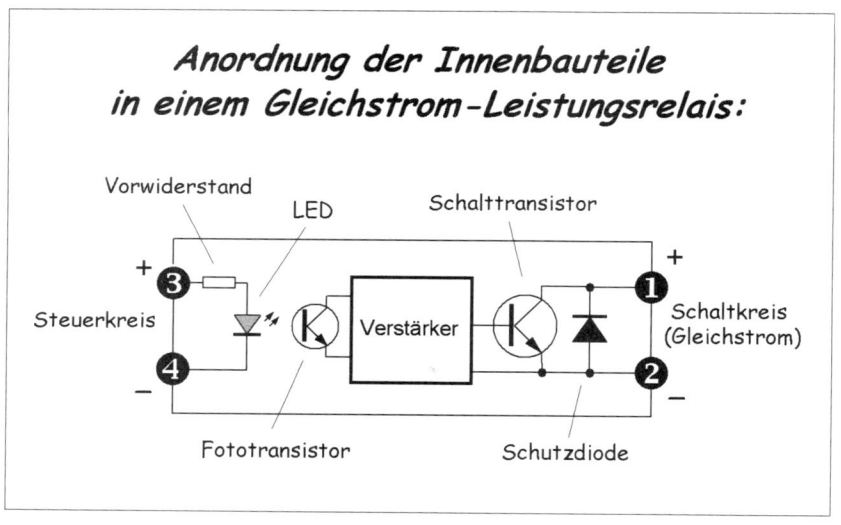

21.5 Elektronische Lastrelais

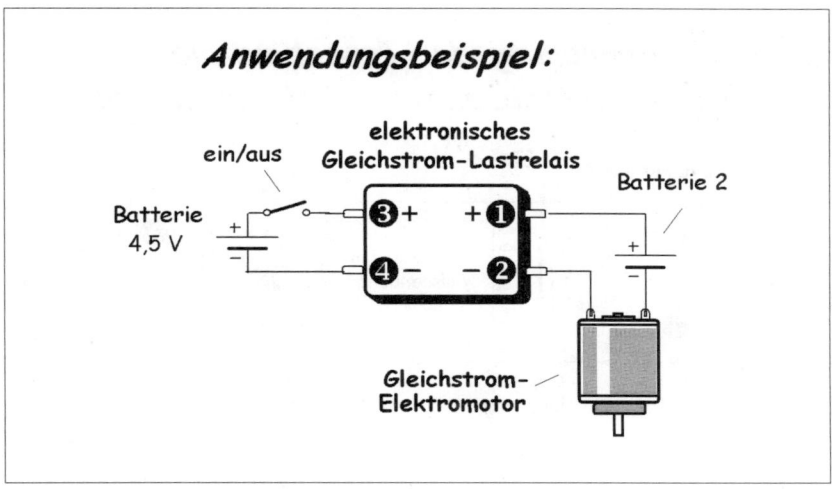

Die praktische Anwendung eines solchen elektronischen Lastrelais stellt ziemlich bescheidene Ansprüche an die Steuerspannung. Wir haben hier informativ eine 4,5-Volt-Batterie eingezeichnet, mit der das Relais betätigt werden kann. Wenn der Steuereingang des Relais laut technischen Daten für einen breiten Spannungsbereich – von z.B. 3 bis 32 Volt – ausgelegt ist, kann das Relais eingangsseitig einfach mit einer beliebig hohen Gleichspannung geschaltet werden, die in dem vorgegebenen Bereich liegt. Das ist im Vergleich zu elektromagnetischen Relais ein Vorteil, denn dort benötigt die Magnetspule die vom Hersteller vorgegebene Spannung (mit relativ kleinen Abweichungen). Abgesehen davon bezieht der Steuereingang eines elektronischen Relais nur einen sehr geringen Steuerstrom (LED-Strom).

Elektronische Lastrelais, die für das Schalten von Wechselstrom ausgelegt sind, unterscheiden sich eingangsseitig (und somit in Hinsicht auf die Steuerung) nicht von den vorher beschriebenen Gleichstrom-Relais. Da sie jedoch Wechselstrom schalten müssen, verwenden sie – anstelle eines Schalttransistors – einen *Triac* (Triac ist ein Wechselstrom-Schaltbaustein). Zudem verfügen sie über einen so genannten *Nullspannungsschalter,* der dafür zuständig ist, dass er die „Last" exakt in dem Moment zuschaltet, in dem die Sinusoide der Wechselspannung ihren „Nullpunkt" durchschreitet.

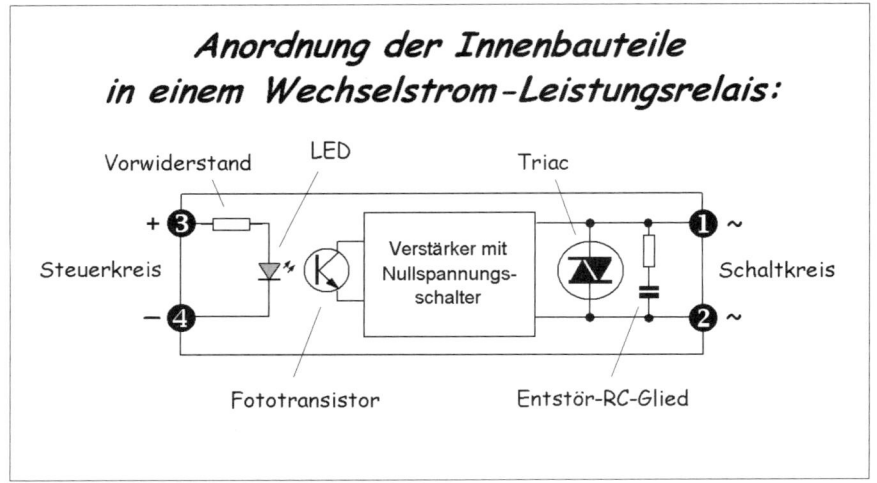

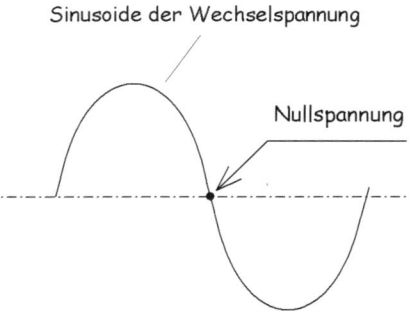

Sinusoide der Wechselspannung

Nullspannung

Erfolgt das Zuschalten einer Last mittels eines *Nullspannungsschalters* in dem Moment, in dem die Sinusoide der Wechselspannung ihren Nullpunkt durchschreitet, bezieht die Last „vorübergehend" keine Leistung (keine Spannung = keine Leistungsabnahme). Das wirkt sich auf das Leistungsrelais schonend aus, denn diese Art des Schaltens stellt sich in der Zeitlupenaufnahme wie z.B. ein Einschalten mit sanft gleitender Spannungsregelung dar. Demzufolge entstehen beim Einschaltvorgang keine Leistungsstöße, die sich auf die Umgebung als elektromagnetische Störquellen auswirken.

Die praktische Anwendung eines elektronischen Wechselstrom-Lastrelais unterscheidet sich bezüglich der Steuerung nicht von der Anwendung des Gleichstrom-Leistungsrelais aus dem bereits aufgeführten Beispiel. Der Relaisausgang stellt in diesem Fall keinen Anspruch auf das Einhalten der Polarität und kann – anstelle des eingezeichneten Elektromotors – beliebige andere Netzspannungsverbraucher schalten. Allerdings ist darauf hinzuweisen, dass ein *Nullspannungsschalter* nicht automatisch in jedem elektronischen Wechselstrom-Lastrelais integriert ist. Wenn auf die Existenz eines solchen Schalters nicht in den technischen Daten ausdrücklich hingewiesen wird, ist es wahrscheinlich, dass er bei *der* Relaistype nicht vorhanden ist.

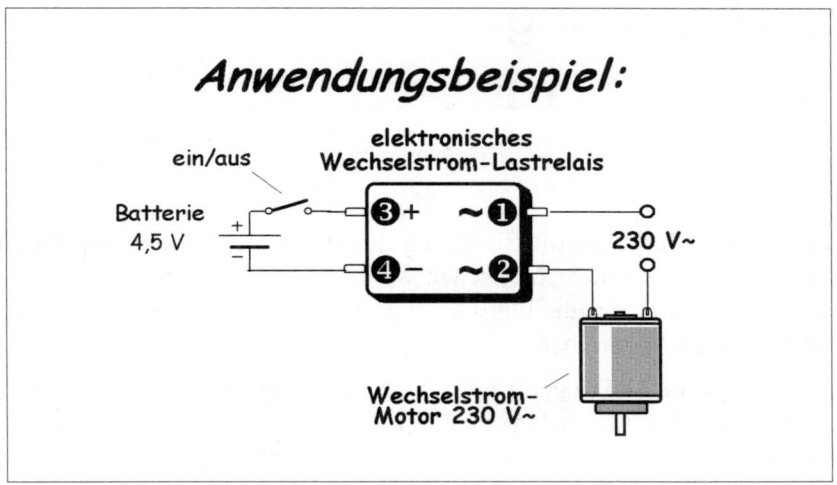

Ähnlich wie bei elektromagnetischen Relais ist auch bei den elektronischen Relais auf ihre maximale Belastbarkeit zu achten. Diese wird z.B. in der Form von *„Schaltstrom 8 A, Schaltspannung 250 V~"* angegeben. Da bei allen elektronischen Relais die eigentliche Steuerung des Schaltvorgangs nur mittels eines Lichtstrahls geschieht, mit dem die Leuchtdiode (LED) kontaktlos einen Fototransistor aktiviert, ist der *Steuereingang* von dem *Schaltausgang* elektrisch völlig getrennt (isoliert).

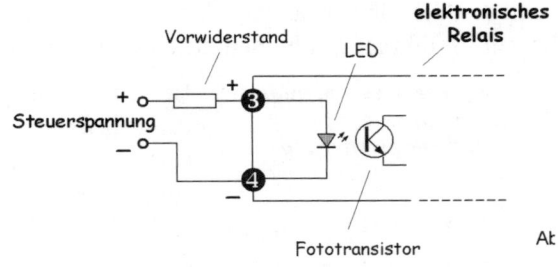

Weiterhin ist darauf hinzuweisen, dass in einigen elektronischen Relais die Leuchtdiode (LED) keinen internen Vorwiderstand hat. Dieser muss daher extern angebracht werden. Bei elektronischen Relais, deren LED über keinen internen Vorwiderstand verfügt, wird diese Tatsache nur selten ausdrücklich hervorgehoben. Sie geht jedoch daraus hervor, dass in den technischen Daten nicht die LED-Spannung (als von...bis), sondern der LED-Strom (als z.B. „**8 mA**") angegeben wird. Hier muss dann der externe Vorwiderstand ähnlich wie bei einer normalen Leuchtdiode auf die vorgesehene Steuerspannung so abgestimmt werden, dass der LED-Strom die vorgegebene 8 mA beträgt (was mit einem Milliamperemeter bzw. Multimeter kontrolliert werden sollte).

22 Sicherungen

Brennt einem Menschen die Sicherung durch, kann sozusagen vieles in die Hose gehen. Immer mehr Menschen wehren sich heutzutage gegen dieses Risiko damit, dass sie die Tageszeitung abbestellen und die Fernsehnachrichten nicht mehr einschalten.

Wenn bei einem Elektrogerät oder beim Hausnetz eine Sicherung durchbrennt, gehört das Abschalten bzw. der Verzicht auf ein wiederholtes Einschalten des Gerätes oder des Stromkreises ebenfalls zu dem ersten vernünftigen Schritt. Die Sicherung wird ja bestimmt einen Grund dafür haben, dass sie durchgebrannt ist – und den sollte man erst ausfindig machen.

Eine Ermüdungserscheinung, Wut oder Lebensenttäuschung ist bei einer Sicherung – im Gegensatz zu uns armen Schluckern – eigentlich kaum als ein Grund zum Durchbrennen anzusehen. Wenn eine Sicherung durchbrennt, ist meist etwas anderes daran schuld.

Bei Sicherungen ist die Belastbarkeit genau definiert: mit dem maximalen Strom, den die Sicherung verkraftet. Falls dieser Strom durch einen Kurzschluss oder Überbelastung den *Nennstrom* einer Sicherung überschreitet, brennt ihr dünnes Drähtchen durch und damit hat es sich.

Ausführungsbeispiel einer Glas-Schmelzsicherung:

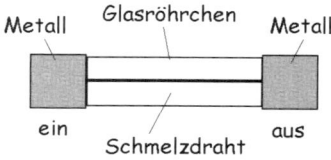

Bei Erneuerung einer ausgedienten Sicherung *(Schmelzsicherung)* ist wichtig zu wissen, dass es bei *einigen* Sorten der Sicherungen drei Typen gibt: *flink, mittelträge* und *träge.* Diese Einteilung hat einen leicht nachvollziehbaren Grund:

Flinke Sicherungen werden dort eingesetzt, wo der eigentliche Einschaltvorgang keinen nennenswert erhöhten Stromstoß zufolge hat. Bei einigen elektrischen Verbrauchern, zu denen z.B. belastete Elektromotoren, Elektropumpen oder Glühbirnen gehören, ist der eigentliche Einschaltstrom vorübergehend erheblich höher als der normale Arbeitsstrom. Hier werden meist *träge* oder *mittelträge* Sicherungen eingesetzt, da sie andernfalls derartig überdimensioniert werden müssten, dass sie dann nur gegen einen echten Kurzschluss, aber nicht gegen eine Überlastung einen Schutz bieten.

Ein Induktionsmotor bezieht beim Einschalten einen Strom, der oft bis zu 7-mal höher ist als seine normale Dauerstrom-Abnahme. Der Ohmsche Widerstand des kalten Wolfram-Glühfadens einer herkömmlichen Glühbirne liegt nur bei ca. 9 bis 10 % eines glühenden Glühfadens. Im Augenblick des Einschaltens bezieht somit eine Glühbirne einen Strom, der theoretisch bis zu 11-mal höher ist als ihr normaler *Nennstrom*.

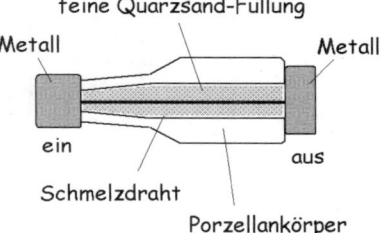

Ausführungsbeispiel einer Porzellan-Schmelzsicherung im Schnitt:

Im Vergleich zu Elektromotoren – oder zu diversen anderen induktiven Lasten – bezieht jedoch die Glühbirne den erhöhten Strom nur einige Millisekunden lang. Hier hat das Drähtchen einer *Schmelzsicherung* gar nicht die Zeit, dass es sich richtig aufheizt und durchbrennt. Bei einem Elektromotor dauert dagegen die erhöhte Stromabnahme (abhängig von seiner mechanischen Belastung) sogar einige Sekunden lang. Hier muss die Sicherung – oder auch der Sicherungsautomat fähig sein, diese Zeitspanne in Würde durchzustehen.

In Hausnetzen und Industrieanlagen wurden früher Porzellan-Schmelzsicherungen verwendet. Heutzutage werden Sicherungsautomaten bevorzugt, die entweder als einpolig (Einphasen-Automaten) oder als dreipolig (Dreiphasen-Automaten) ausgelegt sind. Mit einpoligen Sicherungsautomaten werden Licht- und „normale" Steckdosenleitungen geschützt.

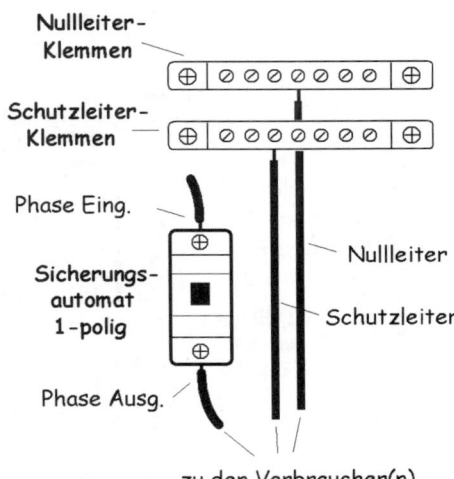

Dreipolige Sicherungsautomaten sind für die Sicherung von Dreiphasen-Verbrauchern (Küchenherde, Drehstrom-Elektromoto-

22 Sicherungen

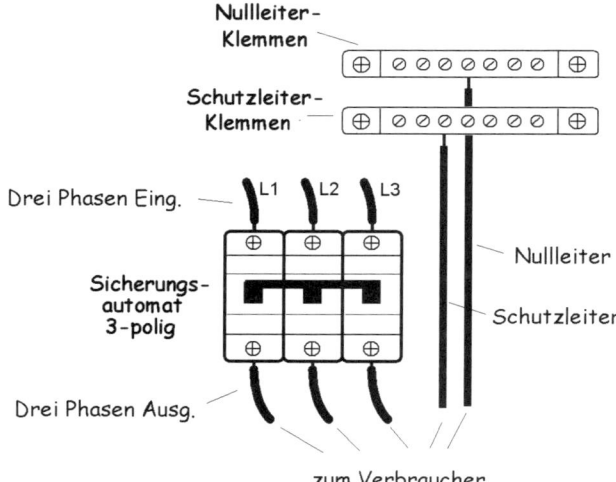

ren) oder Drehstrom-Steckdosen bestimmt. In beiden Fällen werden über diese „normalen" Sicherungsautomaten jeweils nur die Phasenleiter angeschlossen. *Nullleiter* und *Schutzleiter („Erdleiter")* werden zu den Verbrauchern (bzw. zu den Steckdosen) direkt weitergeleitet.

Sowohl die einpoligen als auch die dreipoligen Sicherungsautomaten sind wahlweise in der Form von so genannten *Fehlerstrom (FI-) Schutzschaltern* erhältlich. Diese Automaten überwachen nicht nur die eigentliche Überlastung, sondern kontrollieren auch, ob in dem ganzen Schaltkreis „Phase-

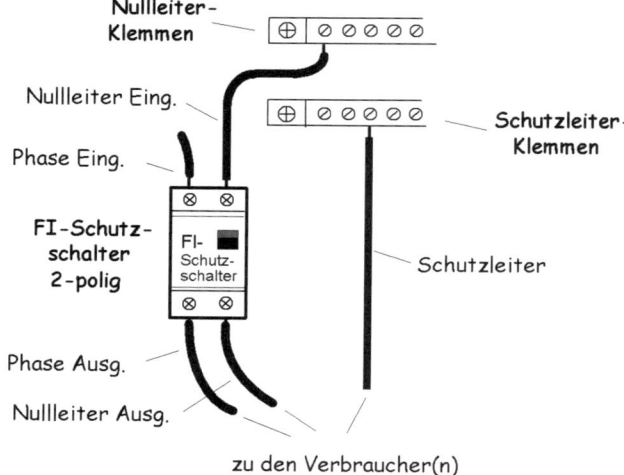

Nullleiter" nirgendwo Strom verloren geht. Falls ja, dann schalten sie sofort die Stromzufuhr ab.

Wir haben bereits in Zusammenhang mit der Batterie-Stromversorgung erwähnt, dass in einem Schaltkreis – egal wie er auch ausgelegt ist oder welche Lasten angeschlossen sind – der Strom immer konstant bleibt: Was aus dem Pluspol der Batterie in den Schaltkreis hineinfließt, das kehrt zum Minuspol *vollständig* zurück. Dasselbe gilt auf für den Wechselstrom, bei dem die Schaltkreisschleife die Phase und der Nullleiter darstellt. Was durch den FI-Schalter an einer Seite herausströmt, muss an der „anderen Seite" wieder zurückkommen.

Wird beispielsweise einer der Leiter mit der Hand berührt – was z.B. bei einem beschädigten Rasenmäher-Kabel leicht passieren kann – fließt über den Körper in die Erde ein Teil des elektrischen Stromes „weg" und diesen fehlenden Strom registriert der FI-Schutzschalter blitzschnell – und schaltet ab. Er schaltet natürlich auch dann ab, wenn z.B. ein Elektrogerät feucht wird und dadurch den Phasenleiter oder den Nullleiter mit dem Schutzleiter „leicht leitend" verbindet.

Fehlerstrom-Schutzschalter sind auch in der Form von Zwischensteckern oder Steckdosen erhältlich und können somit nur nach Bedarf, bzw. auch im Nachhinein installiert werden.

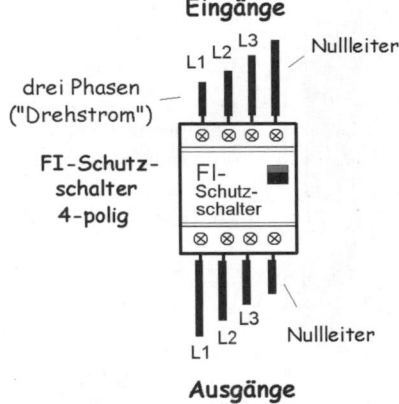

Dreiphasen-FI-Schalter sind besonders schlaue Geräte, denn sie überwachen die Summe der Ströme aller drei Phasen. Sie werden oft als Hauptschalter im „Verteilerkasten" (Sicherungsautomaten-Schrank) installiert und überwachen somit z.B. das ganze Hausnetz. Alternativ setzt man sie anstelle von herkömmlichen Sicherungen als Schutzschalter für Drehstrommotoren ein. Diese Schalter werden als „vierpolig" bezeichnet, da sie neben den drei Drehstromphasen (3 × 400 V) auch noch den Nullleiter schalten.

23 Drahtloses Schalten

Drahtloses Schalten kennen wir hauptsächlich als Fernbedienung der Geräte, die als „Unterhaltungselektronik" bezeichnet werden.

Fernbedienungen, die für das Schalten von Geräten vorgesehen sind, die in demselben Raum stehen, verwenden überwiegend kodiertes Infrarotlicht zum Übertragen der Schaltbefehle. Fernbedienungen, die ihre Befehle auch durch Wände senden sollen, sind mit Funksendern ausgelegt. Bei Funk-Fernbedienungen und Fernschaltern wird üblicherweise auch ihre Reichweite angegeben. Allerdings nur als „Richtwert".

Funk-Steckdosenschalter, Funk-Lichtschalter, Funk-Dimmer, Funk-Türglocken (bzw. Türgongs) und diverse andere Funk-Fernschalter sind in letzter Zeit in großer Auswahl (und oft zu sehr günstigen Preisen) erhältlich. Sie können Aufgaben übernehmen, die sich ansonsten nicht vergleichbar bequem erledigen lassen oder die auf eine andere Weise nur schwer zu bewerkstelligen wären.

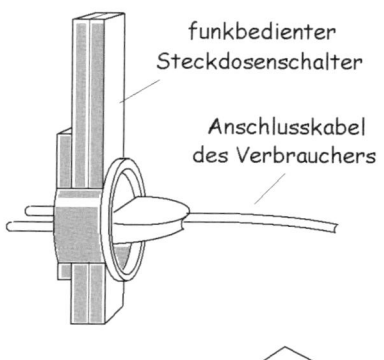

funkbedienter Steckdosenschalter

Anschlusskabel des Verbrauchers

Funk-Handsender

Das Funktionsprinzip eines Steckdosenschalters oder Lichtschalters ist einfach: Der Handsender „aktiviert" mittels einer kodierten Funkfrequenz den Steckdosen- oder Lichtschalter-Empfänger, in dem ein Schaltrelais den elektrischen Strom ein- oder ausschaltet.

Die meisten dieser Relais verfügen allerdings nur über einen einzigen Schaltkontakt und schalten daher den elektrischen Strom nur einpolig. Ein „ausgeschalteter" Steckdosen-Funkempfänger unterbricht möglicherweise (je nach der Anordnung der Leiter in der Steckdose) nicht die Phase, sondern nur den Nullleiter. Die Steckdose des Funkempfängers ist somit am Ausgang nicht als „stromfrei" zu betrachten. Darauf ist zu achten, denn die Phase ist der „Bösewicht" der Netzspannung. Bei der Installation eines Funk-Lichtschalters hat man es in der Hand, welchen Leiter der Schaltkontakt des Funkempfänger-Relais unterbricht. Das sollte aus Sicherheitsgründen grundsätzlich die Phase sein.

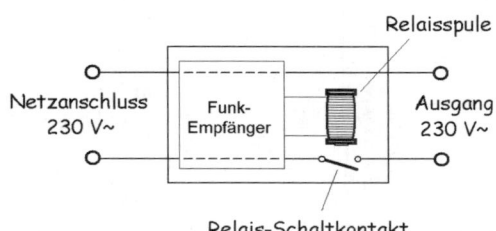

Neben netzbetriebenen Funk-Fernschaltern gibt es auch mit Gleichspannung betriebene Fernschalter. Sie verfügen meist über Umschaltkontakte, die als „potentialfrei" ausgeführt sind, schalten somit keine Spannung „durch", sondern stehen einfach zur Verfügung für beliebige Anschlüsse. Manche dieser Fernschalter sind mit mehreren Fernschaltkanälen ausgelegt, von denen jeder sein eigenes Relais und seinen eigenen Umschaltkontakt bedient.

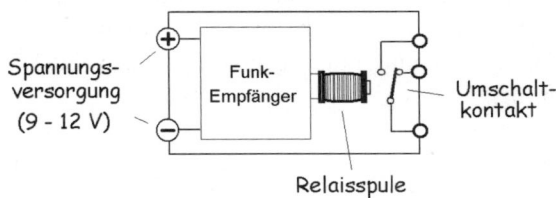

Netz-Funkschalter sind meist wesentlich preiswerter als Gleichspannungs-Funkschalter und können bei Bedarf für netzunabhängiges Schalten einfach dadurch umfunktioniert werden, dass man an sie ein externes Relais anschließt, dessen Magnetspule für 230 V~ ausgelegt ist.

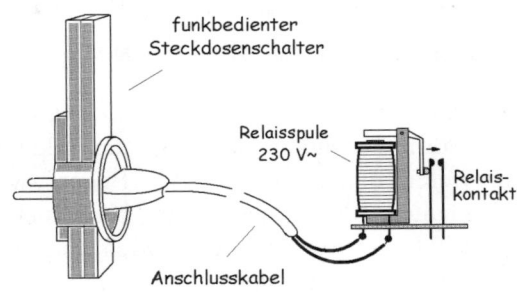

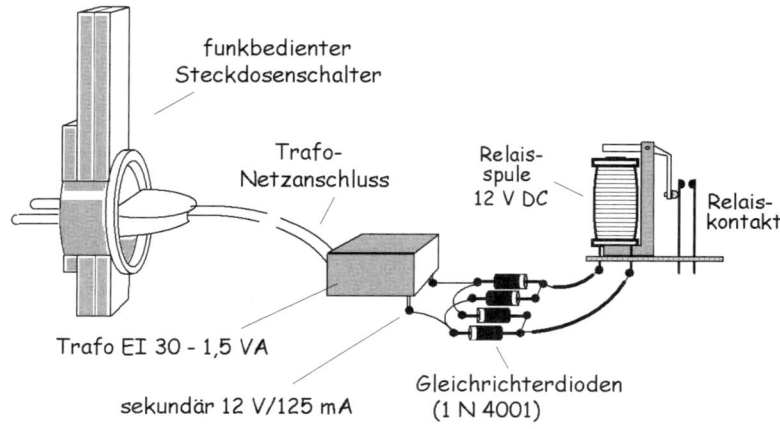

Alternativ kann – wie oben abgebildet – an den Ausgang eines Steckdosen-Funkschalters ein kleiner preiswerter Transformator mit vier Gleichrichterdioden angeschlossen werden, der die Versorgungsspannung (von z.B. 12 Volt) für ein (ebenfalls preiswertes) Kleinrelais liefert. Hier ist nur darauf zu achten, dass die Relaisspule nicht einen höheren Strom bezieht, als der verwendete Transformator liefern kann (was jedoch bei Anwendung eines Kleinrelais und eines preiswerten „EI 30/1,5 VA"-Transformators nicht droht).

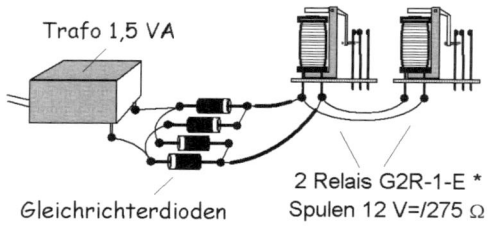

Die meisten Kleinrelais (z.B. die preiswerte „Standard-Type" G2R-2) verfügen nur über zwei Umschaltkontakte (2 × UM). Die 12-Volt-Magnetspule dieses Relais hat einen Widerstand von 275 Ω und bezieht somit bei einer 12-Volt-Gleichspannung nur einen Strom von ca. 44 mA (12 V : 275 Ω = 0,0436 A). Der Trafo „EI 30/1,5 VA" (aus vorhergehendem Beispiel) kann sekundär einen Strom von bis zu 125 mA liefern und könnte somit bei Bedarf zwei Relais der Type G2R-2 parallel schalten. Eine solche Lösung bietet sich an, wenn für ein Vorhaben vier Umschaltkontakte benötigt werden und ein passendes „4 × UM-Relais" nicht zur Verfügung steht.

Hinweis: Wenn Sie mehr über dieses Thema in Erfahrung bringen möchten, empfehlen wir Ihnen folgende leicht verständliche Bücher von Bo Hanus/ Franzis Verlag:

- **Drahtlos schalten, steuern und übertragen in Haus und Garten (234 Seiten)**
- **Schalten, Steuern und Überwachen mit dem Handy (97 Seiten)**
- **Drahtlos überwachen mit Mini-Videokameras (205 Seiten)**
- **Spaß und Spiel mit der Elektronik (120 Seiten)**

24 Transistoren

Transistoren gehören zu den wichtigsten *aktiven Bauteilen* der Elektrotechnik. Die Bezeichnung „aktiv" weist auf die Eigenschaft hin, dass sie fähig sind, eine ihnen zugeführte Spannung zu verstärken oder auf veränderte Situationen aktiv zu reagieren. In der Leistungselektrotechnik und Leistungselektronik werden Transistoren u.a. als Schalter und „Ventile" verwendet. Sie können allerdings viel mehr, aber das wäre ein Thema für ein ganzes Buch.

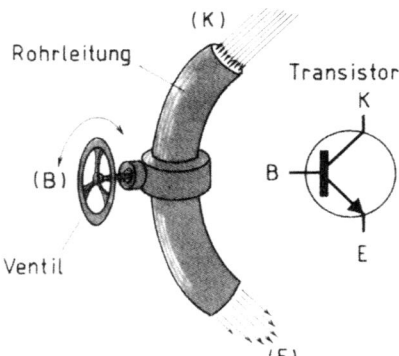

Das eigentliche Funktionsprinzip eines Transistors ist sehr einfach: Der elektrische Strom fließt in einem „einfachen" Transistor vom Kollektor **K** zum Emitter **E** auf dieselbe Weise wie das Wasser in der Rohrleitung. Die Basis **B** des Transistors hat eine ähnliche Funktion, wie das Ventil an der Rohrleitung: Sie kann den Stromdurchfluss regeln oder ganz schließen.

Es gibt auf unserem Planeten eine Unmenge an verschiedensten Transistoren. Die einfachsten Transistoren haben nur drei Anschlüsse (drei Füßchen), einige der spezielleren *„Feldeffekt-Transistoren"* haben oft bis zu fünf Anschlüsse, die eine aufwändigere Steuerung oder „Signalzufuhr" ermöglichen. Die *„Feldeffekt-Transistoren"* repräsentieren sozusagen die modernere Gattung der herkömmlichen Transistoren, die als *bipolare Transistoren* bezeichnet werden.

Bipolare Transistoren sind wahlweise als NPN- oder PNP-Typen ausgelegt. Der Unterschied wird bei dem Schaltzeichen durch die Pfeilrichtung des Emitter-Beinchens angezeigt. Ähnlich wie bei dem Schaltzeichen einer Diode, zeigt auch hier der Pfeil die „Polarität" an: Bei einem NPN-Transistor wird der Kollektor **K**, bei einem PNP-Transistor dagegen der Emitter **E** an die Plusspannung angeschlossen (meist jedoch über einen Widerstand oder eine andere „Last"). Der Kreis um das eigentliche Schaltzeichen wird oft weggelassen.

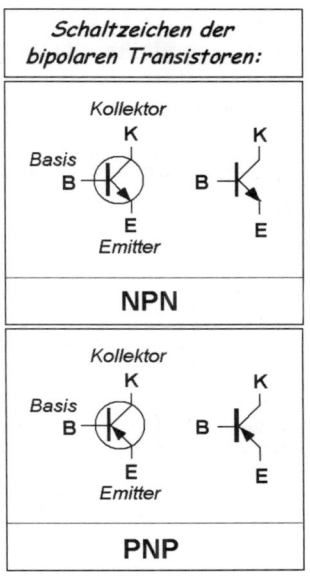

In der Praxis werden NPN-Transistoren den PNP-Transistoren vorgezogen, denn das erleichtert die Handhabung. Bei PNP-Transistoren muss man viele Denkvorgänge ins „Spiegelbild" transferieren und das kompliziert die Sache. Es gibt jedoch auch Schaltungen in denen so genannte *komplementäre* Transistoren-Duos angewendet werden, die jeweils aus einem NPN- und einem PNP-Transistor bestehen.

Feldeffekt-Transistoren, die auch als *unipolare Transistoren* bezeichnet werden, weisen gegenüber den *bipolaren Transistoren* etliche Vorteile auf. Sie können – im Vergleich zu den *bipolaren Transistoren* – mit einer wesentlich geringfügigeren Spannung und zudem praktisch ohne jeglichen Leistungsverbrauch gesteuert werden. Diesen Vorteil hatten zwar ursprünglich auch die „guten alten" Elektronenröhren, aber nicht die bipolaren Transistoren, deren *Basis* in der Hinsicht ziemlich „fresssüchtig" ist.

Ähnlich, wie bei den *NPN- und PNP-bipolaren Transistoren,* gibt es auch bei den Feldeffekt-Transistoren zwei „polaritätsunterschiedliche" Gruppen: die *N-Kanal- und P-Kanal-FETs* (FET ist die gebräuchliche Abkürzung für Feldeffekt-Transistoren). Ihre Anschlüsse werden als *SOURCE, DRAIN* und *GATE* bezeichnet. Wie aus dem nebenstehenden Schaltzeichen hervorgeht, wird bei den Feldeffekt-Transistoren der Unterschied zwischen *SOURCE* und *DRAIN* nur mit den Buchstaben *S* und *D*

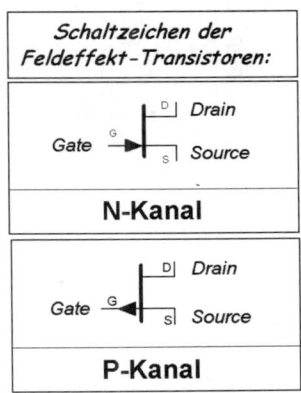

gekennzeichnet. Bei den FETs wird das Schaltzeichen in Schaltplänen überwiegend ohne Kreis gezeichnet.

Viele der modernen *Feldeffekt-Transistoren* werden als **MOS-FETs** bezeichnet. Das **MOS** steht hier für „*metal-oxyd-semiconductor*", das **FET** für den **Feldeffekt-Transistor**. Die *MOS-Technologie* bewirkt (unter anderem), dass sich der Eingangswiderstand des Halbleiters noch mehr erhöht.

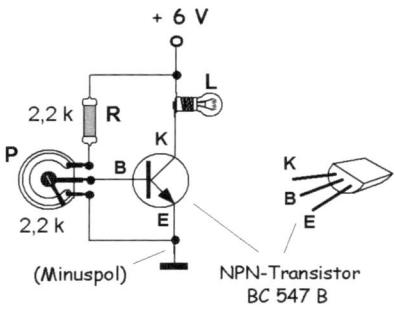

Die Funktionsweise eines „normalen" (bipolaren) Transistors zeigt das nebenstehende Beispiel: Mit dem Einstellpotentiometer **P** kann die Basisspannung des Transistors und damit die Lichtintensität des Lämpchens geregelt werden. Für den Nachbau einer solchen Versuchsschaltung kann fast jeder beliebige *bipolare* NPN-Kleintransistor verwendet werden – darunter z.B. die preiswerten Typen BC 547 und BC 548. Der Schleifer des Einstellpotentiometers **P** muss vor Inbetriebnahme der Schaltung zu der Masse herabgedreht werden. Nach dem Einschalten der Versorgungsspannung wird der Schleifer langsam und vorsichtig in Richtung zum Widerstand **R** gedreht, wodurch die Spannung an der Basis (**B**) des Transistors langsam erhöht wird – bis sich der Transistor öffnet und das Lämpchen aufleuchtet.

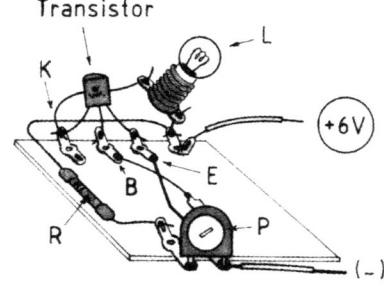

Die vorhergehende Versuchsschaltung kann auf einer handelsüblichen *zweireihigen Pertinax-Lötleiste* aufgebaut werden. Anstelle des eingezeichneten Glühlämpchens kann auch eine 20-mA-Standard-Leuchtdiode in Reihe mit einem 220-Ω-Vorwiderstand oder ein 6-Volt-Kleinrelais eingesetzt werden (das Relais „springt an" sobald die Basisspannung mit Potentiometer **P** auf den „Soll-Wert" erhöht wird).

Zu den interessanten Schaltungen mit Transistoren gehören Blinker. Bei dieser nachbauleichten Schaltung eines „Multivibrators" blinken die zwei LEDs in einem Warnlichter-Takt. Durch Erhöhung der Kapazität der zwei Elektrolyt-Kondensatoren sinkt die Taktfrequenz – und umgekehrt. Wenn die Kondensatoren ungleiche Kapazitäten haben, wird das Blinken „hinken" (die eine LED leuchtet jeweils länger als die andere).

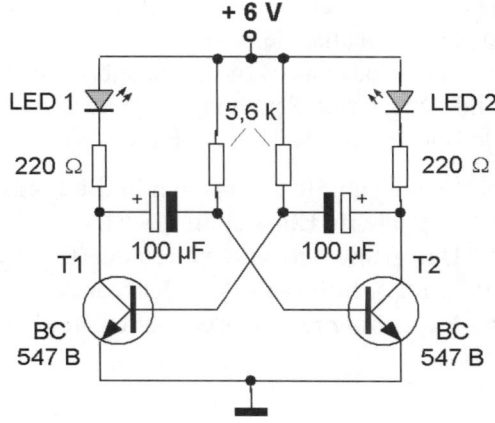

Die vorhergehende Schaltung wurde mit den üblichen Schaltzeichen erstellt. Das erleichtert eine schnelle Orientierung. Um auch einem unerfahrenen Einsteiger den Nachbau zu erleichtern, haben wir hier dieselbe Schaltung nochmals bildlich aufgeführt. Nun kann wirklich nichts mehr schief gehen.

Allerdings passiert es manchmal, dass so eine Schaltung gar nicht daran denkt, mit dem Blinken anzufangen und einfach

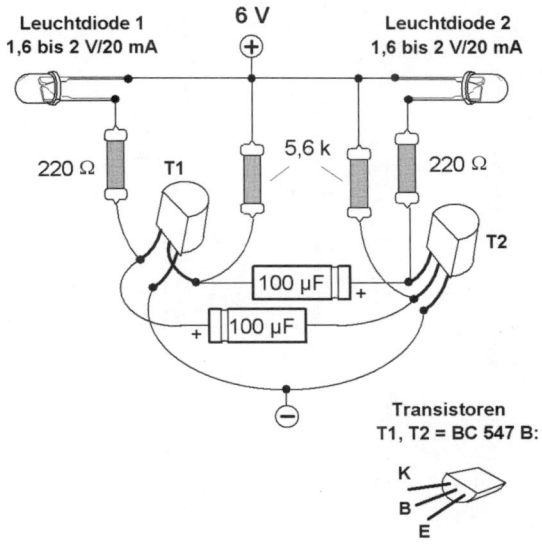

nur eine der Leuchtdioden konstant leuchten lässt. In dem Fall zwingt man ihr den Start dadurch auf, dass an einer der Leuchtdioden kurz die Verbindung mit der Plusspannung unterbrochen wird.

Die zwei vorhergehenden Versuchsschaltungen können Ihnen den Umgang mit Transistoren etwas näher bringen.

Die Vielfalt der Anwendungsmöglichkeiten verschiedener Transistoren ist sehr groß. Falls Sie über dieses Thema etwas mehr in Erfahrung bringen möchten, oder an weiteren nachbauleichten Schaltungen mit Transistoren und integrierten Schaltungen interessiert sind, empfehlen wir Ihnen folgende Bücher von Bo Hanus / Franzis Verlag:

- **So steigen Sie erfolgreich in die Elektronik ein** (4. Auflage, 97 Seiten)
- **Der leichte Einstieg in die Elektronik** (5. Auflage, 363 Seiten)
- **Das große Anwenderbuch der Elektronik** (2. Auflage, 351 Seiten)
- **Spaß & Spiel mit der Elektronik** (neu, 120 Seiten)
- **Experimente mit superhellen Leuchtdioden** (neu, 150 Seiten)

25 Integrierte Schaltungen – ICs

Eine integrierte Schaltung (Abkürzung **IC** – für „integrated circuit") ist vom Prinzip her nichts anderes als eine größere (bis sehr große) Menge von winzigen Transistoren, Dioden und evtl. auch anderen speziellen Komponenten, die auf einer gemeinsamen kleinen Siliziumscheibe (Chip) eingeätzt sind. Nachdem die Anschlüsse des Chips an die „IC-Füßchen" mit dünnen Drähten angeschlossen werden, wird der Chip in einem Kunststoffkörper eingegossen.

Ein praktisches Anwendungsbeispiel eines kleineren Dreiklang-Gong-ICs der Type **SAE 800** zeigt diese nachbauleichte Schaltung. Tasten T1 bis T3 sind Klingeltasten, die wahlweise einen Ein-, Zwei- oder Dreiklang-Gong aktivieren (T1 = 1 Klang, T2 = 2 Klänge, T3 = 3 Klänge). Falls nur eine Klingeltaste benötigt wird, entfallen Tasten T1 und T2. Das IC ist in Ansicht von oben gezeichnet. Achten Sie beim Nachbau bitte darauf, dass die Nummerierung der IC-Anschlüsse (Pins) gegen den

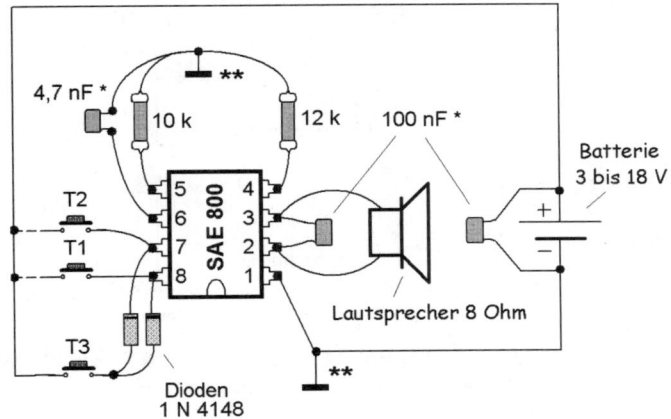

* Kondensatoren beliebiger Ausführung
** beide "Massen" sind miteinander leitend verbunden

Uhrzeigersinn von der Einkerbung anfängt (dies gilt für jedes IC solcher Bauart). Die hier eingezeichneten Anschlüsse sollten nicht direkt auf die Füßchen des ICs, sondern auf eine IC-Fassung angelötet werden. Dieses IC bietet *Conrad Electronic* unter Bestell-Nr. 18 42 09 an (siehe Bezugsquellen-Nachweis am Buchende).

Im Gegensatz zu dem vorhergehenden Gong-IC, das speziell für eine vorgegebene Anwendungsart entwickelt wurde, gibt es auch diverse ICs, die ziemlich vielseitig verwendet werden können. Einer der bekanntesten Repräsentanten dieser ICs ist das kleine Timer-IC der Type **NE 555,** das verblüffend vielseitig angewendet werden kann. Natürlich auch als ein einfacher Timer, dessen nachbauleichte Schaltung hervorragend fürs Experimentieren geeignet ist. Ein Timer in dieser einfachen Form kann an seinem Schaltausgang theoretisch einen Strom von bis zu 200 mA schalten (praktisch sollten wir ihn mit maximal ca. 150 mA belasten). Sobald die Start-Taste betätigt wird, leuchtet die LED auf und ihre „Einschaltdauer" hängt von der Einstellung des Potentiometers **P** und von der Kapazität des Kondensators **C2** ab. Bei einer Kapazität von ca. 470 µF beträgt die max. Einschaltdauer etwa eine halbe Stunde, bei einer Kapazität von 220 µF nur etwa 14 Minuten usw.

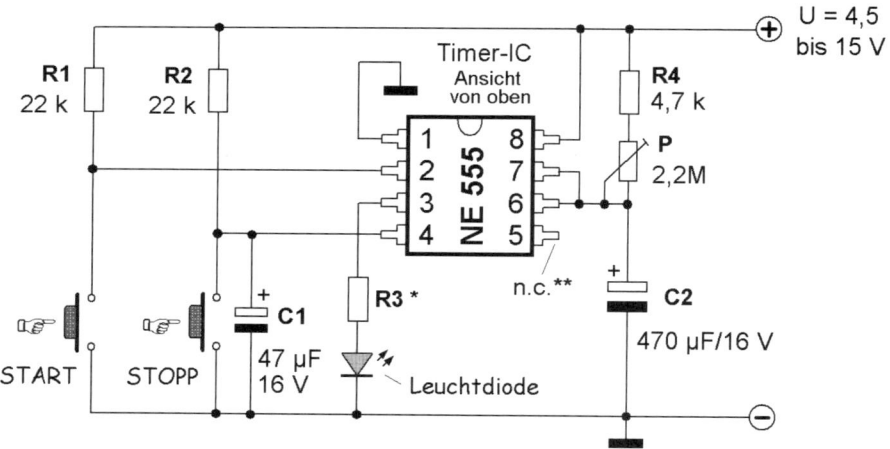

* Bei einer "2 V bis 2,7 V/20 mA"- LED und U = 4,5 V: R3 = ca. 150 Ohm/0,25 W;
  bei derselben LED und U = 6 V: R3 = ca. 220 Ohm/0,25 W
** nicht angeschlossen

Anstelle der im vorhergehenden Schaltplan eingezeichneten Leuchtdiode kann dieser „Timer" auch ein elektromagnetisches Relais betätigen. Die *Nennspannung* der Relaisspule muss auf die angewendete Spannungsversorgung der Schaltung abgestimmt werden (genau genommen darf die Versorgungsspannung um ca. 2 Volt höher liegen als die Nennspannung der Relaisspule – was auch in Hinsicht auf die Spannungsverluste in dem IC von Vorteil ist). Die „Schutzdiode" 1 N 4002, die parallel zu der Relaisspule eingezeichnet ist, darf nicht fehlen! Sie schützt das IC vor zu großen Spannungsstößen, die beim Abschalten der Relaisspule entstehen. In Kombination mit dem eingezeichneten Relais kann sich der Timer z.B. als Treppenautomat oder als Alarmgeber nützlich machen. Die STOPP-Taste kann entfallen und die START-Taste kann bei einem Alarmgeben durch einen Alarmkontakt – oder auch durch mehrere parallel angeschlossene Alarmkontakte (die z.B. als Tür- oder Trittmattenkontakte ausgelegt sind) – ersetzt werden.

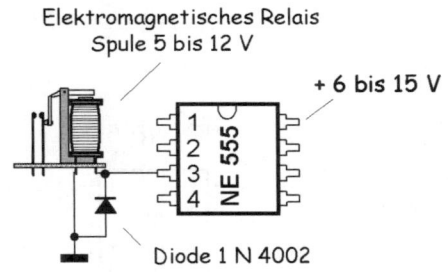

Braucht man einen Timer, der nach Ablauf der eingestellten Zeit piepst, ist ein zusätzlicher Einschaltvorgang für die Bedienung eines Piepsers erforderlich. Dies kann mit Hilfe von zwei in Reihe geschalteten Timern nach diesem Beispiel bewerkstelligt werden. Diese Schaltung funktioniert folgendermaßen: Sobald der Timer 1 „abschaltet", erhält von ihm Timer 2 über Kondensator **C5** einen Startbefehl und schaltet den Piepser (von seinem „Schaltausgang" am Pin 3) ein. Mit **P1** wird am ersten Timer die Zeitspanne eingestellt, nach deren Ablauf der zweite Timer automatisch startet. Mit dem Potentiometer **P2** wird am zweiten Timer die Zeitdauer des Piepsens eingestellt (danach schaltet sich der Timer automatisch ab).

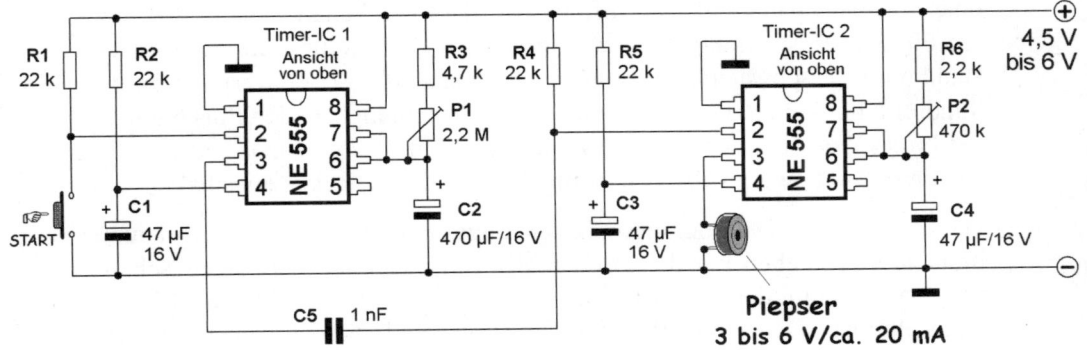

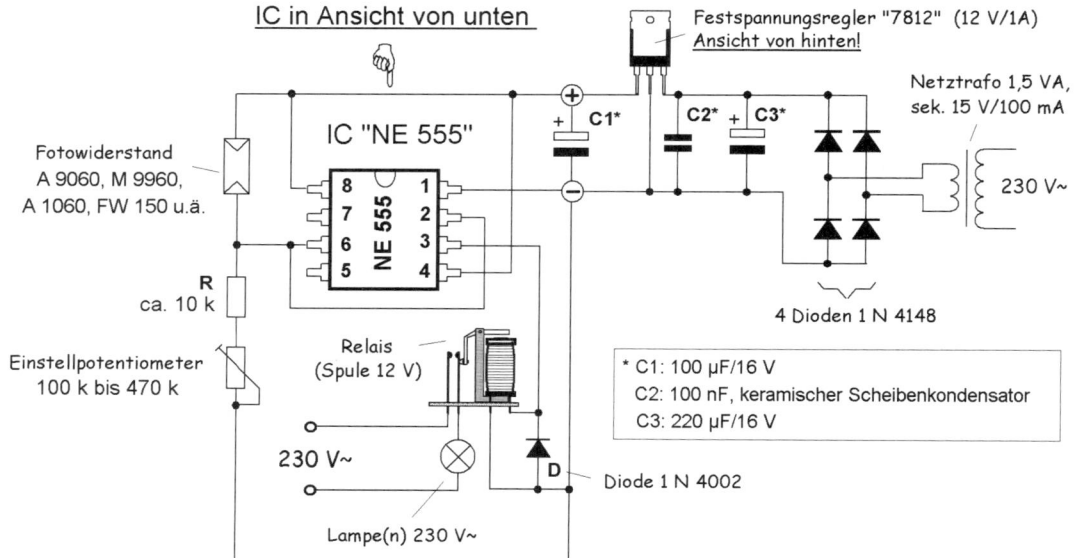

Ein Dämmerungsschalter, der nach der Dämmerung automatisch eine Außenlampe einschaltet (und beim Morgengrauen wieder ausschaltet) ist eine Vorrichtung, die vor allem als Einbruchsschutz wertvolle Dienste erweisen kann. Die hier aufgeführte Schaltung funktioniert praktisch mit jedem Fotowiderstand auf Anhieb. Während des Experimentierens kann der Fotowiderstand z.B. mit einem Tuch verdeckt werden, um auszutesten, wie (und wann) die Schaltung auf so eine künstliche Dämmerung reagiert.

Das eigentliche Funktionsprinzip ist hier sehr einfach: Solange der Fotowiderstand beleuchtet ist, liegt sein Widerstand zwischen einigen hundert und einigen tausend Ohm (was sich bei abgeschalteter Spannung mit einem Ohmmeter leicht ermitteln lässt). Somit erhalten über ihn die Pins 6 und 2 eine positive Spannung, was zufolge hat, dass der Schaltausgang des ICs am Pin 3 fast „spannungsfrei" ist. Sobald bei Dämmerung der Fotowiderstand nur sehr schwach beleuchtet ist, steigt sein Ohmscher Wert auf einige hundert Kiloohm an. Damit sinkt die „Steuerspannung" an den Pins 6 und 2 auf einen Wert, bei dem der Schaltausgang (Pin 3) von seiner „Fast-Nullspannung" auf eine positive Spannung kippt, die das Relais einschaltet.

Da ein solcher Dämmerungsschalter ohne ein eigenes Netzteil kaum brauchbar ist, haben wir dieses ebenfalls eingezeichnet. Die ganze Schaltung passt – samt dem kleinen Transformator – u.a. in eine kleine Elektro-Abzweigdose. Der Fotowiderstand kann bei Bedarf auch außerhalb der

"Dose" installiert werden (die Länge der Zuleitung ist nicht kritisch und die 12-Volt-Spannung ist nicht gefährlich).

Nun dürften noch etliche tausend von weiteren nachbauleichten Beispielen folgen, denn integrierte Schaltungen gibt es in einer sehr großen Auswahl. Und nicht nur integrierte Schaltungen, sondern auch andere Bausteine der Elektrotechnik und Elektronik. Wenn Sie dieses Buch bis hierher – also bis zum Ende – durchgelesen haben, wird Ihnen die Elektrotechnik ziemlich vertraut sein und es wird Ihnen nicht schwer fallen, dieses Grundwissen Schritt für Schritt weiter auszubauen. Am besten (und am unterhaltsamsten) geht so etwas mit viel Experimentieren und Basteln, denn dabei lernt man am besten.

Kataloge der Elektronik-Versandhäuser gehören zu der "Literatur", aus der Sie sehr viel erfahren können (siehe hierzu den Hinweis auf Elektronik-Versandhäuser am Buchende). Es ist ja immer gut zu wissen, was es überhaupt alles gibt. Und falls Ihnen der lockere Stil dieses Buches zugesagt hat: Es ist nicht das einzige Buch, das Bo Hanus geschrieben und der Franzis Verlag herausgegeben hat. Einige der anderen Buchthemen wurden in diesem Buch bereits am Ende mancher Kapitel als "Buchtipps" angesprochen, andere noch nicht. Hier also die Gesamtübersicht der Bücher, die Bo Hanus in den letzten Jahren verfasst und der Franzis Verlag herausgegeben hat:

- **Spaß & Spiel mit der Elektronik** *(120 Seiten)*
- **So steigen Sie erfolgreich in die Elektronik ein** *(4. Auflage, 97 S.)*
- **Der leichte Einstieg in die Elektronik** *(4. Auflage, 363 S.)*
- **Das große Anwenderbuch der Elektronik** *(2. Auflage, 351 S.)*
- **Drahtlos schalten, steuern und übertragen in Haus und Garten** *(234 S.)*
- **Schalten, Steuern und Überwachen mit dem Handy** *(97 S.)*
- **Drahtlos überwachen mit Mini-Videokameras** *(205 S.)*
- **Experimente mit superhellen Leuchtdioden** *(neu, 153 S.)*
- **Erfolgreicher Service elektronischer Musikinstrumente** *(343 Seiten)*
- **Elektroinstallationen in Haus und Garten - echt leicht!** *(97 S.)*
- **Spaß & Spiel mit der Solartechnik** *(112 Seiten)*
- **Wie nutze ich Solarenergie in Haus und Garten?** *(6. Auflage, 120 S.)*
- **Solaranlagen selbst planen und installieren** *(neu, 128 S.)*
- **Solaranlagen richtig planen, installieren und nutzen** *(2. Auflage, 300 S.)*
- **Solarstromnutzung beim Campen, im Caravan, Wohnmobil und Boot** *(97 S.)*
- **Das große Anwenderbuch der Solartechnik** *(2. Auflage, 367 S.)*
- **Wie nutze ich Windenergie in Haus und Garten?** *(3. Auflage, 97 S.)*

- **Das große Anwenderbuch der Windgeneratoren-Technik** *(319 S.)*
- **Selbstbau-Roboter für Alarm- & Sicherheitsaufgaben** *(172 S.)*
- **Kampfspiel-Roboter im Selbstbau - Robot WARS** *(97 S.)*

Bemerkung: Einige der hier aufgeführten Bücher sind möglicherweise inzwischen im Buchhandel „vergriffen", stehen aber in Städtischen Büchereien als Leihbücher zur Verfügung bzw. werden für den Interessenten besorgt.

Hinweis auf Elektronik-Versandhäuser
(auch für Katalog-Anforderungen):

Conrad Elektronik
Klaus-Conrad-Straße, 92240 Hirschau
Tel.: 0180/5 31 21 11, Fax: 5 31 21 10
http://www.conrad.de

ELV
Tel.: 0491/60 08 88, Fax: 0491/70 16
www.elv.de

RS-Components
Hessenring 13 b, 64546 Mörfelden
Tel.: 06105/401-234, Fax: 401-100
www.rsonline.de

Sachverzeichnis

A
Abgabeleistung 18
Abnahmeleistung 18
Akku-Werkzeuge 31
  AlInGaP -(Aluminium-Indium-Gallium-Phosphat-)Leuchtdioden 174
Amorphe Dünnschichtzellen 65
Ampere (A) 13
Amperemeter 92, 97
Amperestunden (Ah) 28
Amplitude 88
Analog-Multimeter 95
Autobatterie 12
Autositz-Heizbezug 178

B
Basis 204
Batterie-Elektroden 23
Batteriekapazität 28
Batterien 11
Batterie-Schaltzeichen 32
Batteriespannung 27
Bezugszähler 79
bipolare Kondensatoren 120
bipolare Transistoren 204
Bistabile Relais 48, 189
Bleiakkus 24
Brücken-Gleichrichter 146
Brückengleichrichter 148
Bypass-Dioden 84

D
Dämmerungsschalter 161, 212
Dauermagnete (Permanentmagnete) 34
Dielektrikum 117
diffuses Licht 75
Digital-Multimeter 95
Dioden-Durchlassspannungen 138
Dioden-Schaltzeichen 137
Drahtloses Schalten 200
Drahtwiderstände 103
DRAIN 205
Drehstrom-Anschlüsse (Drei-Phasen-Anschlüsse) 59
Dreiklang-Gong 209
Dreiphasen- (Drehstrom-)Elektromotoren 181
Dreiwege-Frequenzweiche 129
Dünnschichtzellen 68
Durchlassspannung 137, 164
Dynamobleche 132

E
E12-Reihe 105
Einphasen-Kondensator-Motor 110, 181
Einspeisezähler 79
einstellbare Spannungsregler 158
einstellbarer Spannungsregler 174, 175
Einstellpotentiometer 163
Einstellpotentiometer, Einstellregler 112
Einstellregler 106
Einweg-Gleichrichter 146
elektrische Energie 11
Elektrische Heizkörper 177
Elektrische Kühlkörper 180
elektrische Leistung 17
Elektrische Ventilatoren 179
Elektrodynamisches Mikrofon 64
Elektrolyt-Kondensatoren 116
Elektromagnete 38
Elektromagnetisch bediente Glocke 41

Elektromagnetische Kraftlinien 39, 52
Elektromagnetische Relais 45
Elektromagnetische Türklingel 42
Elektromagnetischer Türgong 42
Elektromagnetisches Feld 39, 52
Elektromagnetisches Mikrofon 63
Elektromagnetisches Türschloss 41
Elektromotoren 181
Elektronische Lastrelais 191
Emitter 204
Energiesparlampen 160
Entmagnetisieren 36
Entstör-Kondensatoren 123
Erdung 22

F
Fahrrad-Dynamo 12
Fahrradrücklicht 175
Fahrzeug-Lichtmaschine 96
Fehlerstrom (FI-) Schutzschalter 198
Feldeffekt-Transistoren 204, 205
ferromagnetische Stoffe 34
Festspannungsregler 154
Fotovoltaik 66
Fotowiderstände 114
Funk-Dimmer 200
Funk-Lichtschalter 200
Funk-Steckdosenschalter 200
Funk-Türglocken 200

G
GATE 205
Geheimschalter 187
gekapselte Solarzellen 66
Germaniumdiode 138
getaktete Netzgeräte 153
Gitarren-Tonabnehmer 60, 122
Glättungs-Elkos 156
Glättungskondensator (Ladekondensator) 124, 148
Gleichrichter 88, 146
Gleichrichterdioden 147
Gleichspannung 11
Gleichstrom 11

Gleichstrom-Energiequelle 88
Gleichstrom-Leistungsrelais 192
Gleichstrommotoren 183
Glimmlampen 190
Gold Cap 125, 126
Gondeln 57
Gußmasse 82

H
Halbleiterdioden 137
Halogenlampen 160
Hausnetz-Normspannung 12
Heizfolien 178
Heizkabel 178
Heizkissen 177
Henry 127
Hubmagnete 40

I
Induktion 40
Induktivität 127
  InGaN -(Indium-Gallium-Nitrogenium-)Leuchtdioden 174
Infrarot-Dioden 176
Integrierte Schaltungen ICs 209
IR-Scheinwerfer 176

K
Kapazität 117
Kilovolt 12
Kilowattstunden 19
Kleinrelais 202
Kleinsignal-Dioden 137
Klingel-Transformator 135
Knopfzellen 29
Kodierung von Widerständen 111
Kohleschicht-Widerstände 103
Kollektor 204
Kompassnadel 36
Kondensatoren 116
Kondensatoren-Schaltzeichen 119
kristalline Solarzellen 65, 67
Kühlung der Solarzellen 82
Kurzschluss 15

L

Ladegerät 31
Ladekondensator 124
Laderegelung 77
Ladespannung 30
Ladestrom 30
Lautsprecher 49
Lautsprecher-Frequenzweichen 121
LDR (light-dependent resistor) 114
LED 162
Leerlaufspannung 71
Leistungsverlust 110
Leitungen 20
Leuchtdioden (LEDs) 161
Leuchtdioden-Punktmatrixmodule 142
leuchtende Anzeigen 141
Leuchtkörper 160
Leuchtstofflampen 160
Lithium-Knopfzellen 24
LOW-current-Leuchtdiode 165
LUXEON-LED 167

M

Magnetfeld 35
magnetische Kraftlinien 35
magnetisches Streufeld 132
magnetisches Kraftfeld 35
Magnetismus 34
Masse 22
Mechanische Eigenschaften der Solarzellen 81
Memory-Effekt 25
Messbereich 97
Messgeräte 90
Messung eines Widerstandes 98
Metallfilm-Widerstände 103
Mikroampere (µA) 15
Mikrofarad (µF) 118
Mikroschalter 184
Milliampere (mA) 13
Mini-Generatoren 60
Mittelpunkt-Schaltung 151
monokristalline Zellen 67

MOS-FETs 206
MOS-Technologie 206
Multimeter 93
Multivibrators 207

N

Nanofarad (nF) 118
Neigungsschalter 185
Netzfilter 128
Netzgeräte & Netzteile 152
Netztransformatoren 133
Nickel-Cadmium-(NiCd-) Akkus 24
Nickel-Metallhydrid-(NiMH-) Akkus 24
N-Kanal 205
Nullleiter 198
Nullspannungsschalter 193

O

Ohmmeter 93, 98
Ohmscher Widerstand 102
Ohmsches Gesetz 106
Oszilloskope 100

P

Paneel-Einbaumessgeräte 91
Peltier-Elemente 180
Phasenverschiebung 19
Phasenwinkel j 19
Photonen 67
Piepser 189
P-Kanal 205
polykristalline (multikristalline) Zellen 67
Potentiometer 106, 112
Prioritätsschaltung 187
PS (Pferdestärke) 16

Q

Quecksilberschalter 185

R

Reflektionsverlusste 80
Relais 46, 186

Relais-Spule 45, 46
Richtig messen 94
Ringkern-Transformatoren 132
Rotor 52

S
Schalter 184
Schaltplan 20
Schaltzeichen 22, 162
Schaltzeichen der Feldeffekt-Transistoren 205
Schaltzeichen der pipolaren Transistoren 205
Schaltzeichen der Zener-Dioden 143
Schleifkontakt 54
Schmelzsicherung 196
Schottky-Diode 78, 85, 138
Schutzdiode 45, 78
Schutzdioden (Bypass-Dioden) 82
Schutzleiter 198
Selbstbau- Huckepack-Netzteil 157
Selbstbau-Laderegelung 78
Selbstentladung 32
Sicherungen 196
Sicherungsautomaten 197
Sinusspannung 54
Solarantrieb 76
solarelektrische Laderegelung 145
Solar-Fahrzeug 83
Solargeneratoren 65
Solar-Kleinmotoren 74
Solar-Laderegler 77
Solarmodule 66
Solarstrom 65
Solar-Wechselrichter 86
Solarzellen 66
Solarzellenleistung 80
Solarzellen-Module 79
Solarzellen-Wirkungsgrad 72
Sound-Modul 189
SOURCE 205
Spannungsglättung 155
Spannungsregler 157
Spannungsverlust 109

Spannungsverlust im Widerstand 164
Spannungsverluste in Dioden 138
Sperrrichtung 143
Spulen und Drosseln 127
stabilisierte Spannung 156
Standard-Querschnitte der Leiter 102
Standard-Testbedingungen 69
Stator 52
Stecker-Netzgerät 172
Stecker-Transformatoren 134
Steuerspannung 195
Störimpulse 129
Strahlungsdichte 80
String-Wechselrichter 85
Stromgeneratoren 52
Stromstoß-Relais 48
Stromverbrauch 19
Stromzangen 92
 superhelle Leuchtdioden 166

T
Tantal-Kondensatoren 119
technischen Daten einer Solarzelle 70
Temperaturabhängigkeit der Solarzellen 79
Thermoschalter 177
Tiefentladeschutz 30, 77
Tiefentladeschwelle 25, 30
Timer 210, 211
Timer-IC 210
Transformatoren (Trafos) 132
Transformatoren-Schaltzeichen 133
Transistoren 204
Trenntransformatoren 133

U
Übertrager 133
 ultrahelle Leuchtdioden 166
unipolare Transistoren 205

V
Verlustspannung 108
Versuchsschaltung 206
Volt 12

Voltmeter 90
Vorwiderstand 107, 162

W
Warnsystem 187
Wasserkocher 177
Wattstunden 19
Wechselrichter 79, 85
Wechselspannung 11
Wechselstrom 11
Wechselstrom-Energiequelle 88
Wechselstrom-Leistungsrelais 194
Widerstand 102
Windgeneratoren 57

Z
Zenerdioden 143
Zenerspannung 144
Zündspannung 191
Zungenrelais (Reed-Relais) 43
Zungenschalter 184
Zungenschalter (Reed-Schalter) 37
Zweispulen-Elektromagnete 42
Zweispulen-Relais 189
Zweiwege-Frequenzweiche 129
Zwischenspeicher 76

Anhand vieler konkreter Installationsbeispiele erfahren Sie, welche Solaranlage für Ihre baulichen Gegebenheiten und energiemäßigen Anforderungen am Besten ist, und wie Sie ein hohes Kosten/Nutzen-Verhältnis erzielen. Selbst wenn Sie nicht vor haben, eine Solar-Dachanlage selbst zu montieren, und sich nur über die bestehenden Möglichkeiten informieren wollen, hilft Ihnen eine zielgerechte Planung und Kostenberechnung Fehler zu vermeiden und Geld einzusparen.

Solar-Dachanlagen selbst planen und installieren

Hanus, Bo; 2003; 96 Seiten

ISBN 3-7723-**4144**-6

€ **12,95**

Besuchen Sie uns im Internet – www.franzis.de

Installieren Sie ISDN selbst – und sparen Sie viel Geld! Mit diesem Buch lernen technisch Interessierte die Vorteile von ISDN kennen und werden in die Lage versetzt, ISDN selbst einzurichten. Alle Fragen beim Umstieg von analog auf digital werden einfach und leicht verständlich erklärt. Das Buch gibt vor allem demjenigen Hilfestellung, der seine ISDN-Anschlussdosen sowie kleine ISDN-TK-Anlagen selbst anschließen will.

ISDN selbst anschließen und einrichten
Frey, Horst; 2003; 106 Seiten

ISBN 3-7723-4237-X € 12,95

Besuchen Sie uns im Internet – www.franzis.de

Warum teuren Strom kaufen, wenn's Energie zum Nulltarif gibt? Nutzen Sie den Wind zur kostenlosen Energie-Gewinnung in Haus und Garten. In diesem Buch finden Hobby-Anwender leicht nachvollziehbare Bauanleitungen für kleine Windräder und Windanlagen. Der Autor gibt einen Überblick über die verschiedenen Windradtypen und ihre Anwendungsmöglichkeiten. Und ganz praxisnah zeigt er dem Leser, wie die gewonnene Energie in Haus, Garten, Zelt, Wohnwagen oder Boot genutzt werden kann. Das Material ist so ausgewählt, dass es kostenlos oder für wenig Geld vom Sperrmüll oder im Restpostenhandel beschafft werden kann.

Das kleine Windenergie Werkbuch

Stempel, Ulrich E.; 2003; 96 Seiten

ISBN 3-7723-4290-6 € **12,95**

Besuchen Sie uns im Internet – www.franzis.de

Elektronik-Einstieg leicht gemacht! Mit diesem Buch lernen Heimwerker und Anfänger in kürzester Zeit die Elektronik-Grundlagen kennen. Anhand von Beispielen und Bauanleitungen führt der Autor unterhaltsam und leicht verständlich in die Thematik ein. Kein Theoriekram, keine komplizierten Schaltungen – hier hat allein die Praxis das Sagen. Moderne elektronische Mini-Bausteine garantieren schnelle Erfolgserlebnisse und laden zum Experimentieren ein. Ein echtes Lern- und Praxisbuch für Einsteiger.

So steigen Sie erfolgreich in die Elektronik ein
Hanus, Bo; 2002; 96 Seiten

ISBN 3-7723-**5428-9** € **12,95**

Besuchen Sie uns im Internet – www.franzis.de

In diesem Buch werden Möglichkeiten gezeigt, die es gibt, um das von einer Satellitenantenne stammende Signal so an mehrere Fernsehgeräte bzw. Haushalte zu verteilen, daß jeder Nutzer auf jedes angebotene Signal wahlfrei zugreifen kann. Obwohl sich die Kosten für Satellitenanlagen im Laufe der Jahre wesentlich verringert haben, ist es sowohl von der finanziellen Seite, als auch vom Standpunkt der Ästhetik nicht zu vertreten, daß jeder Haushalt eine eigene Satellitenschüssel installiert.

Installation von Gemeinschafts-SAT-Anlagen
Freyer, Ulrich; 200; 120 Seiten
ISBN 3-7723-5510-2   € **14,95**

Besuchen Sie uns im Internet – www.franzis.de